高等职业教育“十二五”规划教材

3ds Max 2012 动画制作案例教程

徐其江　刘志雯　主编

张　涛　张　勇　魏贵磊　张云涛　副主编

清华大学出版社

北　京

内容简介

本书采用案例驱动法，将理论知识和案例实现融合，让学生轻松入门，以案例强化理论知识的学习。本书案例从实际应用出发，从校企合作的角度，将企业涉及的案例通过详尽的步骤进行讲解，深入剖析了利用 3ds Max 2012 进行各种设计的方法和技巧，使读者尽可能多地掌握三维动画制作和图形图像设计中的关键技术和设计思想。读者通过案例实战操作，可以进一步进行自主创新和设计，结合自己的灵感，做出更精美的作品。

本书可作为高等院校、高等职业院校、社会培训机构的专业教材，也可以为从事三维动画设计、游戏设计、图形图像制作和影视广告制作的人员提供参考。

图书在版编目（CIP）数据

3ds Max 2012 动画制作案例教程/徐其江，刘志雯主编．—北京：清华大学出版社，2012.10
高等职业教育“十二五”规划教材

ISBN 978-7-302-29660-7

Ⅰ．①3…　Ⅱ．①徐…　②刘…　Ⅲ．①三维动画软件-高等职业教育-教材　Ⅳ．①TP391.41

中国版本图书馆 CIP 数据核字（2012）第 184257 号

责任编辑：杜长清
封面设计：刘　超
版式设计：文森时代
责任校对：张莹莹
责任印制：王静怡

出版发行：清华大学出版社
网　　址：http://www.tup.com.cn，http://www.wqbook.com
地　　址：北京清华大学学研大厦 A 座　　**邮　　编**：100084
社 总 机：010-62770175　　**邮　　购**：010-62786544
投稿与读者服务：010-62776969，c-service@tup.tsinghua.edu.cn
质 量 反 馈：010-62772015，zhiliang@tup.tsinghua.edu.cn
印 装 者：北京鑫海金澳胶印有限公司
经　　销：全国新华书店
开　　本：185mm×260mm　　**印　张**：13.5　　**字　　数**：312 千字
版　　次：2012 年 10 月第 1 版　　**印　　次**：2012 年 10 月第1 次印刷
印　　数：1～4000
定　　价：29.80 元

产品编号：048622-01

前　言

随着计算机技术的飞速发展，三维角色动画制作在动漫、游戏等很多行业得以广泛应用。虽然现在三维动画制作软件产品琳琅满目，但是 3ds Max 2012 依靠其出色的性能和特性赢得了最广泛的市场份额。使用 3ds Max 2012 可以完成多种工作，其中包括动漫角色制作、游戏角色模型制作、动漫游戏场景制作、影视制作、广告设计、建筑可视化效果图制作和机械工业等领域。

最新版本的 3ds Max 2012 软件在材质、渲染、动画控制、建模、后期功能、效果等方面都得到了完善。通过多种优化，其界面更加具有亲和力，更加人性化，也提高了动画制作的效率，相信可以得到更多三维动画爱好者的青睐。

1. 本书主要内容

第 1 章主要讲述 3ds Max 2012 的基本知识、系统配置要求及安装、软件的启动和界面，以及当前比较完整的动画制作流程和动画制作方法。

第 2 章主要讲述 3ds Max 2012 的基本操作方法，包括对象的选择、变换、坐标系和变换中心，以及对象捕捉、对齐工具的使用、复制对象的方法等。

第 3 章主要讲述简单几何体的创建，结合卡通角色将标准基本体和扩展基本体做进一步的阐述，并利用基本参数对几何体进行修改。

第 4 章主要讲述二维图形的创建与编辑，包括基本二维图形的创建和参数的设置，以及二维线形的编辑与修改。

第 5 章主要讲述如何利用修改器对物体外形做出修改。

第 6 章主要讲述复合对象的创建，包括放样建模、放样变形、布尔运算和面片建模等。

第 7 章主要讲述灯光和摄像机，主要包括灯光和摄像机的类型、创建和参数控制等。

第 8 章主要讲述材质和贴图，主要包括材质编辑器的使用、材质的使用、贴图的使用、贴图通道、贴图坐标和其他材质类型等。

第 9 章主要讲述角色设计和制作，主要包括角色的分类和人物的创建。

第 10 章主要讲述动画技术，主要包括动画的基础、关键帧动画、轨迹视图和动画控制器等。

2. 本书主要特色

本书以当前比较流行的动漫、游戏实例为制作背景，以校企合作人才培养模式为切入点，采用案例驱动法和项目实训相结合的方法，在实践教学的同时将理论适当融入，达到以案例项目驱动理解理论内容的学习目的。利用理论和实例相结合的方法讲解 3ds Max 2012 的功能，从而掌握三维动画制作的基本思路和方法，具备与动漫制作公司、游戏设计公司、多媒体制作企业、图形图像设计制作相关企业接轨的能力和要求。

3. 本书适用对象

本书将案例融入到理论内容中，使读者在掌握理论的同时，动手能力也得到同步的提高和进步。本书适合进行三维动画制作、三维动画设计、游戏设计、图形图像制作、影视特效和楼宇广告设计的读者使用，也可以作为高等院校动漫设计、游戏设计、图形图像制作、多媒体技术等专业和社会各类 3ds Max 培训班的教材。

本书由徐其江，刘志雯主编，期间得到了山东信息职业技术学院张学金、王在云、张兴科、袁永美、武洪萍、王茹香、张云涛、王建峰等老师的指导和帮助。特别要感谢的是山东中动文化传媒有限公司和潍坊市鼎图动漫设计有限公司的动画制作专家，他们提供了大量的案例，并提供了技术指导。还要感谢第一视频集团无线事业部总监魏贵磊、军事经济学院襄阳士官学校张勇老师，在本书的校对、排版等方面给予的帮助和支持，谢谢你们为本书所做的工作。

由于作者水平有限，书中难免有不妥之处，敬请广大读者批评指正。

编　者

目　录

第1章 3ds Max 2012入门

本章要点

- 3ds Max 2012 的工作界面
- 工作界面简介
- 新增功能的介绍
- 3ds Max 2012 的安装与使用
- 简单动漫、游戏创作的基本流程
- 简单实例动画的制作

教学目标

- 了解 3ds Max 2012 的功能与用途
- 认识 3ds Max 2012 的工作界面
- 了解 3ds Max 2012 中动画制作的基本流程

3ds Max 2012 是 Autodesk 公司开发的一款三维设计和动画制作软件。随着计算机技术的不断发展，利用计算机来制作逼真的三维场景和角色以及游戏动画已经得到了广泛的应用，并且有很强的发展势头和很大的发展空间。通过本章的学习，读者将对三维制作软件的应用及其制作有一个基本的认识，同时了解 3ds Max 2012 软件的系统配置要求及安装、软件的启动界面、基本空间造型的制作和利用 3ds Max 2012 制作简单动画的流程。

任务 1.1　3ds Max 2012 基本知识

1.1.1　3ds Max 2012 简介

在众多计算机应用领域中，三维动画技术已经发展为当今一门比较成熟与完善的技术，在众多的三维制作软件中，3ds Max 2012 是最为流行的软件之一。3ds Max 2012 是 Autodesk 公司对 3ds Max 软件进行改版升级的最新版本，本软件能更加快捷方便地处理模型贴图与角色动画，并在更短时间内产生高品质动画。3ds Max 2012 提供了全面的、整合的三维建模与动画制作方案，方便用户更加快捷地制作与输出。加之视窗布局的改良，可以让材质制作流程更为顺畅。同时，全新的用户可视界面能让制作人员快速地更改工作界面，让多边形建模和材质设定变得更加顺畅，也让艺术家能更专注于创造力的展现。动漫、游戏场景和角色制作方式是 3ds Max 2012 的一大特色，可以利用 3ds Max 2012 中的角色动画工具包，使用户在更短的时间内制作出栩栩如生的动漫、游戏场景和角色动画。

此外，3ds Max 2012 也具有非常好的开放性和兼容特性，拥有丰富而完善的第三方软件开发环境，可以外接成百上千种插件，极大地丰富了软件的功能。

1.1.2　3ds Max 2012 的新功能

1. 最新的 CAT 高级角色动画系统

CAT 是一个角色动画的插件，其内建了二足、四足与多足骨架，可以方便用户更加轻松地创建与管理角色。现在把 CAT 整合至 Autodesk 3ds Max 2012 中，其操作的稳定性和兼容性得到了很大的提高。在 3ds Max 2012 中，CAT 集成了当今最先进的角色制作和动画制作系统，可以使用户更轻松地创建和管理角色，制作出非常逼真的角色动画。此可谓是本软件的一大特色。

2. 新增快速渲染器

在 3ds Max 2012 中，增添了新的多线程渲染引擎，同时使用中央处理器和图形处理器进行加速，在普通显卡上渲染的速度即可达到传统技术的最多十倍，使用者可以在极短的时间内得到很高质量并接近于结果的渲染影像。

3. 新增板岩材质编辑器

在 3ds Max 2012 中，增添了基于节点式编辑方式的板岩材质编辑器。板岩材质编辑器是一套可视化的开发工具组，通过节点的方式让使用者能以图形方式产生材质原型，并更直接、更容易地编辑复杂材质进而提升制作效率，同时这样的材质是可以跨平台的。因此 3ds Max 2012 的材质编辑方式可以说是有了飞跃性的提升，其独有的轻松可视化和可编辑的石板材质、相互关联的基础材质编辑器，可以帮助用户显著地提高其工作流程和效率。

4. 新增对象画描功能

在 3ds Max 2012 中，可以在场景中使用对象笔刷直接绘制分布物体和动画，这个功能适合制作大型场景和多米诺骨牌式动画，使得大量创建重复模型和动画变得简单有效。

5. 新增合成功能

在 3ds Max 2012 中，合成工具基于 Autodesk 集成软件技术，包含图形输入、颜色校正、追踪、摄像机贴图、向量绘图和运动模糊等。动画渲染时，在软件中进行合成与调整，增强动画和角色效果，对于动画制作而言是一个非常重要的工具。

6. 新的关联式用户操作界面

在 3ds Max 2012 中，新的关联式用户操作界面可以减少建模中不必要的鼠标单击操作，可以让使用者更直觉式地在视图中执行指令，这样的操作方式有点类似于 Autodesk Maya。

7. 增强了贴图和建模功能

在 3ds Max 2012 中，增加了石墨工具与画布工具两种工具，让使用者可以加速 3D 建模与绘制贴图的工作，而这些工作是直接在视窗中执行的，不需要像以往一样在多软件间进行切换，大大减轻了制作上的难度，增加了作品产生的效率。

8. 可自由定制界面功能

在 3ds Max 2012 中，可以方便快捷地创建和保存个性化的用户界面配置，包括经常使用的动画项目和宏脚本，并可以灵活地设置快捷方式以便快速处理。

目前，3ds Max 2012 主要有以下 3 个版本：

（1）用于工作站、PC 机的标准版，即 J2SE（3ds Max 2012 2 Standard Edition），这也是本书将主要介绍的版本。

（2）企业版，即 J2EE（3ds Max 2012 2 Enterprise Edition），通常用于企业级应用系统的开发。

（3）精简版，即 J2ME（3ds Max 2012 2 Micro Edition），通常用于嵌入式系统开发。

在未来几年，3ds Max 的进一步开源将对其发展产生重要的影响，可以更加多方面地汲取更多插件，更加快捷方便地进行动漫、游戏场景制作和角色动画制作。可以预知，3ds Max 将迎来一个更加快速的发展阶段。

1.1.3　3ds Max 2012 基本功能简介

1. 影视制作

用计算机三维动画软件 3ds Max 2012 可以制作出精美靓丽、以假乱真的影视特技效果，因此被广泛应用于影视作品的创作中，如在科幻电影、电视片头、电视广告中，都可以看到 3ds Max 制作动画的片段。例如，电影《指环王》中甘道夫与傅鲁多在加油站前拍摄的镜头，《龙与地下城》、《后天》（也叫《末日浩劫》）中特技的制作，三维影片《玩具总动员》、《冰河世纪》、《哈利波特》、《变形金刚》等科幻电影特技场景的加入，可以起到更加引人

入胜的效果。许多电视广告在制作中也会加入三维效果，使产品更加形象、生动。

2. 动漫游戏

3ds Max 2012 在动漫游戏中可以说占有举足轻重的地位。3ds Max 2012 的使用可以使游戏更加具有真实感，更加逼真，更加富有魅力。很多动漫场景、游戏场景、动漫游戏角色的创建都是用 3ds Max 2012 制作完成的。如在《魔兽世界》、《天堂》等游戏中，随着 3ds Max 2012 的使用，可以更加逼真地模拟真实的现实场景，让人有一种身临其境的感觉。

3. 工业设计

3ds Max 2012 在工业产品的辅助设计中已经得到广泛使用，并且具有举足轻重的地位。利用 3ds Max 建模可以开发、模拟和设计许多新的产品，比传统的手工绘制更加准确、形象，还更加易于修改和调整。

4. 广告制作

3ds Max 2012 大量应用在影视宣传、广告中，可以将模拟的场景更加真实地融入到其中，使影视宣传、广告更加具有吸引力。

5. 建筑一体化及其他方面

利用 3ds Max 2012 可以制作出效果非常逼真的建筑效果图和装饰装修效果图，尤其在家装行业中占有举足轻重的地位和作用。利用 3ds Max 2012 可以制作出非常逼真的建筑和装修效果，可以很好地辅助于施工，避免损失和浪费。除了效果图，3ds Max 2012 在三维效果动画、建筑效果动画、军事领域模拟飞船发射轨迹、飞行训练等方面，以及在交通事故的分析处理、医疗卫生、多媒体教育和娱乐方面也得到了广泛使用。

任务 1.2　3ds Max 2012 的系统配置要求及安装

1.2.1　系统配置要求

3ds Max 2012 对计算机硬件的要求非常高，应尽可能配备性能、显示效果比较先进的设备以满足制作需要。推荐系统配置如图 1-1 所示。

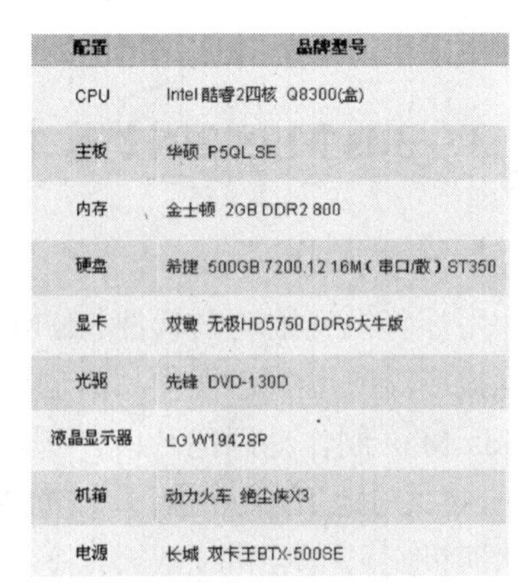

配置	品牌型号
CPU	Intel 酷睿2四核 Q8300(盒)
主板	华硕 P5QL SE
内存	金士顿 2GB DDR2 800
硬盘	希捷 500GB 7200.12 16M（串口/散）ST350
显卡	双敏 无极HD5750 DDR5大牛版
光驱	先锋 DVD-130D
液晶显示器	LG W1942SP
机箱	动力火车 绝尘侠X3
电源	长城 双卡王BTX-500SE

图 1-1　系统配置要求

1.2.2　3ds Max 2012 的安装

3ds Max 2012 的安装过程具体如下：

（1）启动安装软件，在弹出的界面中单击“安装”选项，执行安装过程，如图 1-2 所示。

（2）进入安装 3ds Max 2012 界面，如图 1-3 所示。

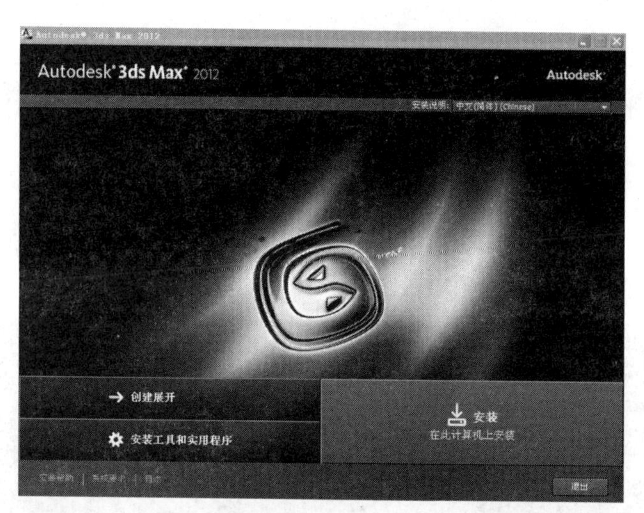

图 1-2　安装界面

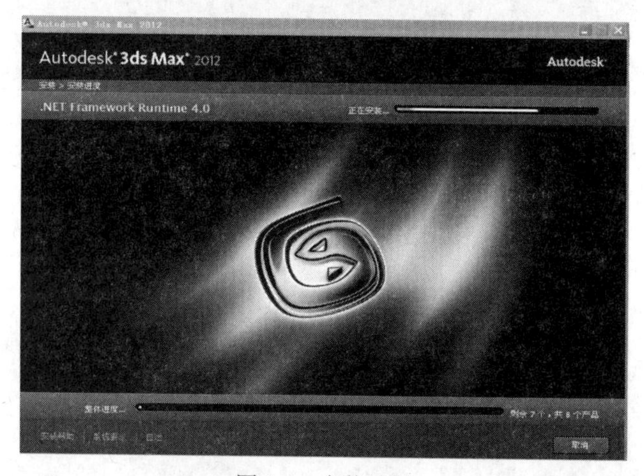

图 1-3　安装过程

（3）安装完成，如图 1-4 所示。

图 1-4　安装完成

任务 1.3　3ds Max 2012 的启动与界面

1.3.1　3ds Max 2012 启动

3ds Max 2012 的启动界面如图 1-5 所示。

图 1-5　启动界面

1.3.2　3ds Max 2012 界面

3ds Max 2012 的操作界面如图 1-6 所示。

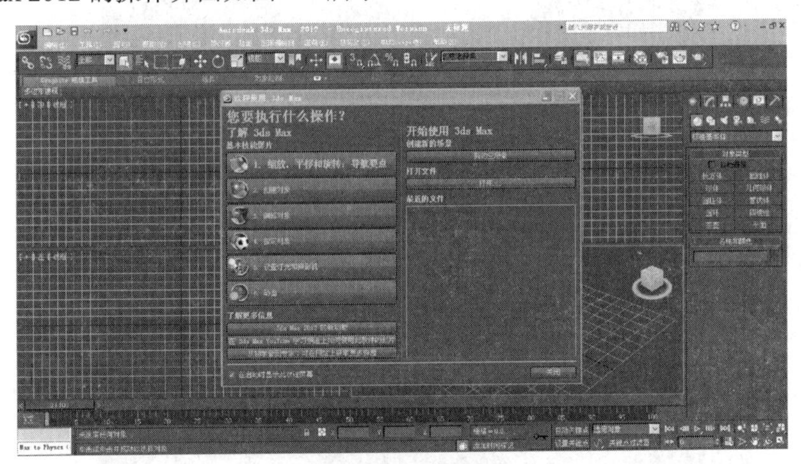

图 1-6　操作界面

结合 3ds Max 2012 的操作界面，其对应的各部分的功能和作用介绍如下。

1. 主菜单

☑ 文件：文件菜单。

☑ 新建：包含“新建全部”（清除当前场景中的内容，重建场景文件）、“保留对象”和“保留对象和层级”3 项内容。

☑ 重置：清除当前场景中的所有内容，恢复系统设置，重建场景文件。

☑ 打开、保存、另存为、合并（将另一个场景中的物体合并到当前场景中来）。
☑ 自定义：自定义菜单。
☑ 单位设置：单位设置。步骤如下：选择“自定义/单位”→“设置”命令；在动漫、游戏场景和角色建模中，经常选择“毫米”作为单位，但必须进一步设置度量系统，在“单位设置”对话框中单击“系统单位设置”按钮，进行单位设置。

2. 主工具栏

在主工具栏的空白位置单击鼠标右键，弹出的快捷菜单中显示了所有的工具栏名称，选择某项可以打开或关闭其中的工具栏。

☑ 单击方式选择：在对象上单击鼠标左键以选择单个对象，按住 Ctrl 键可实现选择多个对象。
☑ 区域选择：与“选择区域”按钮和“选择控制开关”按钮相结合，用鼠标拉出一个区域（包括圆形、矩形、多边形等），根据当前选择模式（交叉方式或窗口方式）确定选择对象。交叉方式为所有与区域框线接触或在区域框线内的都被选中，窗口方式为完全在区域框线内的被选中。交叉方式与窗口方式可互相切换。
☑ 按名称选择对象：当场景中的对象太多时可按名称选择，快捷键为 H。
☑ 选择并移动：同时具有选择和移动功能，单击鼠标左键选择物体，移动鼠标当靠近 X 轴时，X 轴变为黄色，按住鼠标左键实现沿 X 轴移动，同样可实现沿 Y 轴或 Z 轴移动。X、Y、Z 轴对应的颜色为 R、G、B。移动鼠标当靠近 XY 轴之间时出现黄色区域，可实现在 XY 平面内的移动。按住 Shift 键可实现复制多个物体。
☑ 选择并旋转：可实现绕某轴旋转，按住 Shift 键可复制多个物体。
☑ 选择并缩放：单击鼠标左键选择物体，移动鼠标靠近坐标原点时鼠标变成三维缩放套框形状可实现三维缩放，在两个轴之间时变成二维缩放套框形状可实现二维缩放，当鼠标靠近某个轴时可实现在此轴方向上的缩放。
☑ 镜像：选择对象复制生成一个对称物体。
☑ 对齐：实现两个物体的对齐。

3. 命令面板

3ds Max 2012 主要有“创建”、“修改”、“层级”、“运动”、“显示”和“程序”6 个命令面板，本书重点学习“创建”和“修改”命令面板，并对“显示”和“程序”命令面板作基本了解。

命令面板中左侧带有“+”或“-”的子面板称为卷展栏，单击“+”按钮，卷展栏打开，同时变成“-”；单击“-”按钮，卷展栏关闭，同时变为“+”；当鼠标停留在面板的空闲位置变成手状时可上下拖动面板。

在命令面板与主工具栏的交界处单击鼠标右键，在弹出的快捷菜单中选择“命令面板”命令可以打开或关闭命令面板。也可以选择“挂起”命令，调整命令面板在屏幕上的位置。

4. 视图

在屏幕中占据较大区域的 4 个矩形区域称为视图，可以通过视图实现从不同角度来观

察场景中的对象。

（1）视图类型。包括标准视图、摄像机视图和灯光视图。标准视图是指 6 个正交视图、透视视图和用户视图。

所谓正交视图，就是在世界坐标系中采用正交投影的方法，分别从正上方、正下方、正前方、正后方、正左侧、正右侧看过去物体的投影效果，分别对应顶视图、底视图、前视图、后视图、左视图和右视图。

透视视图可以实现在世界坐标系中从任何角度观察三维物体。

用户视图类似于透视视图，但没有景深的变化，是为了兼容旧版本的一种视图。

摄像机视图和灯光视图用于场景的制作，一般场景的渲染都是在摄像机视图中完成的。灯光视图只对聚光灯发生作用，它从聚光灯的发射点来观察场景，有助于灯光效果的调节。

（2）选择视图。视窗由顶视图、前视图、左视图和透视视图 4 个视图均匀分布。

单击视图中的物体，物体被选择同时视图也被激活。

（3）视图的切换。有如下两种方法。

方法 1：用鼠标右键单击视图标签位置（如前视图），在弹出的快捷菜单中选择视图。

方法 2：按键盘快捷键。T=顶视图，F=前视图，L=左视图，B=底视图，K=后视图，R=右视图，P=透视视图，U=用户视图，C=摄像机视图。

（4）视图显示模式。即在顶视图、前视图和左视图平面视图中为线框显示模式，在透视图中为光滑+高光显示模式。

在视图左上角标签处单击鼠标右键，在弹出的快捷菜单中可以选择视图的显示模式。

5. 视图控制按钮

☑ 漫游：在透视视图中，可以使用箭头键或鼠标在场景中移动，就像单人视频游戏那样。在进行弧形旋转时，视图中会出现一个绿色圆圈。在圈内拖动时会进行全方位的旋转；在圈外拖动时会在当前视点平面上进行旋转；在 4 个角的十字框上拖动时会以当前点进行水平或垂直旋转。如果配合 Shift 键进行左右移动或上下移动，可以将旋转锁定在水平方向或垂直方向上。

☑ 弧形旋转于所选物体：与漫游工具相同，只是视觉中心旋转在当前选择的物体上。

☑ 弧形旋转于次物体：与漫游工具相同，只是视觉中心旋置在当前选择的次一级物体上。

6. 动画控制区

动画控制区位于屏幕的下方，主要用于动画的录制、播放及动画长度的设置等。

7. 状态栏与提示栏

界面底部的状态栏显示与当前场景活动相关的信息。底部提示栏显示选择对象数目，并根据当前命令和下一步的工作给出操作的提示。

“锁定与不锁定选择”按钮为一开关按钮，单击该按钮则锁定当前选择，保证当前选择不被取消，但同时不能选择其他对象。再次单击该按钮，不锁定选择，可以实现选择其他对象。按键盘上的空格键也可实现锁定与解锁。

任务 1.4 3ds Max 2012 中动画制作流程

1.4.1 动画制作的基本流程

一般情况下，利用 3ds Max 2012 制作动画的基本流程如下。

（1）总体规划：前期规划对于动画片制作来讲是最重要的环节，动画规划的好坏直接决定动漫角色和游戏场景的吸引力。图 1-7 是一个古典动漫规划场景。

（2）角色概念设计：内容包括根据剧本绘制的动画场景、角色、道具等的二维设计，以及整体动画风格定位工作，为后面三维角色制作提供参考。角色的实例效果如图 1-8 所示。

图 1-7 古典动漫规划场景

图 1-8 角色的实例效果

（3）分镜：根据文字创意剧本进行的实际制作的分镜头工作，手绘图画构筑出画面，解释镜头运动。分镜效果如图 1-9 所示。

（4）3D 模：在三维软件中由建模人员制作出故事的场景、角色、道具的粗略模型，为故事板作准备。3D 模效果如图 1-10 所示。

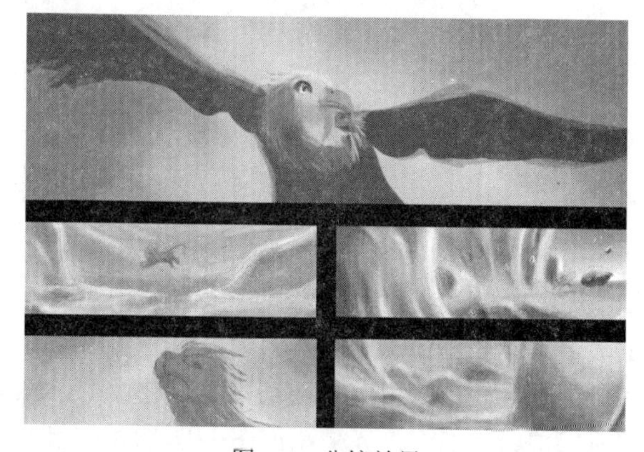

图 1-9 分镜效果

图 1-10 3D 模效果

（5）故事板：用 3D 模根据剧本和分镜故事板制作出 3D 故事板，其中包括软件中摄像机机位摆放安排、基本动画、镜头时间定制等知识。故事板效果如图 1-11 所示。

（6）角色模型：根据概念设计及客户、监制、导演等的综合意见，在三维软件中进行模型的精确制作，形成动画片中的最终形象。动画片僵尸新娘模型如图 1-12 所示。

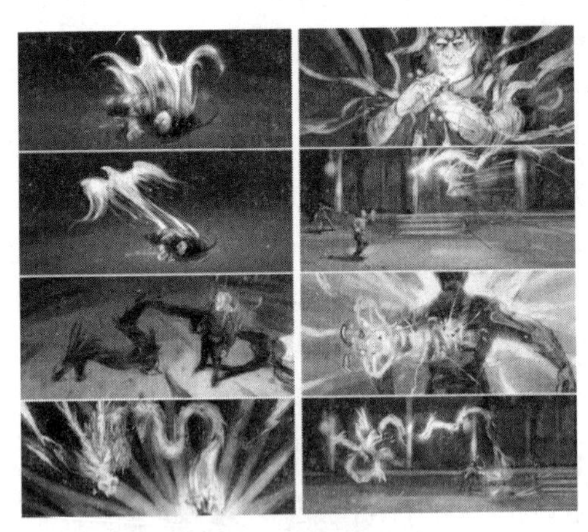

图 1-11　故事板效果

图 1-12　动画片僵尸新娘模型

（7）材质：根据概念设计及客户、监制、导演等的综合意见，对 3D 模型“化妆”，进行色彩、纹理、质感等的设定工作，是动画制作流程中必不可少的重要环节。材质的实例效果如图 1-13 所示。

（8）骨骼蒙皮：根据故事情节分析，对 3D 中需要动画的模型（主要为角色）进行动画前的一些变形、动作驱动等相关设置，为动画师做好预备工作，提供动画解决方案。骨骼蒙皮的实例效果如图 1-14 所示。

图 1-13　材质的实例效果

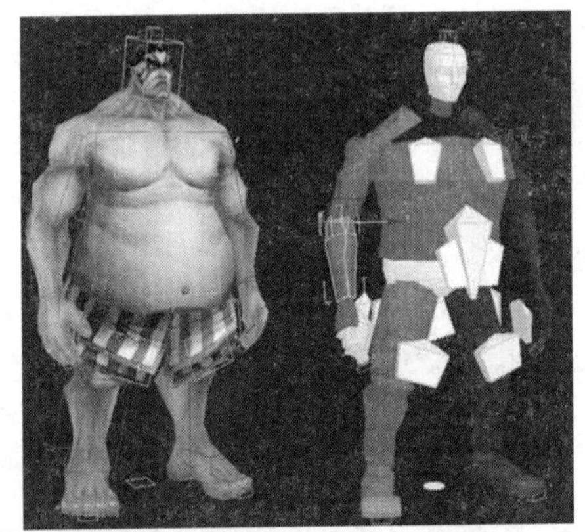

图 1-14　骨骼蒙皮的实例效果

（9）分镜动画：参考剧本、分镜故事板，动画师会根据故事板的镜头和时间，给角色或其他需要活动的对象制作出每个镜头的表演动画。分镜动画的实例效果如图 1-15 所示。

（10）灯光效果：根据前期概念设计的风格定位，由灯光师对动画场景进行照亮、细致的描绘、材质的精细调节，把握每个镜头的渲染气氛。灯光效果如图 1-16 所示。

图 1-15　分镜动画的实例效果

图 1-16　灯光效果

（11）三维特殊特效（3D 特效）：根据具体故事，由特效制作师制作出若干种水、烟、雾、火、光效在三维软件（3ds Max 2012）中的实际制作表现方法。3D 特效效果如图 1-17 所示。

图 1-17　3D 特效

（12）合成：动画、灯光制作完成后，由渲染人员根据后期合成师的意见把各镜头文件分层渲染，提供合成用的图层和通道。合成的实例效果如图 1-18 所示。

图 1-18　合成的实例效果

（13）配乐：根据剧本设计需要，由专业配音师根据镜头配音，为剧情配上合适的背景音乐和各种音效。

（14）最终剪辑：用渲染的各图层影像，由后期人员合成完整成片，并根据客户及监制、导演意见剪辑成不同版本，以供不同需要使用。最终剪辑的实例效果如图 1-19 所示。

图 1-19　最终剪辑的实例效果

1.4.2　三维动画基本制作方法

制作三维动画最基本的方法是使用自动关键帧模式录制动画。

创建一个简单动画的步骤是：设置场景，在场景中创建若干物体，单击“自动关键点”按钮开始录制动画，移动动画控制区中的时间滑块，修改场景中物体的位置、角度或者大小等参数，重复前面的移动时间滑块和修改物体参数的操作，最后取消“自动关键点”按钮的选中状态，关闭帧动画的录制。

任务 1.5　案例：制作简单三维动画

1. 创建模型

（1）在“创建”命令面板上激活“几何体”按钮，单击面板上的“球体”按钮，在顶视图中按住鼠标左键并拖动创建一个球体。设置右侧面板上“半径”的值为 50。效果如图 1-20 所示。

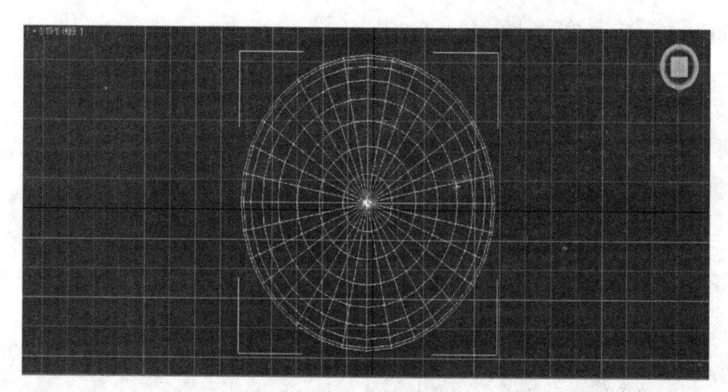

图 1-20　球体模型

（2）单击“图形”按钮，进入二维造型创建面板。单击“文本”按钮，在下方的“文本”文本框中输入“3ds Max 2012 动画制作”，在“参数”卷展栏中设置字体为“隶书”，“大小”为 50。在前视图中单击鼠标左键创建文字，单击鼠标右键结束文字创建状态。参数设置和文字效果如图 1-21 和图 1-22 所示。

图 1-21　文字参数设置

图 1-22　文字效果

（3）选择文字，单击命令面板上的“修改”按钮，切换到“修改”命令面板，从修改器列表中选择“倒角”修改器。设置“倒角值”卷展栏中的参数如图 1-23 所示，其效果如图 1-24 所示。

图 1-23　倒角参数设置

图 1-24　倒角效果

（4）通过“创建”命令面板进入二维造型创建面板。单击“线”按钮，在顶视图中用鼠标左键单击画线。按 1 键，进入顶点编辑状态，按 Ctrl+A 组合键选择所有顶点次对象，在某个顶点上单击鼠标右键，在弹出的快捷菜单中选择“光滑”命令，将直线修改为光滑的曲线。创建的曲线将作为变形路径，效果如图 1-25 所示。

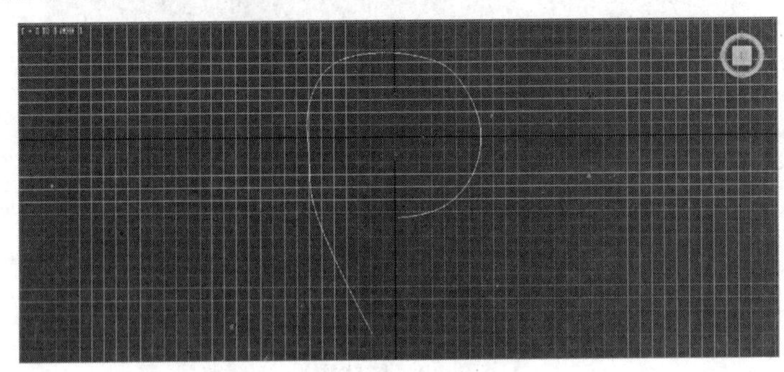

图 1-25　路径效果

2. 为模型设置材质

（1）选定球体，给球体设定颜色和赋予贴图，参数设置和球体效果如图 1-26 和图 1-27 所示。

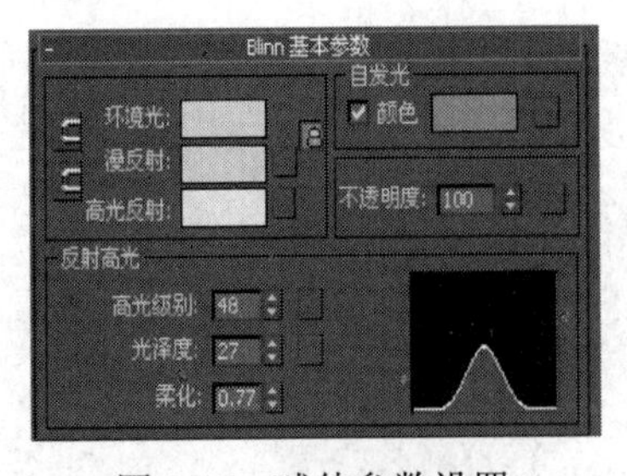

图 1-26　球体参数设置

图 1-27　球体效果

（2）选定文字，为文本设定颜色和赋予贴图，参数设置和文本效果如图 1-28 和图 1-29 所示。

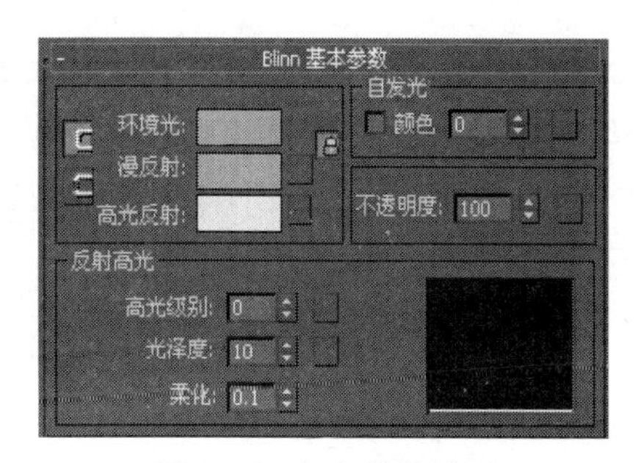

图 1-28　文本参数设置

图 1-29　文本效果

3. 创建关键帧动画

（1）选择文字，单击命令面板上的“修改”按钮，切换到“修改”命令面板，从修改器列表中选择“路径变形”修改器。在“参数”卷展栏中单击“拾取路径”按钮，选择视图中的曲线，单击“转到路径”按钮，将文字移动到路径上，选择路径变形轴为 X，选中“翻转”复选框，最后文字放置在路径的起始位置。参数设置和效果如图 1-30 和图 1-31 所示。

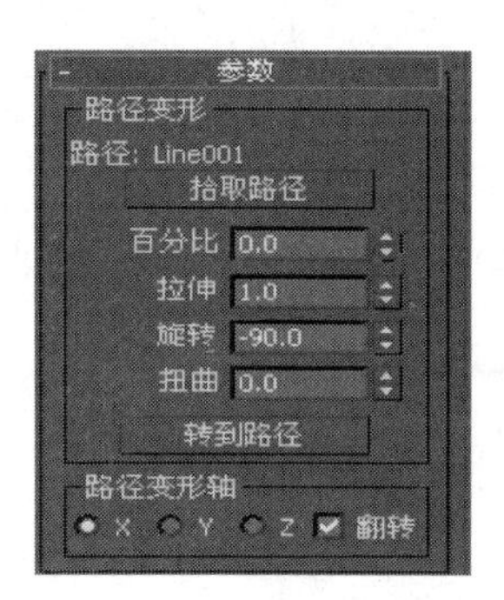

图 1-30　路径变形参数设置

图 1-31　路径变形效果

（2）单击动画控制区的“自动记录关键帧”按钮，进入自动记录关键帧状态。这时时间滑块以红色显示，当前视图的边框为红色。移动视图下方的时间滑块到 100 帧。修改右侧变形修改器命令面板上“百分比”的值为 100。

（3）确保当前为动画记录状态，当前帧为 100 帧。在顶视图中选择球体，右击主工具栏中的“旋转”按钮，在弹出的对话框中设置“偏移:世界”选项组中的 Z 为-360 并按 Enter 键。这样球体在 0～100 帧之间顺时针旋转 360°。

4. 渲染输出动画

按 F10 键，打开渲染设置对话框，将时间范围设置为 0～100 帧，然后确定动画的名称和输出路径，最后按 F9 键渲染输出动画。

本章小结

通过本章的讲解，可以让学生了解 3ds Max 2012 的基本知识和功能特性，掌握 3ds Max

2012 的系统配置要求和安装方法，熟悉 3ds Max 2012 的启动和界面构成，掌握 3ds Max 2012 动画制作的基本流程，掌握 3ds Max 2012 菜单的构成和功能方式，掌握视图的类型和使用方式。理顺本章知识，达到综合运用，能提高学生分析问题、解决实际问题的能力，进一步为后续的学习奠定基础。

实训项目 1

【实训目的】

通过本实训项目使学生能较好地熟悉 3ds Max 2012 的界面并掌握动画制作的基本流程，理顺本章知识的综合运用，并能提高学生分析问题、解决问题的能力。

【实训情景设置】

学生进入动漫、游戏相关企业，都会面临一系列动漫、游戏制作的相关内容和流程。本实训通过让学生熟知 3ds Max 2012 软件的视图结构和动画的基本制作流程，进行简单动画的相关创作。

【实训内容】

结合素材，按照案例的动画制作流程，完成简单的“动漫游戏制作”文字动画的创作。简单制作步骤如下：

（1）创建文本“动漫游戏制作”。

（2）给文本“动漫游戏制作”指定材质和贴图。

（3）创建灯光、摄像机。

（4）制作动画，通过关键帧的设定赋予模型动感。

（5）将作品以.avi 格式渲染输出。最终效果如图 1-32 所示。

图 1-32　动画效果

第2章 3ds Max 2012的常用操作

本章要点

- 3ds Max 2012 的基本选择操作
- 对象的选择与变换
- 对象的复制、阵列和镜像
- 对象的对齐方式

教学目标

- 了解 3ds Max 2012 对象的基本操作
- 认识 3ds Max 2012 的基本操作方式
- 了解 3ds Max 2012 中对象的处理方法

教学情境设置

在 3ds Max 2012 建模过程中，对象的操作方式和方法是非常重要的，尤其在复杂的建模过程中，如何对对象进行选取、移动、复制、镜像、对齐和阵列等就是一个非常复杂而系统的工序。本章着重就场景中物体的基本操作做简单的介绍，使学生在以后的动漫、游戏设计场景中能灵活地处理和使用。

任务 2.1 对象的选择

2.1.1 直接选择

所谓直接选择就是以鼠标单击的方式选择对象。主工具栏中的（选择对象）按钮可以用来在视图中直接选择对象。

单击按钮，在视图中鼠标靠近要选择的对象，当光标变为形状时，单击鼠标即可选择对象。

被选中的标识是：在 3 个平面视图中对象以白色显示，在透视视图中被一个白色的线框包围，如图 2-1 和图 2-2 所示。

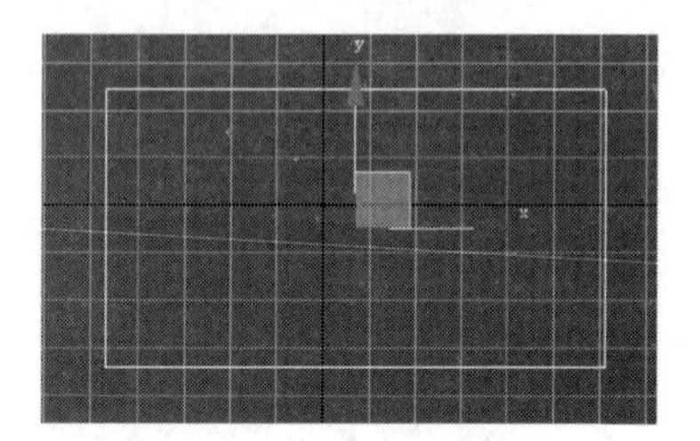

图 2-1 前视图效果

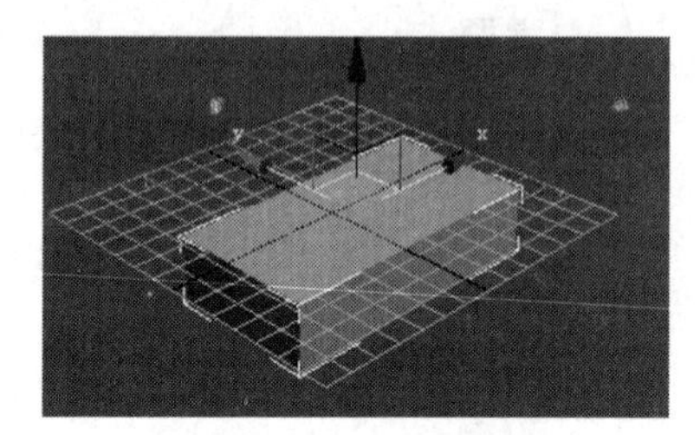

图 2-2 透视视图效果

使用按钮，配合 Ctrl 键可以实现一次多选。如果想放弃已选择的对象，那么只需按住 Ctrl 键，单击鼠标即可。如果取消所有选择，则只需在屏幕的空白处单击鼠标即可。

2.1.2 区域选择

区域选择的方法是：使用鼠标拖出一个区域，从而选择与区域相关的对象。

区域选择类型包括矩形、圆形、多边形、套索、画笔选择。

3ds Max 2012 主要包含交叉模式和窗口模式两种选择模式。

☑ 在交叉模式下，选择框内的或与选择框相交的对象都被选中。

☑ 在窗口模式下，只有整个对象全部处于选择框内，对象才被选中。默认选择模式为交叉。单击该按钮可以实现模式切换。

使用区域选择时，激活按钮，在视图中单击鼠标并拖动将出现一个白色的线框，再根据当前选择模式（交叉或窗口）判断哪些对象被选中。

2.1.3 按名称选择

在主工具栏中单击按钮，弹出“从场景选择”对话框。其上方有一个文本输入栏，直接输入要选择对象的名字（可使用通配符“*”），即可完成对对象的选择。

中间下拉列表为对象名称区域，用鼠标单击名称，或配合 Ctrl、Shift 键等实现选择。

单击“确定”按钮，实现按名称选择，如图 2-3 所示。

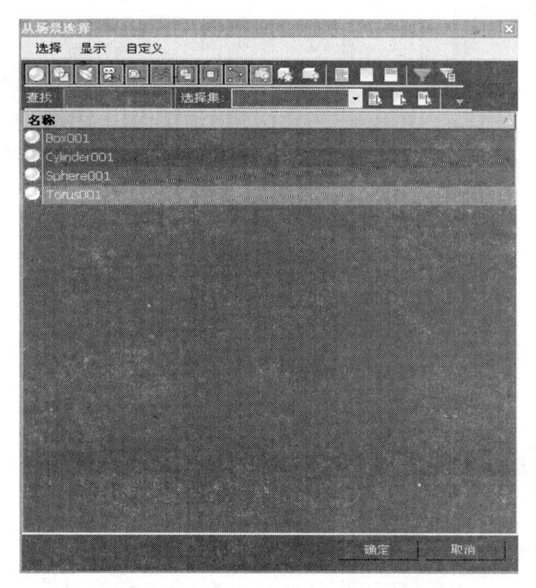

图 2-3　“从场景选择”对话框

2.1.4　其他选择工具

其他选择工具主要有 （选择并移动）、 （选择并旋转）和 （选择并均匀缩放）。

使用主工具栏中的选择过滤器列表 All 可以看到过滤器类型，选择某个类型后，只能选择该类型的对象。例如，选择摄像机类型，在场景中只能选择摄像机对象。

任务 2.2　对象的变换

3ds Max 2012 中包含 3 种变换对象的工具，即移动、旋转和缩放。

2.2.1　选择并移动

1. 用鼠标移动

“选择并移动”功能是把“选择”和“移动”结合在一起，单击对象后在对象的中心出现一个坐标系，先确定移动方向，再单击鼠标拖动对象可实现对象移动。

当鼠标靠近某个轴时，该轴变为黄色，可实现该轴方向上的移动；当鼠标靠近两个轴中间位置时，在两个轴之间出现一个黄色平面，可实现在该平面上移动对象。

注意，默认坐标系下，在不同的视图中沿同一个轴向的移动含义不同，如在顶视图中沿 Y 轴移动实现了三维空间中物体的前后移动，而在前视图中沿 Y 轴移动则是三维空间中物体的上下移动。

2. 精确移动

先选择对象，然后右击按钮，弹出“移动变换输入”对话框，如图 2-4 所示。注意当前主工具栏中的按钮一定要激活。

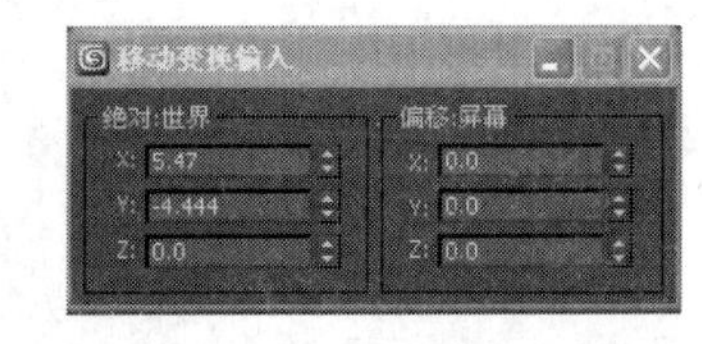

图 2-4 “移动变换输入”对话框

- ☑ “绝对:世界”选项组用于显示当前物体在世界坐标系中的绝对坐标，当 3 个坐标的值都为 0 时，表示对象位于世界坐标系的原点位置。
- ☑ “偏移:屏幕”选项组用于显示偏移值，正值沿轴向的正方向移动，负值沿轴向的负方向移动。

2.2.2 选择并旋转

单击“选择并旋转”按钮后，视图中会出现 5 个圆形线框，其中红色表示绕 X 轴旋转，绿色绕 Y 轴旋转，蓝色绕 Z 轴旋转，还有两个灰色的，小的是绕对象的中心旋转，大的是绕底面的轴心点旋转。

光标靠近某轴，该轴所对应的圆变为黄色，按住鼠标左键拖曳鼠标，高亮显示的弧给出了绕该轴旋转的角度，并且在对象上方以文本框形式显示了角度值。

同样，选择对象后，右击按钮，弹出如图 2-5 所示的对话框，在其中输入角度值可实现精确旋转。正值表示逆时针旋转，负值表示顺时针旋转。

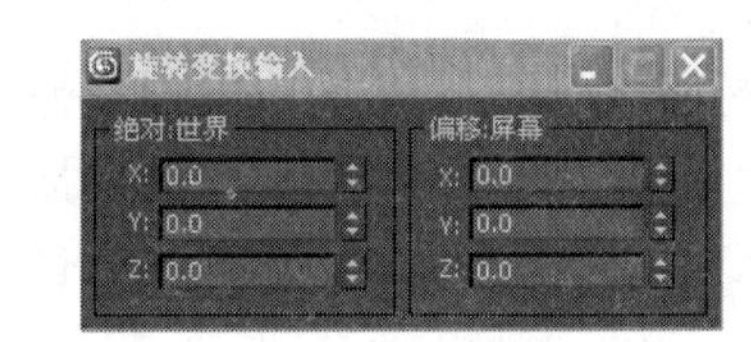

图 2-5 精确旋转

2.2.3 选择并均匀缩放

当光标靠近坐标原点时，出现三维缩放套框形状，可实现均匀缩放整个对象；当光标稍远离坐标原点时，选定外三角形的一部分，出现二维缩放套框形状，可实现沿相邻的两个轴缩放对象；当光标指向某一个坐标轴时，可实现沿该轴非均匀缩放对象。

选择对象，右击按钮，弹出如图 2-6 所示的对话框，右侧显示三维均匀缩放相对值 100%，左侧显示对象在自身坐标系下单轴上的缩放量。

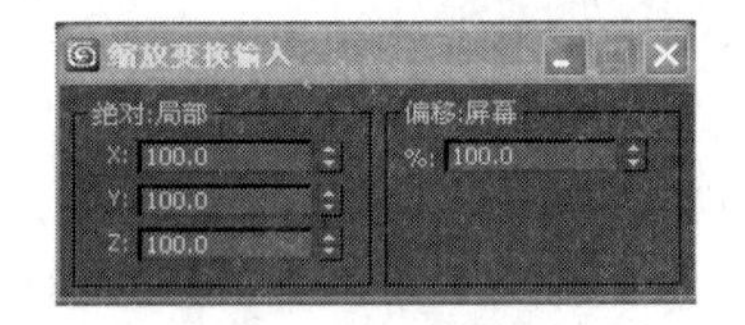

图 2-6 精确缩放

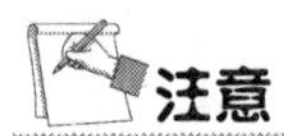

注意

选择的缩放工具不同，弹出的对话框也不同。

任务 2.3　坐标系和变换中心

2.3.1　坐标系

坐标系用来表示对象所在的位置和方向，每个坐标轴都用一种颜色表示，X 轴为红色，Y 轴为绿色，Z 轴为蓝色。被选中的坐标轴或坐标平面显示为黄色。

在主工具栏上的 视图 下拉列表框中可选择以下坐标系统：视图坐标系、世界坐标系、屏幕坐标系、父对象坐标系、局部坐标系、Gimbal 坐标系、栅格坐标系和拾取坐标系。

1. 视图坐标系（View Coordinate System）

该坐标系为系统默认坐标系。它是由屏幕坐标系和世界坐标系衍生而来的。在正交视图中使用屏幕坐标系，在透视视图中使用世界坐标系。

2. 世界坐标系（World Coordinate System）

世界坐标系的坐标轴的定义是固定的，X 轴水平向右，Z 轴是垂直向上，Y 轴指向屏幕内部（远离用户）。

3. 屏幕坐标系（Screen Coordinate System）

屏幕坐标系通常用于正交视图。但当前激活视图决定了坐标系的轴，X 轴水平向右，Y 轴垂直向上，而非活动视图将显示由活动视图定义的轴。

4. 父对象坐标系（Parent Coordinate System）

使用选择物体的父物体的自身坐标系统，可以使子物体保持与父物体之间的依附关系，在父物体所在的轴向上发生改变。

5. 局部坐标系（Local Coordinate System）

基于选定的对象设置坐标系，变换则以选择对象的自身坐标系作为参考坐标系，坐标中心位于选定对象的轴心点上，坐标轴的方向为对象自身坐标系的方向。

6. Gimbal 坐标系（Gimbal Coordinate System）

Gimbal 坐标系，即万向坐标系。万向坐标系与 Euler XYZ 旋转控制器一起使用。它与“局部”类似，但其 3 个旋转轴不一定成直角。

7. 栅格坐标系（Grid Coordinate System）

以栅格物体的自身坐标轴作为坐标系统，栅格物体主要用来辅助制作。

8. 拾取坐标系（Pick Coordinate System）

首先将坐标系下拉列表内容切换为“拾取”，然后在视图中的一个对象上单击鼠标，对象名称显示在当前坐标系下拉列表中，当前坐标系就使用选中对象的自身坐标系作为参考坐标系。坐标中心为对象的轴心点。

2.3.2 变换中心

1. 使用轴点中心（Use Pivot Center）

系统默认模式。创建一个三维对象时，对象的轴心点一般位于创建的第一个面的中心。进行移动、旋转或缩放变换时，都是以对象轴心点为参考点进行移动、旋转或缩放的。

对象的轴心点是对象移动、旋转和缩放时所参照的中心，也是大多数编辑修改器应用的中心。

单击右侧命令面板上的按钮，切换到“层级”命令面板，激活“仅影响轴”按钮，这时视图中物体轴心点被激活，可以对轴心点进行移动和旋转等变换。

注意

在此状态下只能对轴心点操作，操作完成后必须再次单击“仅影响轴”按钮，退出轴心点编辑状态，才能选择其他对象。

2. 使用选择集中心（Use Selection Center）

选择多个对象后，系统计算出围住所有对象的线框的中心为变换中点进行变换。

3. 使用变换坐标系中心（Use Transform Coordinate Center）

以当前坐标系的中心为变换中心进行变换。如果使用视图坐标系，则在视图中以坐标系的中心点（0,0,0）作为变换中心。如果使用拾取坐标系，则将以拾取对象的中心为变换中心进行所有变换。

对象变换的效果与参考坐标系、变换中心有密切的联系，正确使用坐标系和变换中心可完成各种变换。

任务 2.4 对象捕捉

3ds Max 2012 中包含 3 种捕捉模式，即位置捕捉、角度捕捉和百分比捕捉。

2.4.1 位置捕捉

位置捕捉包含以下 3 方面。

☑ 三维捕捉：捕捉空间上的任何位置点，不论二维图形还是三维物体。

☑ 二维捕捉：捕捉在当前视图中栅格平面上的曲线和无厚度的表面造型，对于有体积的造型不予捕捉，通常用于二维图形的捕捉。

☑ 2.5D 捕捉：捕捉三维空间中二维图形和三维物体的点在激活视图的构建平面上的投影。也就是在一个平面上进行捕捉，不影响 Z 轴的位置。

在“位置捕捉”按钮上单击鼠标右键，在弹出的对话框中可以定义捕捉模式：栅格点、轴心、垂足、顶点、边、面、栅格线、边界框、切点、端点、中点和中心面。

2.4.2　角度捕捉

角度捕捉用于设置进行旋转变换时的角度间隔。默认以 0.5° 作为角度变化间隔，在“角度捕捉”按钮上单击鼠标右键，可以打开“栅格和捕捉设置”对话框，在“选项”选项卡中可以设置“角度”的值。

2.4.3　百分比捕捉

百分比捕捉默认以 1%作为缩放的比例间隔，通过“栅格和捕捉设置”对话框可以设置百分比值。

如果将捕捉百分比设置为 10%，则进行比例缩放时，每单击一下鼠标，对象被缩放 10%。

任务 2.5　对齐工具

对齐是一种变换对象的工具，将选择的对象与目标对象对齐。

选择一个对象后，单击主工具栏中的对齐按钮，光标将变成对齐光标，移动光标到目标对象上，当光标变成“+”形状时单击目标对象，将打开“对齐当前选择”对话框，如图 2-7 所示。

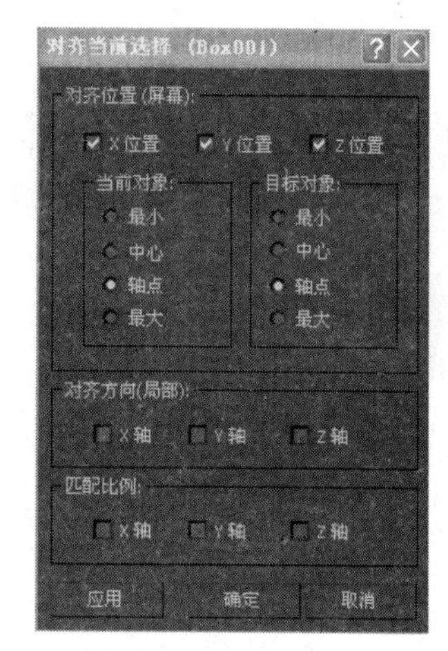

图 2-7　“对齐当前选择”对话框

先选择的对象称为当前对象，再单击的对象称为目标对象，当前对象进行移动变换与目标对象对齐。主要应用“对齐位置”选项组来控制对齐的方向，其中 X、Y 和 Z 轴表示在哪个轴的方向上对齐，“最小”、“中心”、“轴点”和“最大”4 个参数来具体控制对齐的方向。

☑　最小：表示当前对象与目标对象在对齐轴负方向的边框的边界对齐。

☑　中心：表示当前对象与目标对象的几何中心在对齐轴方向上进行对齐。

☑　轴点：表示当前对象与目标对象的轴心点在对齐轴方向上进行对齐。

☑　最大：表示当前对象与目标对象在对齐轴正方向的边框的边界对齐。

任务 2.6　复制对象

对象的复制就是创建对象副本的过程，使用的方法有克隆对象、镜像对象和阵列对象 3 种。

2.6.1 克隆对象

克隆对象的方法：选择“编辑”→“克隆”命令，但一次只能复制一个对象，而且复制对象与原对象重合，很难进行区分，因此经常使用的方法是按住 Shift 键，在进行对象变换的同时实现对象复制。

选择对象，按住 Shift 键的同时进行移动或旋转或缩放变换时，都会弹出“克隆选项”对话框，如图 2-8 所示。

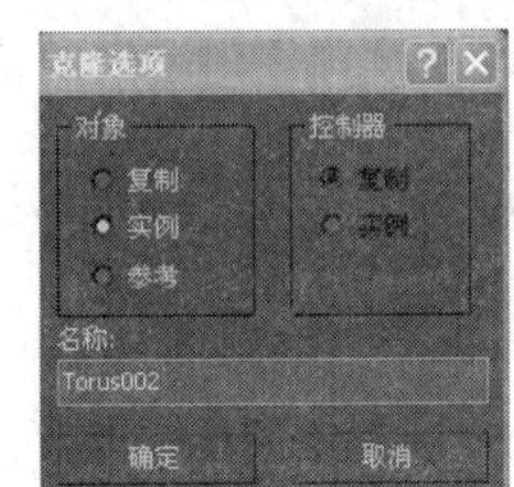

图 2-8 “克隆选项”对话框

☑ 复制：以原对象为模板建立一个完全独立的副本，一旦复制完成，两个对象之间没有任何关系。

☑ 实例：原对象与复制对象之间是相互关联的。对原对象或复制对象中的任何一个进行修改（通过编辑修改器或对象参数）都将改变所有对象。

☑ 参考：是一种单向的关联复制，原对象改变会影响到复制对象，但复制对象的改变不影响原对象。

☑ 名称：为复制的对象重新命名，默认用序号递增的方式命名。

2.6.2 镜像对象

应用镜像工具复制对象时，必须先选择对象，再单击主工具栏中的“镜像”按钮，弹出如图 2-9 所示的对话框。

“镜像轴”选项组用来确定要在哪个方向复制对象，“偏移”为复制的对象与原对象的距离。

“克隆当前选择”选项组的内容与“克隆选项”对话框的内容相同，其中“不克隆”表示不复制，只作移动的操作。

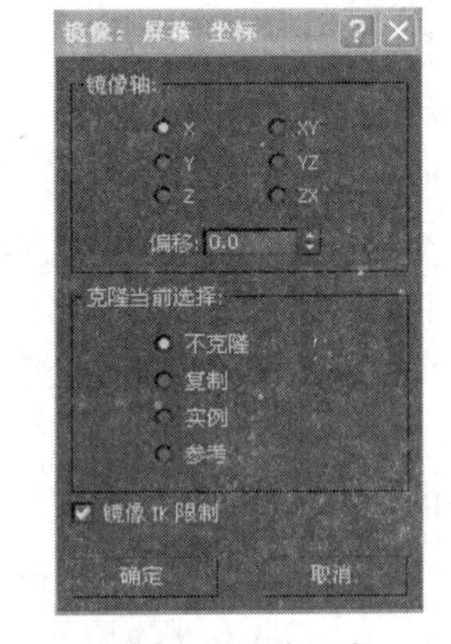

图 2-9 镜像对象

2.6.3 阵列对象

阵列是 3ds Max 2012 中非常强大的复制工具。当遇到需要有规律的多维复制时，就要用阵列命令。具体方法如下：

选择“工具”→“阵列”命令或单击 Extras 工具栏中的按钮，或在主工具栏的空闲位置单击鼠标右键，在弹出的快捷菜单中选择 Extras 命令打开 Extras 工具栏可找到阵列工具按钮。

选择对象，单击按钮，打开“阵列”对话框。“阵列”对话框可以分成 3 个区域，分别为阵列变换、对象类型和阵列维度。

1.“阵列变换”选项组

确定在一维阵列中（与右下角 1D 配合），包含 3 种类型阵列的变量值，即移动、旋转和缩放。

☑ 增量/总计：增量/总数。

☑ 移动：分别设定 X、Y、Z 3 个轴方向的偏移量，左侧为增量，右则为总量，单击中间左右箭头按钮可实现切换。

☑ 旋转：分别设置绕 3 个轴向旋转的角度值。

☑ 缩放：分别设置沿 3 个轴向缩放的百分比值。

☑ 重新定向：选中该复选框后，以世界坐标轴旋转复制原始对象，同时对新产生的对象沿其自身的坐标系统进行旋转设定，使其在旋转轨迹上总保持相同的倾斜角度，否则所有的复制对象都会与原始对象保持相同的方向。

☑ 均匀：选中该复选框，“缩放”的输入框只会允许输入一个参数，这样可以保证物体只发生体积的变化，而不改变其形态。

2. “对象类型”选项组

3 个选项与“克隆选项”对话框中含义相同。

3. “阵列维度”选项组

增加了二维、三维维度的阵列设置，这两个维度分别依次对前一个维度发生作用，只在移动阵列中有效。

☑ 1D：设置沿第一个方向阵列产生的对象总数，其偏移量为左上方设置的移动行 X、Y、Z 值。

☑ 2D：设置沿第二个方向阵列产生的对象总数，其右侧的 X、Y、Z 用来设置新的偏移量。

☑ 3D：设置沿第三个方向阵列产生的对象总数，其右侧的 X、Y、Z 用来设置新的偏移量。

“阵列”对话框中的设置将一直保留直到被修改，通过单击“重置所有参数”按钮可以立刻重新设置所有值。“预览”按钮可以预览当前设置的阵列效果。

任务 2.7　案例：绘制卡通萝卜

本案例中将制作一个简单的“卡通萝卜”模型，案例效果如图 2-10 所示。

图 2-10　卡通萝卜娃娃

本案例的操作方法如下：

（1）启动 3ds Max 2012，创建一个新场景，将其命名为“卡通萝卜.max”，保存文件。

（2）创建圆柱体，锥化后，首先执行“弯曲”命令，参数设置如图 2-11 所示。

（3）执行“拉伸”命令，参数设置如图 2-12 所示。

（4）执行“编辑多边形”命令，参数设置如图 2-13 所示，萝卜体效果如图 2-14 所示。

（5）萝卜头发制作，使用“挤出”和“弯曲”命令，参数设置如图 2-15 和图 2-16 所示。

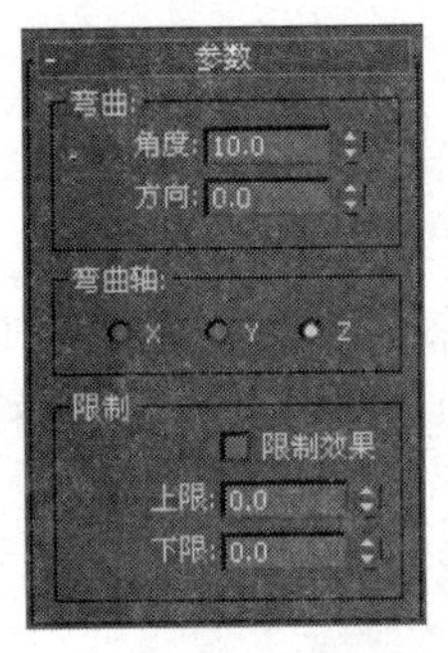

图 2-11 “弯曲”参数设置

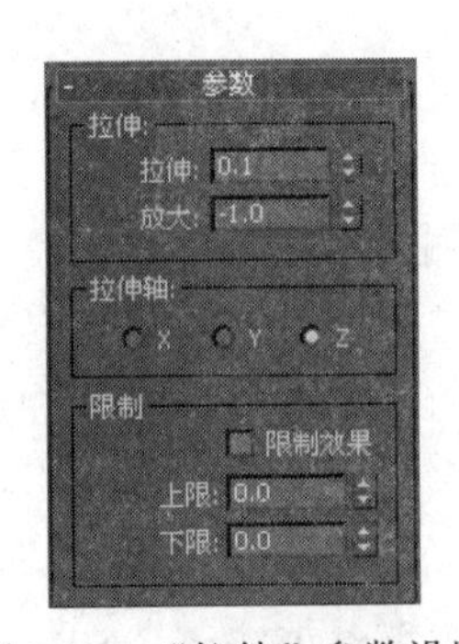

图 2-12 “拉伸”参数设置

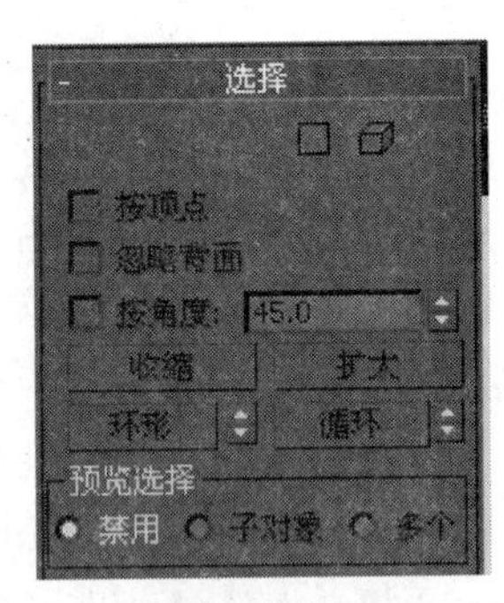

图 2-13 “编辑多边形”参数设置

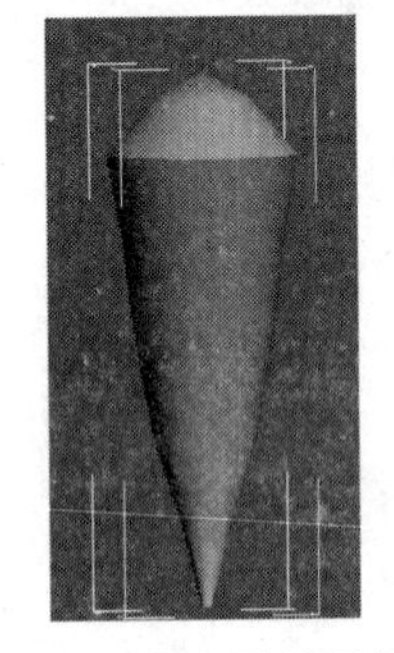

图 2-14 萝卜体效果图

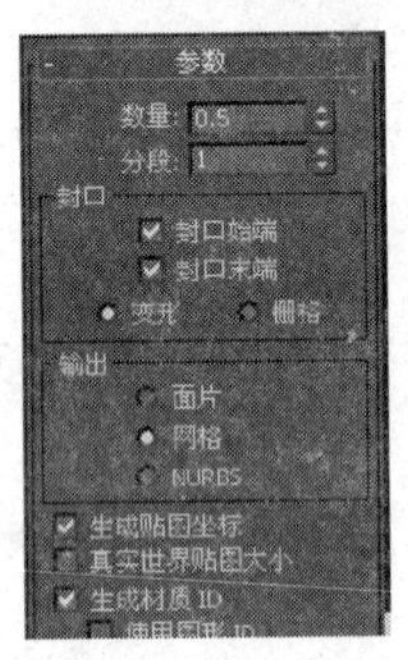

图 2-15 “挤出”参数设置

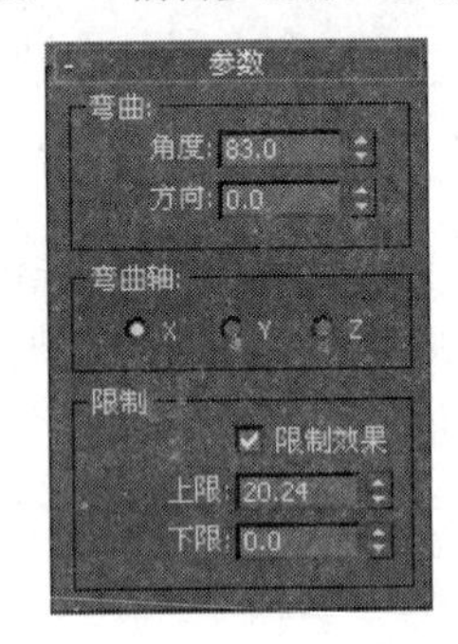

图 2-16 “弯曲”参数设置

（6）把萝卜头发阵列，效果如图 2-17 所示。

图 2-17 萝卜头发效果

（7）萝卜眉毛制作，绘制二维线形，执行“放样”命令，参数设置如图 2-18 所示。

（8）镜像形成另外一个眉毛，效果如图 2-19 所示。

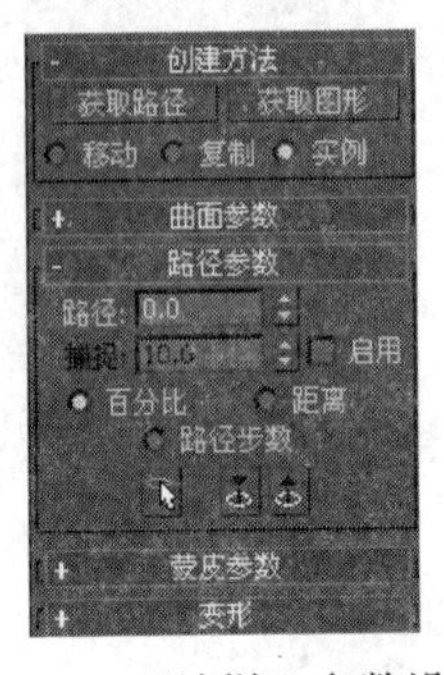

图 2-18 “放样”参数设置

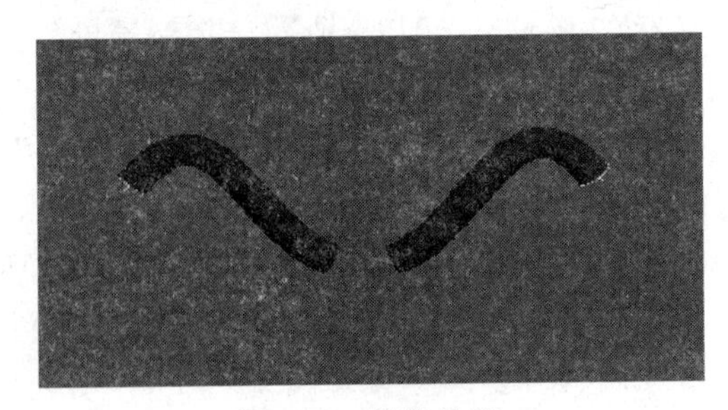

图 2-19 镜像效果

（9）卡通萝卜眼镜绘制，使用切角方体和圆柱体，其参数设置如图 2-20 和图 2-21 所示。

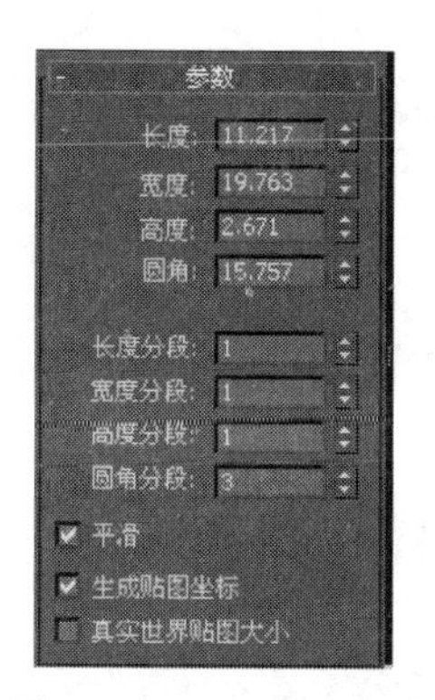

图 2-20　切角方体参数

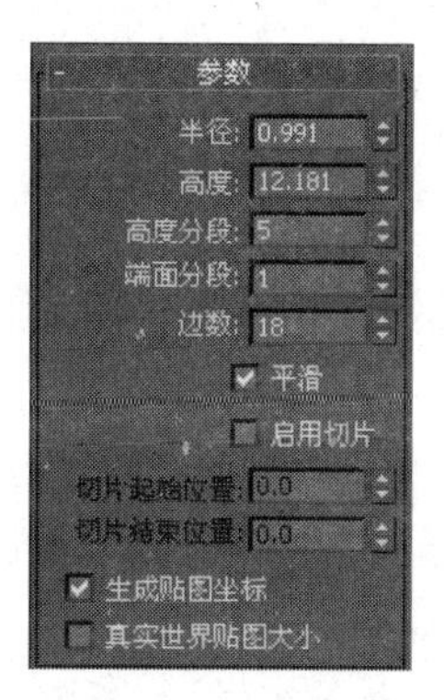

图 2-21　圆柱体参数

（10）眼镜效果如图 2-22 所示。

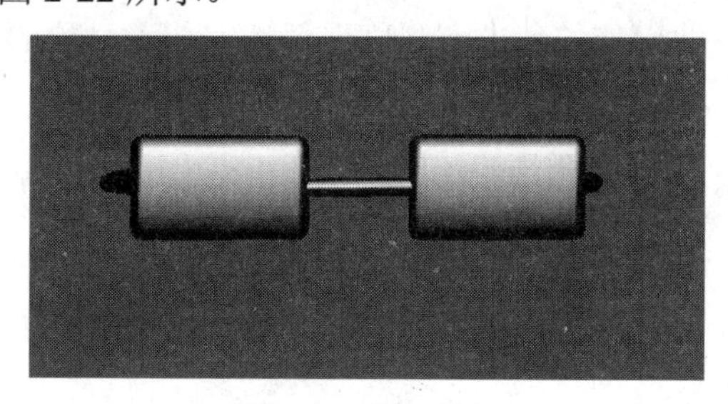

图 2-22　眼镜效果

（11）萝卜臂膀绘制，参数设置和效果如图 2-23 和图 2-24 所示。

（12）萝卜娃娃整体效果如图 2-25 所示。

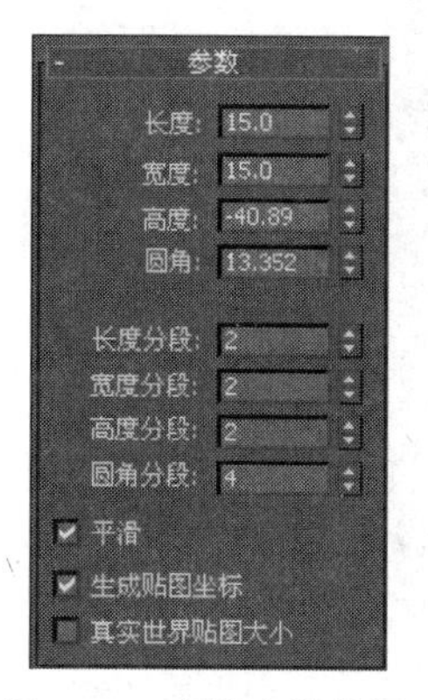

图 2-23　肩膀参数设置

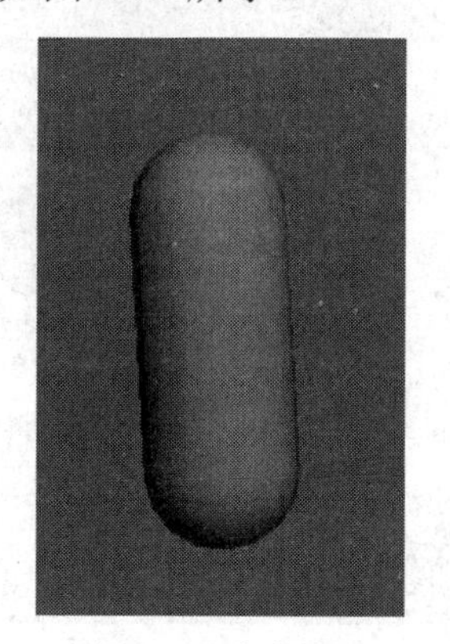

图 2-24　臂膀效果

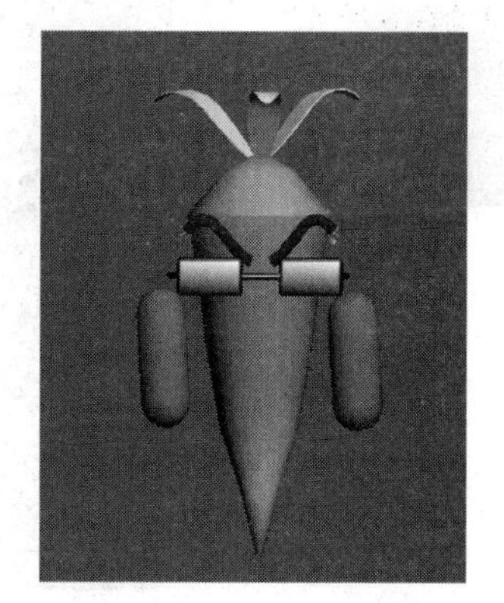

图 2-25　萝卜娃娃最终效果

本 章 小 结

通过本章的学习，让学生掌握 3ds Max 2012 中对象的选择方式和对象的变换方法，认识 3ds Max 2012 的坐标系和变换中心，掌握对象捕捉的技巧和方法，掌握对齐工具的使用，熟练使用 3 种复制的方式进行对象的复制，进一步为后续的学习奠定基础。

实训项目 2

【实训目的】

通过本实训项目使学生能较好地掌握对象操作的方法、对象的变换方式和捕捉方式，理顺本章知识，达到综合运用，能提高学生分析问题、解决实际问题的能力，进一步为后续的学习奠定基础。

【实训情景设置】

在动漫、游戏作品制作中，对物体的基本操作和坐标系的使用是一个非常重要的环节。本实训结合动漫、游戏行业操作的基本方式，灵活地完成对对象的操控。

【实训内容】

结合理论知识，完成对动漫游戏场景中亭子模型的制作，简单步骤如下：

（1）制作亭子底座。

（2）制作亭子立柱。

（3）制作亭子栅栏。

（4）制作亭子顶部。

（5）将亭子以图片格式渲染输出，效果如图 2-26 所示。

图 2-26　亭子的最终效果

第3章 创建简单几何体

本章要点

- 基本三维模型的创建
- 常用模型的修改
- 复合模型的创建

教学目标

- 了解基本三维模型的构成和创建方法
- 认识对模型进行修改的必要性
- 复合模型的处理方法

教学情境设置

在 3ds Max 2012 建模过程中，基础模型的创建，利用修改器对模型进行加工处理，以及复合模型的创建，都需要具备三维物体建模的基本知识。本章重点对模型的创建做进一步的阐述，结合动漫、游戏相关企业的建模要求，通过学生的创新能力构建富有代表性的动漫、游戏模型。

在 3ds Max 2012 中提供了一些基本模型，它们看起来很简单，但却很实用，所有复杂的对象都可以由这些基本模型加工而成，使用这些造型可以完成任何复杂的建模工作。本章主要对 3ds Max 2012 中基本模型的创建进行讲解，其中包括标准几何体和扩展几何体的创建。通过本章的学习，可以对三维模型的基本组成对象有个初步的认识，并能够独立创建一些简单的模型，为以后的学习打下良好的基础。

在 3ds Max 2012 中，基本三维模型可以分为标准基本体和扩展基本体两大类。

任务 3.1 标准基本体

创建基本体的方法是：在命令面板中单击（创建）按钮，打开“创建”命令面板，再单击（几何体）按钮，打开几何体模型命令面板。在几何体类型下拉列表框中选择“标准基本体”选项（在打开的下拉列表框中就有上面提到的两种基本体），在其下面的“对象类型”卷展栏中打开标准基本体的命令按钮，如图 3-1 所示。单击任意一个按钮，就可以在视图中通过拖曳鼠标来创建对象，如图 3-2 所示。

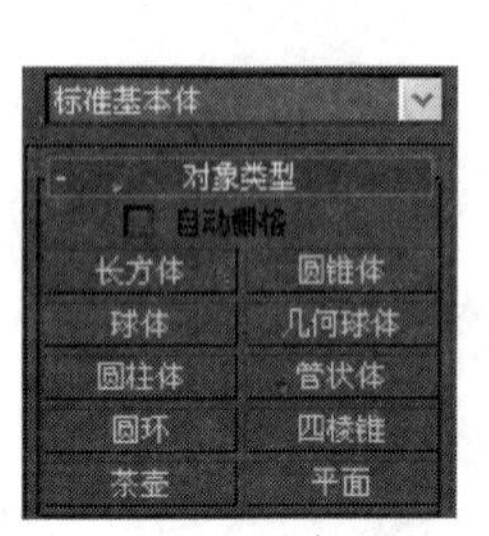

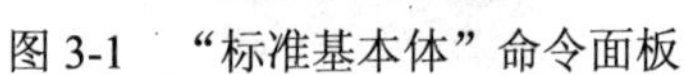
图 3-1 “标准基本体”命令面板

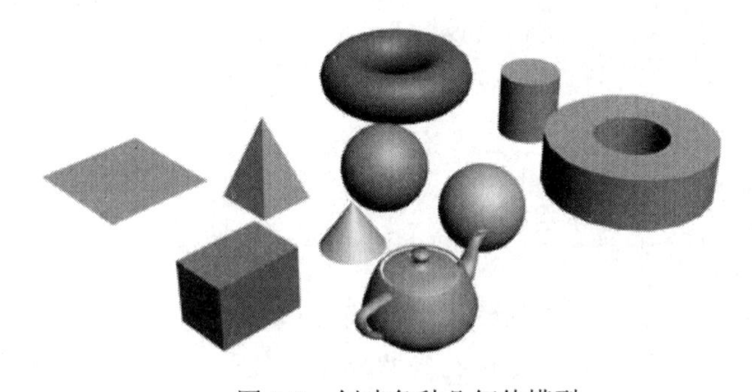
图 3-2 创建各种几何体模型

图 3-2 所示的 10 种标准基本体的创建非常简单，既可以通过单击并拖曳鼠标来完成，也可以通过键盘输入来创建，并且这些标准基本体都可以转换为可编辑网格对象、可编辑多边形对象、NURBS 对象或面片对象。

当单击每一个按钮后会发现它都有相应的卷展栏，对于不同几何体的卷展栏中的参数会有些不同。下面就介绍这些标准基本体的参数及其含义。

3.1.1 长方体

长方体是最简单的标准基本体，在动漫、游戏场景中主要用来制作墙壁、地板或背景等简单模型，也常用于大型建筑群的构建，如图 3-3 所示。

单击“长方体”按钮，显示“参数”卷展栏，如图 3-4 所示，主要用于对长方体的长、宽、高进行设置，用户还可以通过更改创建方法来创建正方体。其中，“长度分段”、“宽度分段”和“高度分段”3 个参数用来设置沿长方体的每个方向上进行的分段数目，在默认情况下这些值为 1。

图 3-3　长方体模型

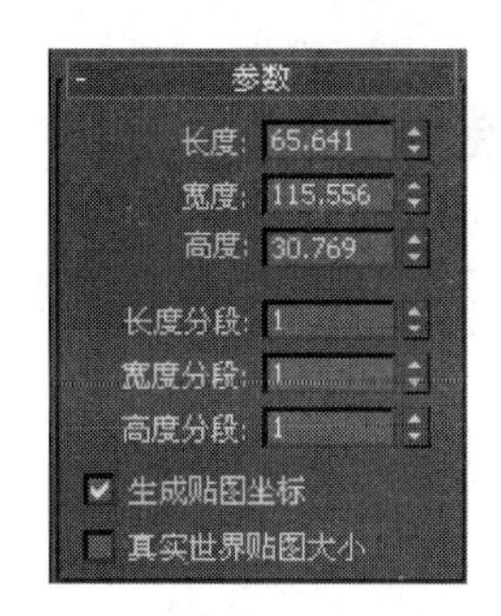

图 3-4　长方体的“参数”卷展栏

- ☑ 长度：设置长方体的长度。
- ☑ 宽度：设置长方体的宽度。
- ☑ 高度：设置长方体的高度。
- ☑ 长度分段：设置长方体的长度方向上的分段数。
- ☑ 宽度分段：设置长方体的宽度方向上的分段数。
- ☑ 高度分段：设置长方体的高度方向上的分段数。

所谓的分段是指基本体的细分程度，分段的大小将影响构成对象的精细程度，该数值越大，构成几何体的点、线段和面越多，其细腻光滑程度越高，如图 3-5 所示。

- ☑ 生成贴图坐标：用于建立材质贴图坐标，使长方体的表面能够进行材质贴图大小和位置的处理。
- ☑ 真实世界贴图大小：未选中此复选框时，贴图大小符合创建对象的尺寸；选中此复选框时，贴图大小由绝对尺寸决定，而与对象的相对尺寸无关。如图 3-6 所示（左图是使用真实世界帖图的大小不随对象改变的效果，右图是不使用真实世界贴图的大小随对象改变的效果）。

在这种贴图功能中，3ds Max 2012 将使用非标准化的 UV 坐标和用户指定的位图大小，以匹配纹理和几何体的相对大小。在这种坐标中，总是保持贴图对象的大小不变，当对象大小改变后，贴图的数量也会发生变化，如图 3-6 左图所示。而在标准化 UV 坐标中贴图的效果如图 3-6 右图所示。

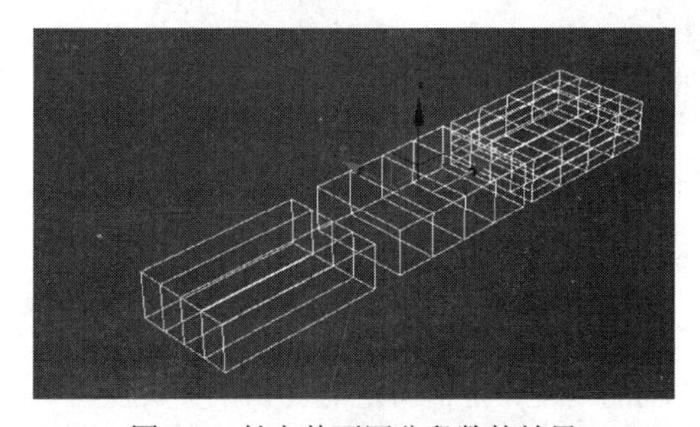

图 3-5　长方体不同分段数的效果

图 3-6　贴图效果对比

创建长方体的方法是：在“对象类型”卷展栏下单击“长方体”按钮。在任意视图中拖曳鼠标可定义矩形底部，然后松开鼠标以设置长度和宽度。上下移动鼠标以定义其高度。单击鼠标即可完成高度的设置，创建长方体。

3.1.2 圆锥体

在三维空间模型的创建中，圆锥体也是经常用到的标准基本体，如图 3-7 所示。利用“圆锥体”按钮，可以创建圆锥、圆台和复杂几何体等。圆锥体及大多数工具都由切片参数控制，可以切割对象，从而产生不完整的几何体。

  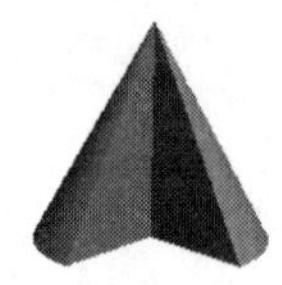 

图 3-7　圆锥体模型

单击“圆锥体”按钮，显示其“参数”卷展栏，如图 3-8 所示，各参数的含义介绍如下。

- ☑ 半径 1/半径 2：分别设置圆锥体的两个端面（顶面和底面）半径。如果两个值都不为“0”，则产生圆台和棱台柱；如果有一个值为 0，则产生锥体；如果两值相等，则产生柱体。
- ☑ 高度：用于设置所创建的圆锥体的高度。
- ☑ 高度分段：用于设置沿高度轴方向的片段划分数。
- ☑ 端面分段：用于设置沿圆锥体底部中心的同心圆片段划分数。
- ☑ 边数：用于设置绕圆锥的边数。当选中“平滑”复选框后，“边数”数值设置得越大，所创建的圆锥体越光滑。如果不选中“平滑”复选框，有可能因“边数”设置得太小，而生成棱锥效果，如图 3-9 所示。

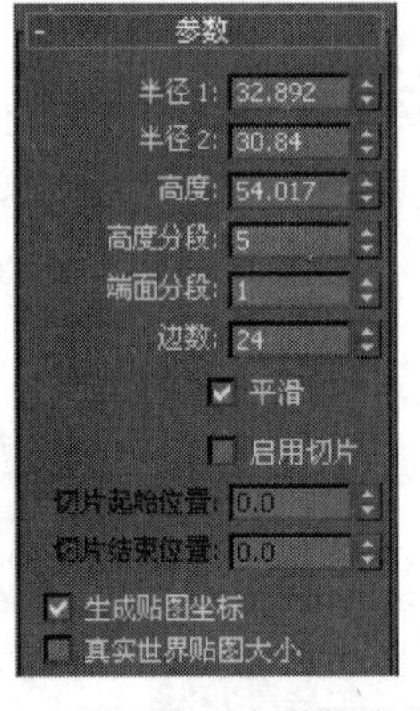

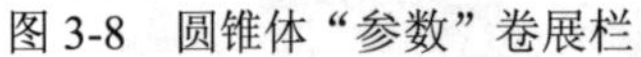

图 3-8　圆锥体“参数”卷展栏

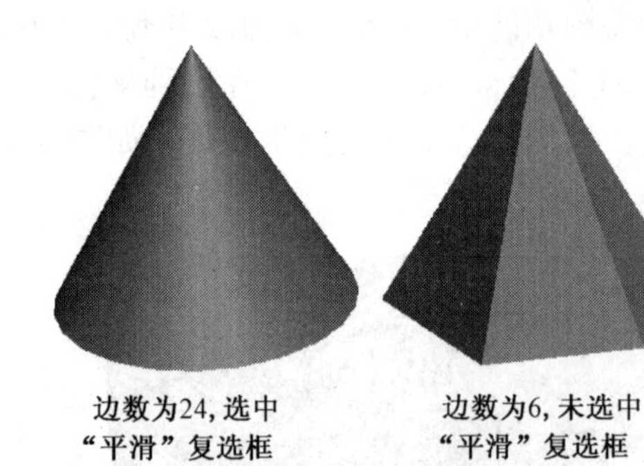

图 3-9　边数和“平滑”复选框对圆锥体的影响

- ☑ 启用切片：用于对圆锥体进行切割，“切片起始位置”和“切片结束位置”数值框用来设置从局部 X 轴的零点到局部 Z 轴的角度，正值将逆时针切割，负值将顺时针切割，如图 3-10 所示。

创建圆锥体的方法是：单击“圆锥体”按钮，在视图中单击并拖曳鼠标，拉出底面圆形。释放鼠标左键，移动鼠标，确定圆锥体的高。单击并移动鼠标，确定另一个底面的大小。单击鼠标，完成圆锥体的制作。在“参数”卷展栏中调节圆锥体的其他参数。

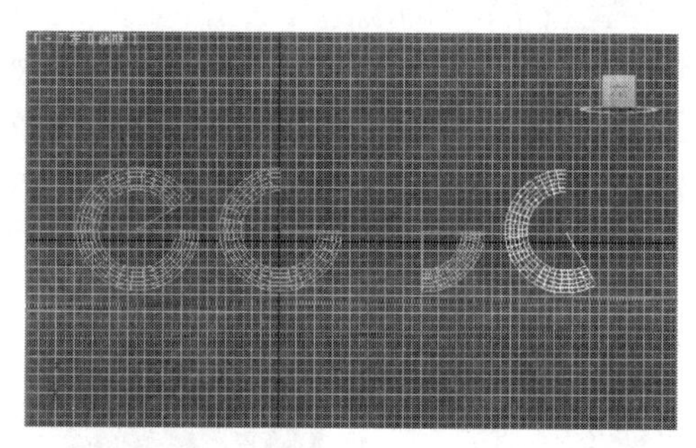

图 3-10　“切片起始位置”和“切片结束位置”参数对圆锥体的影响

3.1.3　经纬球体

球体有经纬球体和几何球体两种，经纬球体表面由经纬线和网格线构成，可以创建完整的球体、半球和球体的一部分，如图 3-11 所示。

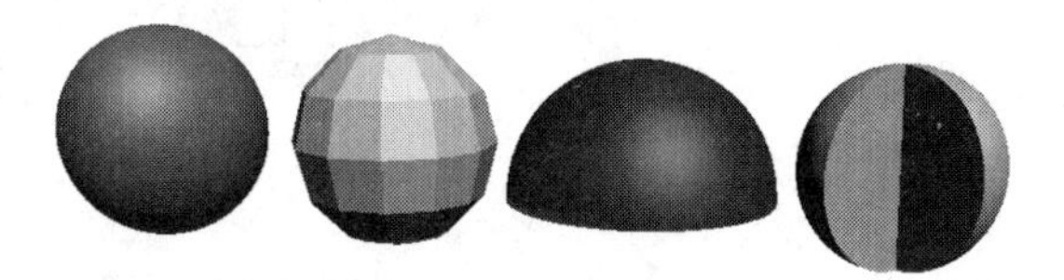

图 3-11　经纬球体模型

单击“球体”按钮，打开其“参数”卷展栏，如图 3-12 所示，各参数的含义介绍如下。

☑　半径：用于设置球体的半径大小。

☑　分段：用于划分球体表面的段数，数值越大球体的表面越光滑。

☑　半球：用于创建不完整的球体。数值为 0 时，球体将以完整的形式显示；数值逐渐削去，数值为 0.5 时，球体将以半球体显示；数值为 1 时，没有球体。

☑　切除：在进行半球系统调整时发挥作用。确定球体被削去后，原来的网格也随之消除。

☑　挤压：“挤压”与“切除”的作用基本相同。设置球体被削去后，原来的网格仍保留，挤入余下的部分球体中，如图 3-13 所示。

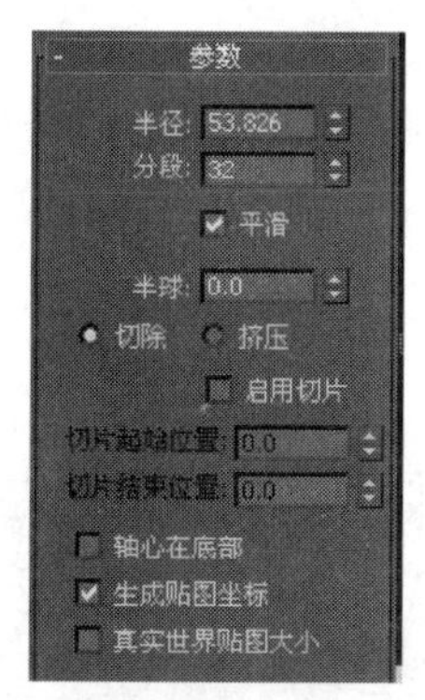

图 3-12　球体的“参数”卷展栏

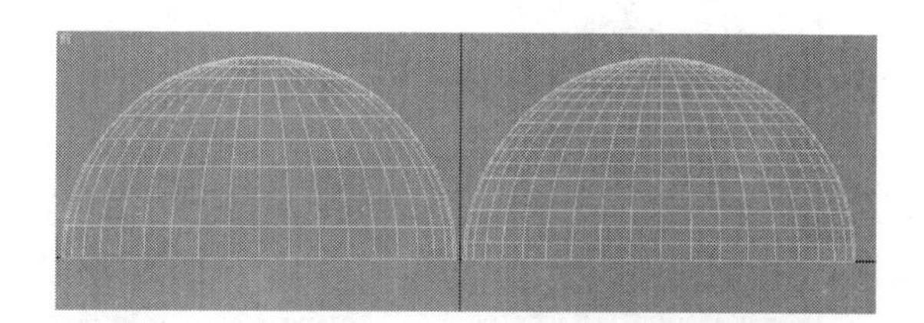

图 3-13　“切除”与“挤压”参数对球体的影响

轴心在底部：选中该复选框后，在创建球体时，球体的中心就会设置在球体的底部。

默认情况下为取消选中状态。

创建球体的方法是：单击“球体”按钮，在视图中按住鼠标左键拉出球体。释放鼠标左键，完成球体的制作。将“半球”的值调为 0.5，创建一个半球。选中“启用切片”复选框，将“切片起始位置”的值设为 90，完成 1/4 球体的制作，如 3-14 所示。

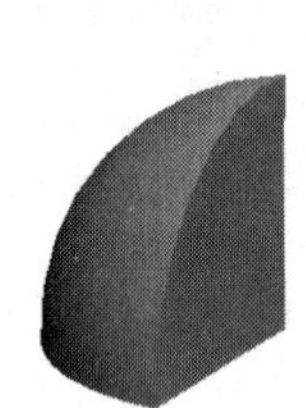

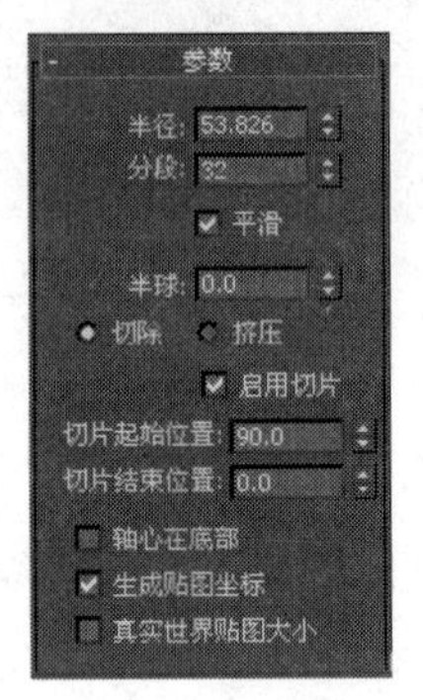

图 3-14　半球体模型及其参数设置

3.1.4　几何球体

几何球体是以三角面拼接成的球体或半球体，如图 3-15 所示。几何球体不像球体那样可控制切片局部的大小。与标准球体相比，几何球体能够生成更规则的曲面，在指定相同面数的情况下，它们也可以使用比标准球体更平滑的剖面进行渲染。与标准球体不同，几何球体没有极点，这对于应用某些修改器（如自由形式变形（FFD）修改器）非常有用。

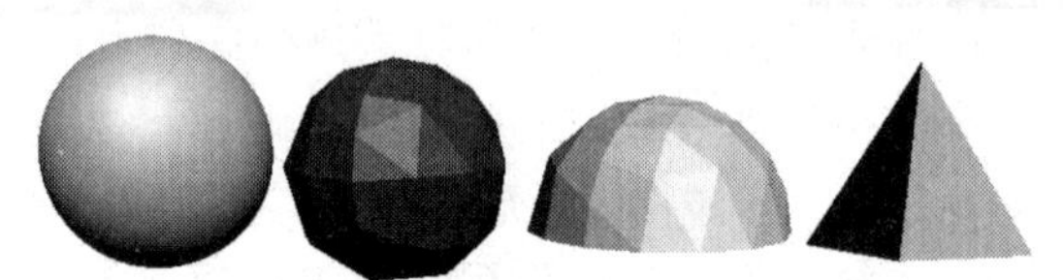

图 3-15　几何球体模型

单击“几何体”按钮，打开其“参数”卷展栏，如图 3-16 所示，各参数的含义介绍如下。

☑　半径：设置几何球体的大小。

☑　分段：设置几何球体表面每个基准多面体的三角面数目。

☑　基点面类型：用于选择几何球体的基准多面体类型，确定由哪种多面体组合成球体。四面体、八面体和二十面体的外观线框如图 3-17 所示。

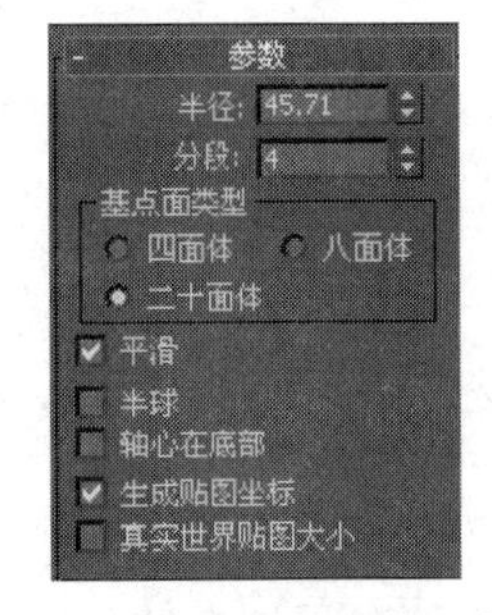

图 3-16　几何体的“参数”卷展栏

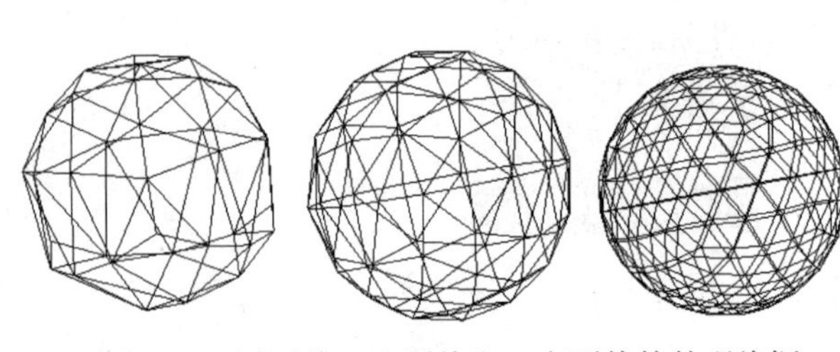

图 3-17　四面体、八面体和二十面体的外观线框

创建几何球体的方法是：单击“几何体”按钮，在视图中按住鼠标左键并拖曳，设置几何球体的中心和半径。释放鼠标左键，完成几何球体的制作。在“参数”卷展栏中调节几何球体的形状。

3.1.5　圆柱体

圆柱体是一个最常用的标准几何体，可以制作支柱、棱柱体、圆柱体、局部圆柱或棱柱体，当高度为 0 时产生圆形或扇形平面，如图 3-18 所示。

单击“圆柱体”按钮，打开“参数”卷展栏，如图 3-19 所示。其中，“边数”值默认为 18，“高度分段”默认为 5，如果不需要对圆柱进行变形的话，应将“高度分段”设置为 1 以降低场景的复杂程度。如果需要对圆柱端面进行变形的话，应相应增加“端面分段”的值。

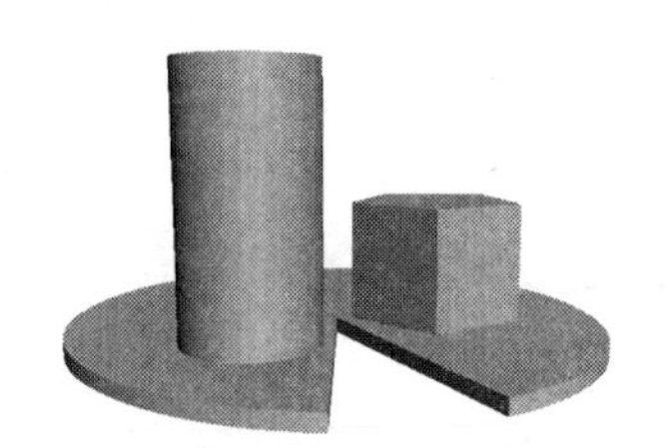

图 3-18　圆柱体模型

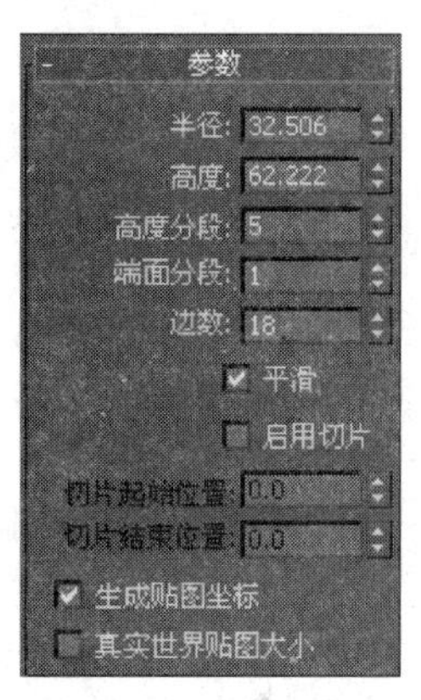

图 3-19　圆柱体的“参数”卷展栏

创建圆柱体的方法是：单击“圆柱体”按钮，在视图中按住鼠标左键并拖曳，拉出底面圆形。释放鼠标左键，移动鼠标确定柱体的高度。单击鼠标确定，完成圆柱体的制作。调节各项参数改变圆柱体类型。

3.1.6　管状体

管状体是与圆柱体相似的标准基本体，可以看作是一个大圆柱挖掉一个同轴的小圆柱体后得到的几何体，如图 3-20 所示。管状体可以创建空心管状体对象，包括圆管、棱管及局部圆管。

单击“管状体”按钮，打开“参数”卷展栏，如图 3-21 所示。管状体的“参数”卷展栏与圆柱体的“参数”卷展栏相似，此处不再赘述。

创建管状体的方法是：单击“管状体”按钮，在视图中按住鼠标左键并拖曳，拉出一个圆形线框。释放鼠标左键，移动鼠标，首先确定底面圆环的大小。单击并移动鼠标，再确定管状体的高度。单击鼠标，完成管状体的制作。调节各项参数改变管状体的类型。

图 3-20　管状体模型

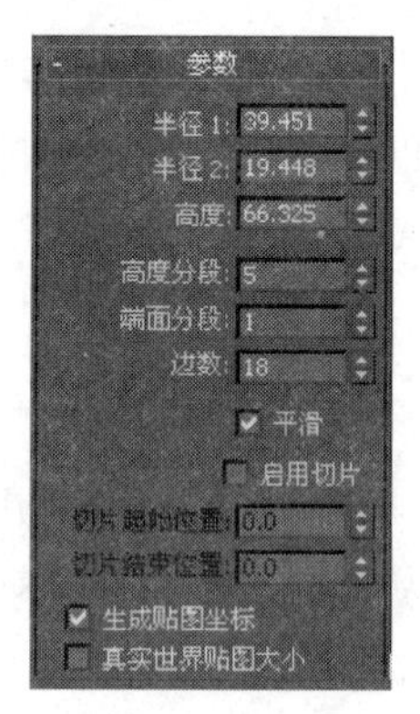

图 3-21　管状体的“参数”卷展栏

3.1.7　圆环

圆环是由一个横截面围绕与之垂直并在同一平面内的圆旋转一周而构成的标准几何体。可生成一个环形或具有圆形横截面的环，可以将平滑选项与旋转和扭曲设置组合使用，以便创建复杂的变体，如图 3-22 所示。

单击“圆环”按钮，打开其“参数”卷展栏，如图 3-23 所示，各参数的含义介绍如下。

☑　半径 1：用于设置圆环中心与截面正多边形的中心距离。

☑　半径 2：用于设置截面正多边形的内径，其关系如图 3-24 所示。

图 3-22　圆环模型

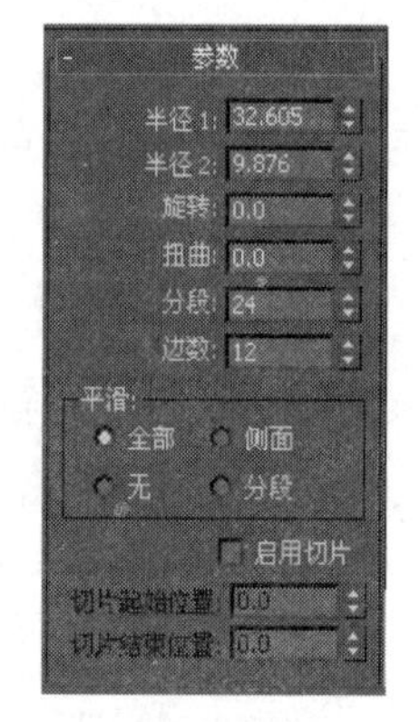

图 3-23　圆环的“参数”卷展栏

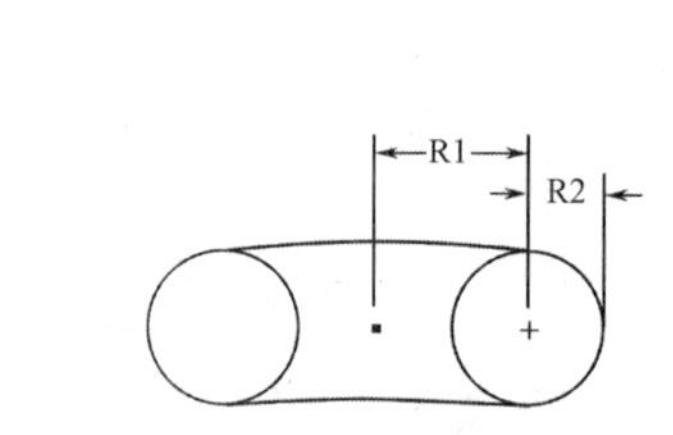

图 3-24　半径 1 和半径 2

☑　旋转：用于设置圆环绕其横截面圆中心旋转的角度。在设置了材质贴图或对圆环的表面做了编辑后，才可以看到旋转的效果。

☑　扭曲：用于设置圆环扭转的角度，是指圆环的横截面围绕其中心逐渐旋转扭曲。

☑　分段：用于确定四周上片段划分的数目，其值越大，得到的圆形越光滑。

☑　边数：用于设置横截面圆的边数。

☑　平滑：该选项组用于选择对圆环表面进行光滑处理的方式，包含“全部”、“侧面”、“无”和“分段”4 种方式。

创建圆环的方法是：单击“圆环”按钮，在视图中按住鼠标左键并拖曳，以便拉出一级圆环。释放鼠标左键，然后移动鼠标，确定二级圆环。单击鼠标，完成圆环的制作。调节参数控制形态。

3.1.8　四棱锥

四棱锥是一个底面为矩形、侧面为三角形的标准几何体，如图 3-25 所示。按住 Ctrl 键可以创建底面为正方形的四棱锥。

单击“四棱锥”按钮，显示其“参数”卷展栏，如图 3-26 所示，各参数的含义介绍如下。

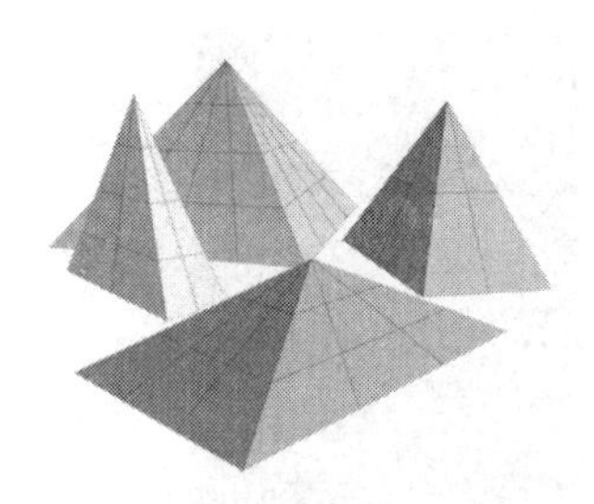

图 3-25　四棱锥模型

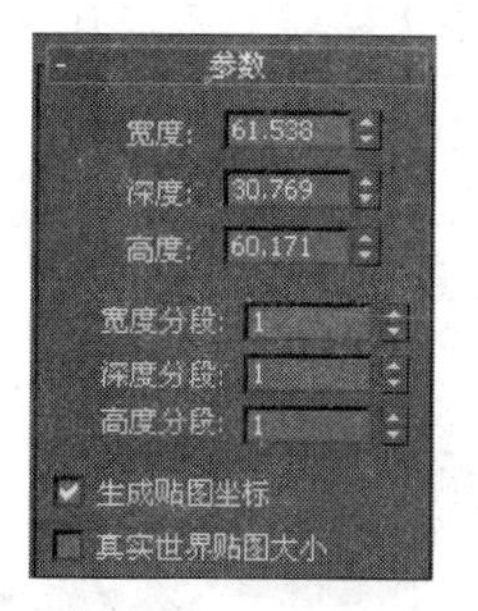

图 3-26　四棱锥的“参数”卷展栏

☑　宽度：用于设置四棱锥底面矩形的宽度。

☑　深度：用于设置四棱锥底面矩形的长度。

☑　高度：用于设置四棱锥的高度。

系统以第一次按下鼠标时为起始点，将上下移动鼠标经过的距离数值定义为“深度”，左右移动鼠标经过的距离定义为“宽度”，松开鼠标以后再拖曳所经过的距离定义为“高度”。

☑　宽度分段：用于设置四棱锥底面矩形的宽度分段数。

☑　深度分段：用于设置四棱锥底面矩形的长度分段数。

☑　高度分段：用于设置四棱锥的高度分段数。

四棱锥参数中“宽度”与“深度”的关系及所创建的四棱锥效果如图 3-27 所示。

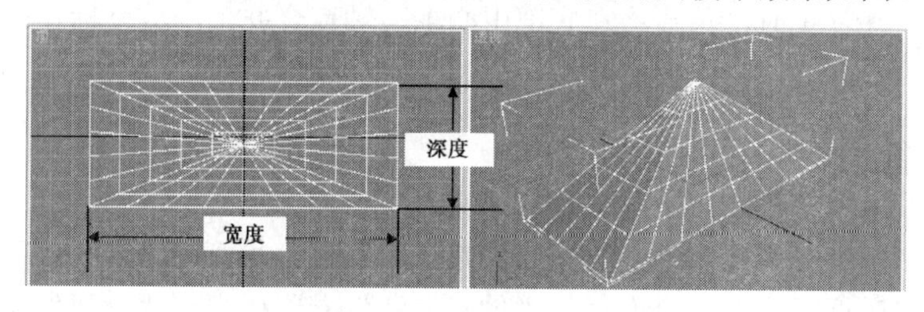

图 3-27　四棱锥的参数和效果

四棱锥的创建方法是：单击“四棱锥”按钮。选择一个创建方法，可以选择“基点/顶点”或“中心”选项。在任意视图中拖曳鼠标可定义四棱锥的底部。如果使用的是“基点/顶点”选项，则定义底部的对角，水平或垂直移动鼠标可定义底部的宽度和深度。如果使用的是“中心”选项，则从底部中心进行拖曳。单击再移动鼠标可定义“高度”，单击鼠标以完成四棱锥的创建。

3.1.9 茶壶

在 3ds Max 2012 中，用户只需单击标准几何体中的“茶壶”按钮，就可以直接创建出茶壶的基本模型，如图 3-28 所示。通过不同的设置，用户还可以单独创建出茶壶的壶体、壶嘴、壶把等，非常简单、方便、快捷，用户一般利用此项功能，进行材质贴图的测试或是测试渲染的效果。

单击“茶壶”按钮，显示其“参数”卷展栏，如图 3-29 所示，各参数的含义介绍如下。

图 3-28 茶壶模型

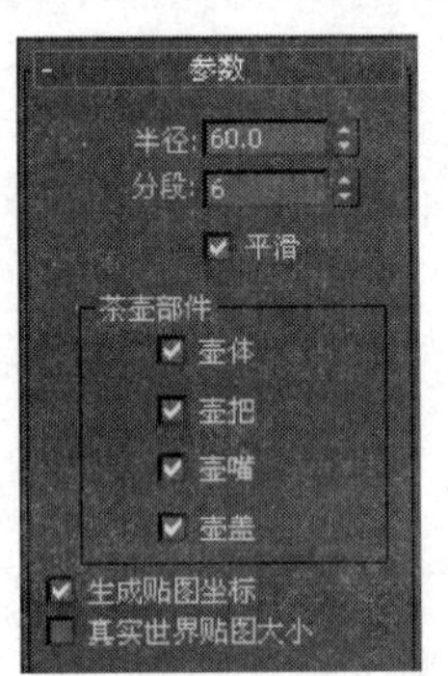

图 3-29 茶壶的“参数”卷展栏

☑ 半径：用于设置茶壶体最大横截面圆的半径，确定茶壶的大小。

☑ 分段：用于设置茶壶表面的划分精度，值越高，表面越细腻。

☑ 平滑：用于对茶壶的表面进行光滑处理。

☑ 茶壶部件：该选项组用于设置茶壶各部分的取舍，选中某部件则创建该部件，包含 4 个独立的控件，即壶体、壶把、壶嘴和壶盖。可以选择要同时创建部件的任意组合。单独的壶身是现成的碗或带有可选壶盖的壶。

茶壶的创建方法是：单击“茶壶”按钮。在任意视图中，按住鼠标左键并拖曳以定义茶壶底的半径。在拖曳时，茶壶将在底部中心上与轴点合并。释放鼠标左键可设置半径并创建茶壶。

3.1.10 平面

平面是一个被细分为很多网格的标准几何体，如图 3-30 所示。单击“平面”按钮，打开创建平面的参数面板。在命令面板的“创建方法”卷展栏中有“矩形”和“正方形”两个单选按钮，用于选择创建平面的形状。

单击“平面”按钮，显示其“参数”卷展栏，如图 3-31 所示，各参数的含义介绍如下。

“渲染倍增”选项组用于设置渲染的缩放比例和密度，有缩放和密度两个数值框。

☑ 缩放：用于渲染时平面长宽的缩放比例。

☑ 密度：用于设置渲染时平面分段数的缩放密度。

☑ 总面数：用于显示网格平面的总面数。

创建平面的方法很简单，这里不再详述。

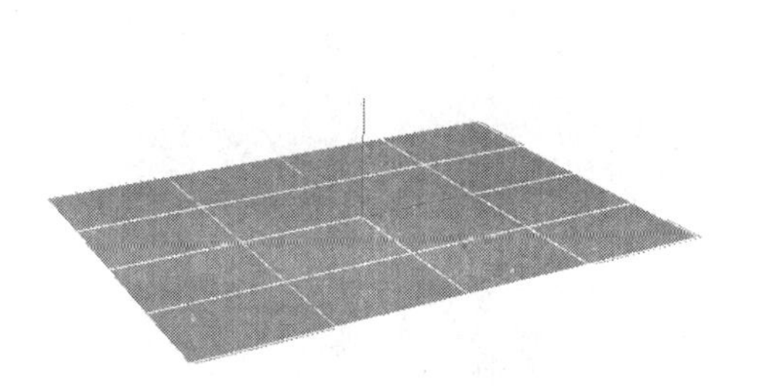

图 3-30 平面模型

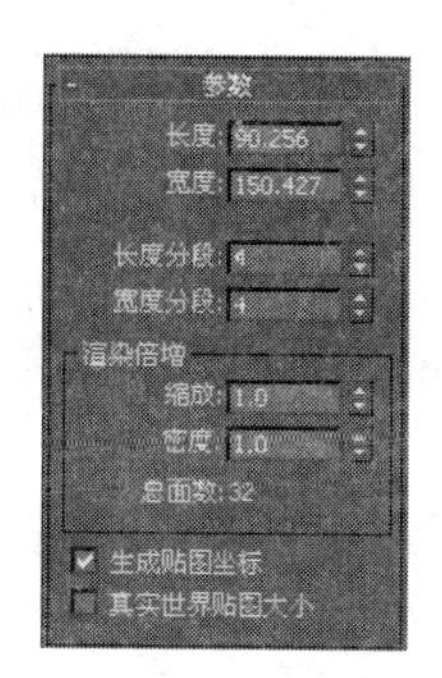

图 3-31 平面的“参数”卷展栏

任务 3.2 扩展基本体

在 3ds Max 2012 中，扩展基本体比标准基本体相对来讲要复杂一些，扩展基本体包含了一些复杂的三维造型，如“异面体”、“环形结”、“切角长方体”（也称为“倒角长方体”）、“油罐”和“软管”等。创建扩展基本体的方法如下。

在命令面板中单击 （创建）按钮，打开“创建”命令面板，单击 （几何体）按钮，打开“几何体”命令面板。在几何体类型下拉列表框中选择“扩展基本体”选项，将在其下面显示“扩展基本体”的命令按钮，每一种按钮对应着一种可创建的对象，如图 3-32 所示。由于扩展基本体的对象比较多，限于篇幅，本节只讲常用的几种。

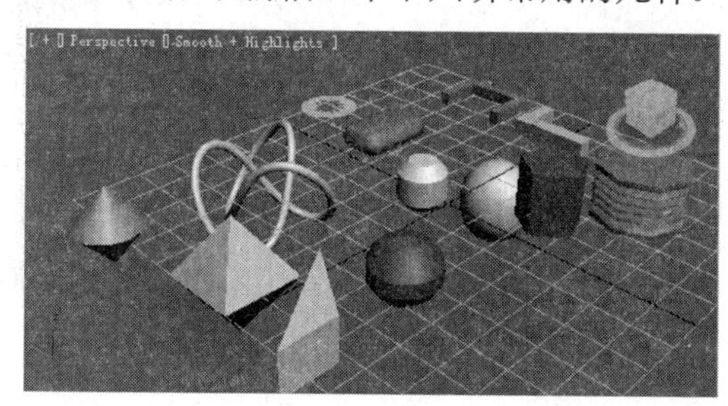

图 3-32 扩展基本体模型

3.2.1 异面体

异面体是扩展三维几何体中较为简单的一种扩展几何体，是由多个平面生成的一种几何体，如图 3-33 所示。异面体通常用来创建一些造型奇特的或者是一些棱角非常鲜明的物体，如四面体、八面体、十二面体及星形等。

单击“异面体”按钮，打开创建异面体的“参数”卷展栏，如图 3-34 所示，各参数的含义介绍如下。

- ☑ 系列：该选项组提供了异面体的系列类型，用于选择多面体的创建外形。包含“四面体”、“立方体/八面体”、“十二面体/二十面体”、“星形 1”和“星形 2”，它们的名称和所能创建的多面体相对应，每种类型所创建的多面体如图 3-35 所示。
- ☑ 系列参数：P、Q 是对异面体的顶点和面进行双向转换的两个关联参数。取值范围均为 0～1，并且两个参数的和小于或等于 1。P、Q 值对多面体的影响如图 3-36 所示。

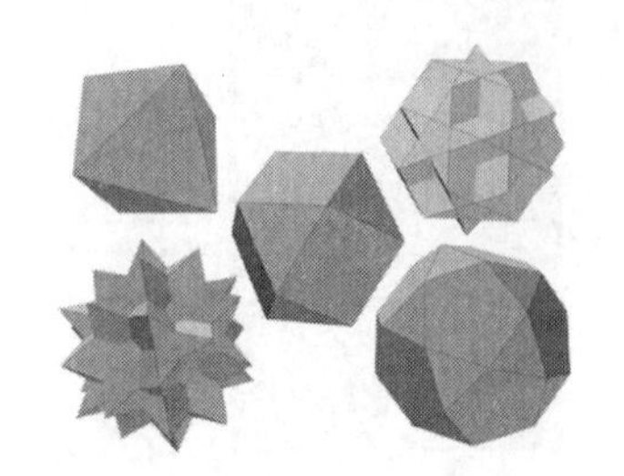

图 3-33　异面体模型

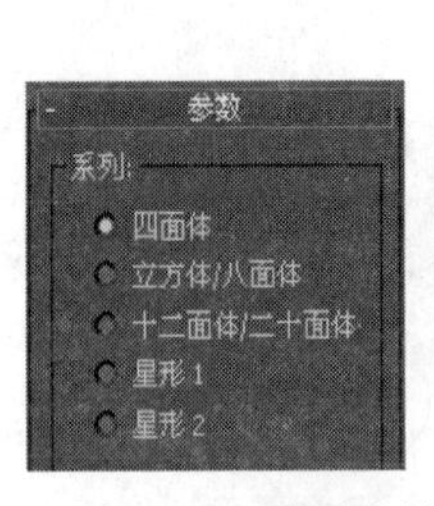

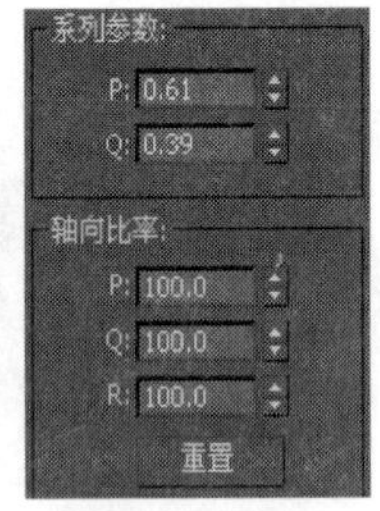

图 3-34　异面体的“参数”卷展栏

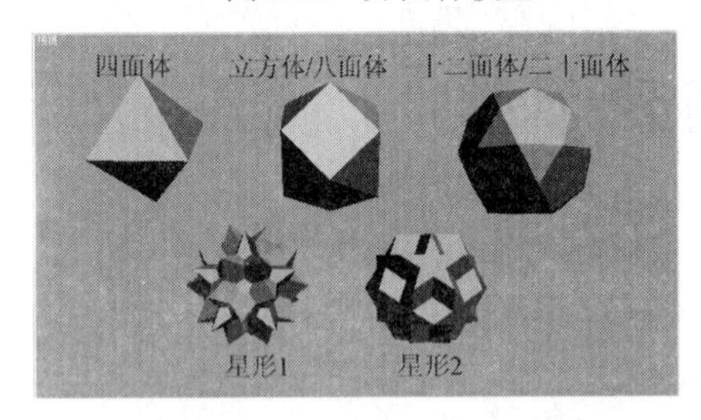

图 3-35　不同类型的多面体

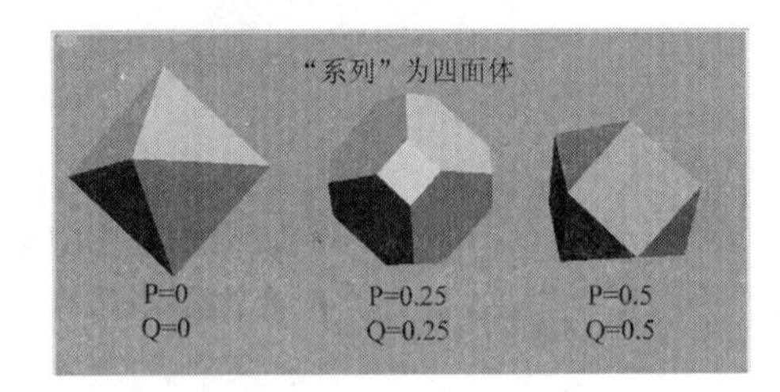

图 3-36　不同 P、Q 值的多面体

☑ 轴向比率：对于异面体，都是由 3 种类型的面拼接而成，它们包括三角形、矩形、五边形，P、Q、R 值分别调节它们各自的比例。如果异面体只有一种或两种类型的面，那么轴向比例率参数也只有一项或两项有效，无效的轴向比率不产生效果。

☑ 重置：单选该按钮，轴向恢复到初始设置。

☑ 顶点：该选项组提供了多面体顶点的生成方式，有“基点”、“中心”、“中心和边”3 种生成方式。

☑ 半径：用于设置多面体的轮廓半径。

☑ 生成贴图坐标：用于建立材质贴图坐标，使多面体的表面能够进行材质贴图处理。

3.2.2　环形结

环形结是扩展基本体中最复杂的一个扩展几何体，它是由圆环体通过打结构成的扩展三维几何体，如图 3-37 所示。可以将环形结对象转化为 NURBS 曲面对象。

图 3-37　环形结模型

单击“环形结”按钮，打开环形结的“参数”卷展栏，如图 3-38 所示，其中各参数的含义介绍如下。

（1）“基础曲线”选项组用于选择圆环体是否打结，以及设置圆环体的参数，打结的数目，不打结的弯曲参数。

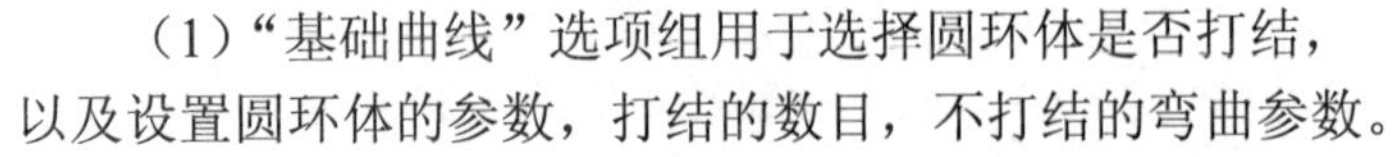

☑ 结、圆：选中“结”单选按钮，创建的圆环体是打结的，即创建的是圆环结；选中“圆”单选按钮，创建的圆环体是不打结的，即圆环结变为圆环体。默认选中“结”单选按钮。

☑ 半径/分段：设置圆环结的半径和分段数，与圆环体对应的参数用法相同。

☑ P、Q：设置圆环结在两个方向上的打结数目。只有选中了“结”单选按钮后才能激活这两个数值框。如图 3-39 所示，P 值控制 Z 轴向上的缠绕圈数，Q 值控制路径轴上的缠绕圈数。

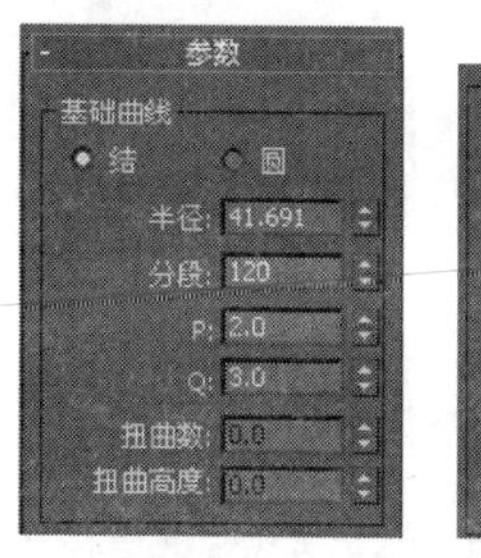

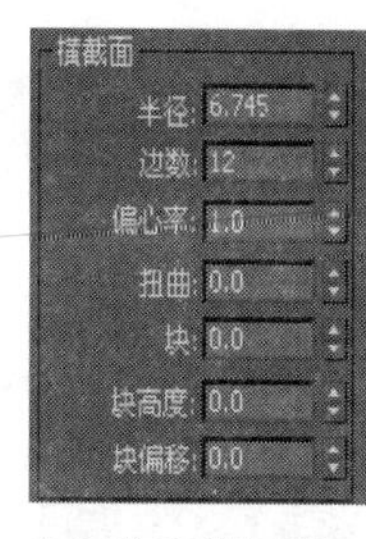

图 3-38　环形结的“参数”卷展栏

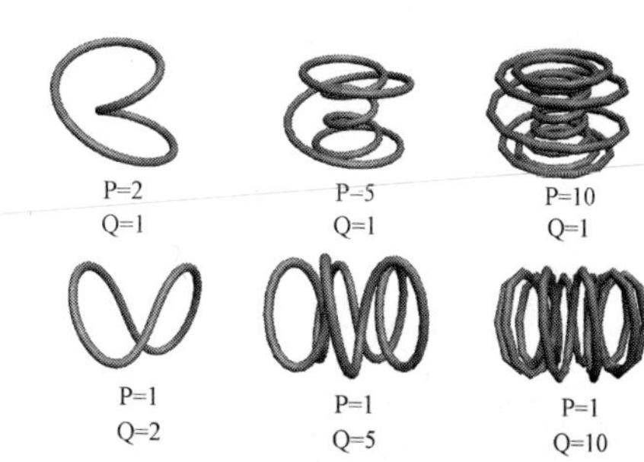

图 3-39　设置 P、Q 值后的环形结效果图

☑　扭曲数、扭曲高度：控制在曲线路径上产生的弯曲数目和弯曲的高度。只有选中了“圆”单选按钮后，才能激活这两个数值框，如图 3-40 所示。

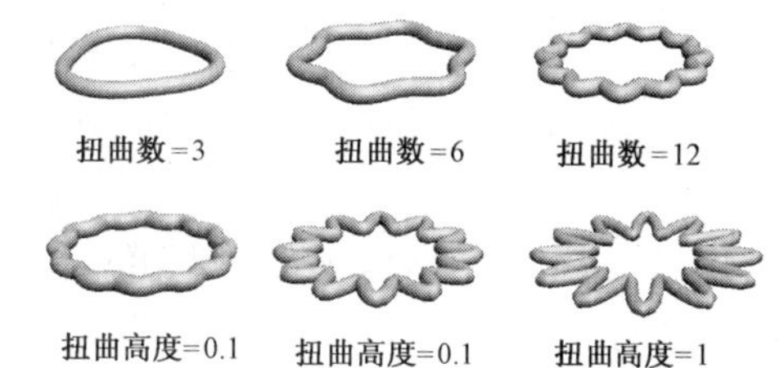

图 3-40　设置“扭曲数”和“扭曲高度”后的环形结效果图

（2）“横截面”选项组通过截面图形的参数来产生形态各异的造型。

☑　半径、边数：设置截面图形的大小和截面图形的边数，以确定它的平滑度。

☑　偏心率：设置构成圆环结的圆环体截面偏离圆形的程度。偏心率越接近于 1，圆环体截面越接近于圆。

☑　扭曲：设置构成圆环结的圆环体截面扭转的角度。

☑　块、块高度、块偏移：设置圆环结的块数目、块的高度和块的偏移量。

（3）“平滑”选项组用于选择对圆环结表面进行光滑处理的方式。选中“全部”单选按钮，可以对整个圆环结进行光滑处理；选中“侧面”单选按钮，可以对构成圆环结的圆环体侧面进行光滑处理；选中“无”单选按钮，则对圆环结不进行光滑处理。

（4）“贴图坐标”选项组用于选择对圆环结是否建立材质贴图坐标，以及建立贴图坐标后进行贴图参数的设置。

☑　生成贴图坐标：用于建立材质贴图坐标，使圆环结的表面能够进行材质贴图处理。选中该复选框后，即可在圆环结的表面建立材质贴图坐标。

☑　偏移、平铺：在圆环结的表面建立贴图坐标后设置贴图时，用于设置贴图在圆环结表面沿 U、V 两个方向上的偏移量和平铺次数。

3.2.3　切角长方体和切角圆柱体

切角长方体和切角圆柱体（也称为倒角长方体和倒角圆柱体）是由长方体、圆柱体倒角后构成的扩展几何体，与长方体、圆柱体的形状基本相同，如图 3-41 所示。单击“切角长方体”和“切角圆柱体”按钮，打开创建切角长方体和切角圆柱体的“参数”卷展栏，如图 3-42 所示。

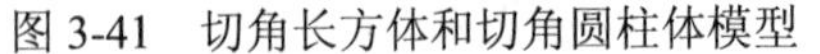

图 3-41　切角长方体和切角圆柱体模型

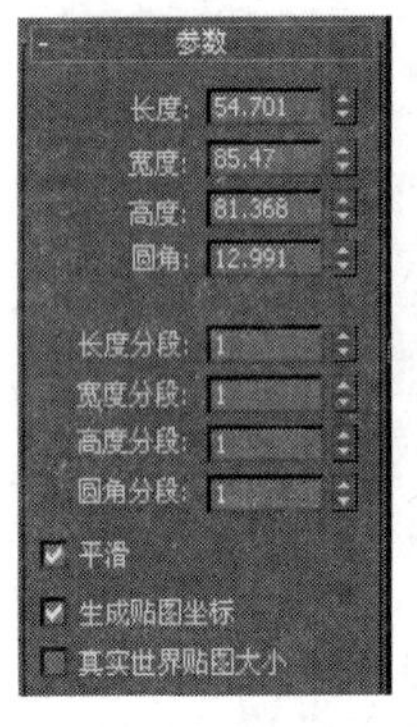

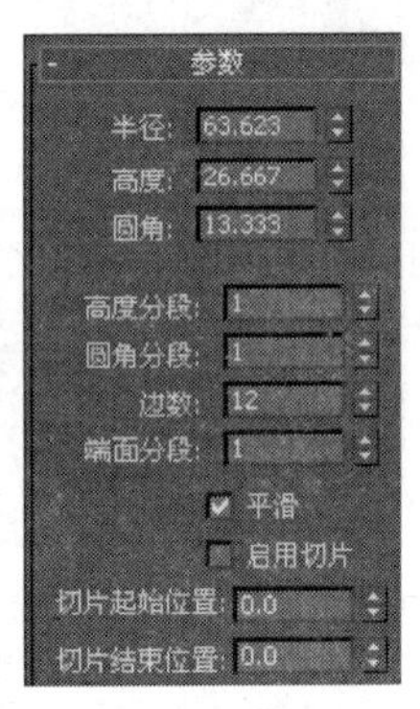

图 3-42　切角长方体和切角圆柱体的“参数”卷展栏

切角长方体、切角圆柱体与标准基本体中的长方体、圆柱体相似，在“参数”卷展栏中均增加了“圆角”和“圆角分段”两个数值框。其他参数基本相同，此处不再赘述，下面仅介绍增加参数的意义。

☑ 圆角：用于设置切角的大小。该值为 0 时没有切角。

☑ 圆角分段：用于设置切角的分段数。分段数为 1 时，切角的形状为直倒角；分段数大于 1 时，切角的形状为圆倒角。分段数越大，切角越圆滑。

3.2.4　油罐

油罐是将圆柱体两端的平面弯曲为凸起的球冠后构成的扩展几何体，如图 3-43 所示。单击“油罐”按钮，打开创建油罐体的“参数”卷展栏，如图 3-44 所示。

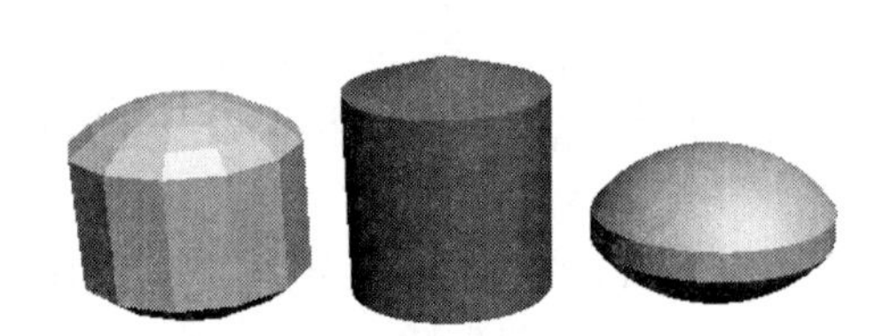

图 3-43　油罐体模型

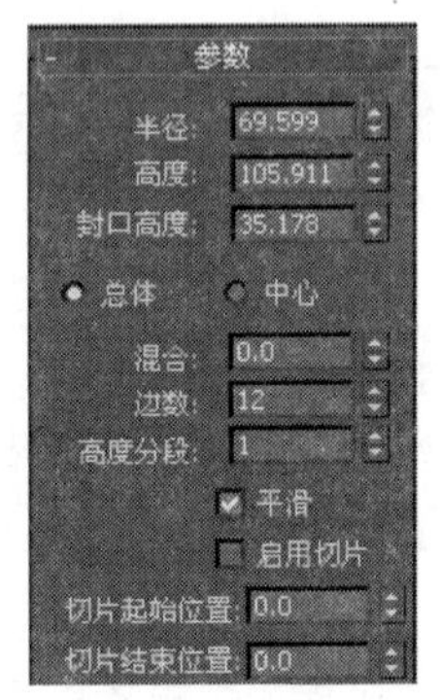

图 3-44　油罐的“参数”卷展栏

油罐体与标准基本体中的圆柱体相比，在“参数”卷展栏中增加了“封口高度”、“混合”两个数值框以及“总体”、“中心”两个单选按钮，其他参数基本相同。下面仅介绍新增参数的含义。

☑ 封口高度：用于设置油罐凸面顶盖的高度。最小值为半径值的 2.5%，最大值为半径值（当高度值大于半径值两倍以上时）。

☑ 总体：用于测量油罐的整体高度。

☑ 中心：只测量油罐柱体的高度，不包括顶盖高度。

☑ 混合：用于设置一个边缘切角，圆滑顶盖的柱体边缘。

☑ 边数：用于设置油罐高度上的片段划分数。

3.2.5　L 形挤出和 C 形挤出

L 形挤出可以理解为是由两个长方体组合构成的简单扩展几何体。创建这两种形体时，在视图中第一次拖曳鼠标创建它们的底面，再单击鼠标后再拖曳鼠标创建高度，第三次单击鼠标后拖曳鼠标创建形体的厚度，即完成创建。创建的 L 和 C 形体如图 3-45 所示。

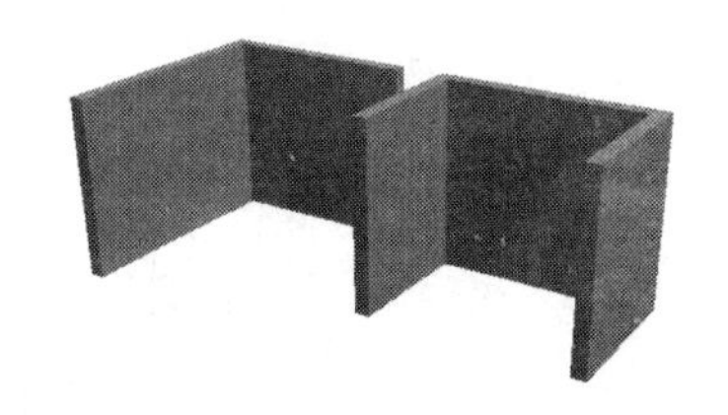

图 3-45　L 形挤出和 C 形挤出模型

L 形挤出可以建立 L 形夹角的立体墙模型，主要用于建筑快速建模。单击 L-Ext 按钮，显示其“参数”卷展栏，如图 3-46（a）所示。C 形挤出可以理解为是由 3 个长方体结合构成的简单扩展三维几何体，单击 C-Ext 按钮，显示其“参数”卷展栏，如图 3-46（b）所示。

由于这两种形体的参数很类似，下面介绍 C 形体的参数。

☑ 背面长度、侧面长度、前面长度：指定 3 个侧面的每一个长度。

☑ 背面宽度、侧面宽度、前面宽度：指定 3 个侧面的每一个宽度。

☑ 高度：指定对象的总体高度。

☑ 背面分段、侧面分段、前面分段：指定对象特定侧面分段数。

☑ 宽度分段、高度分段：设置该分段以指定对象的整个宽度和高度的分段数。

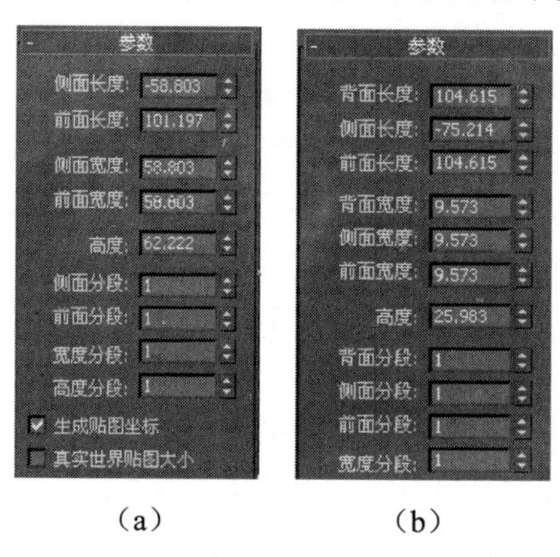

（a）　　（b）

图 3-46　L 形挤出和 C 形挤出的“参数”卷展栏

3.2.6　软管

软管是一种可以连接在两个对象之间的可变形对象，它会随着两端对象的运动而做出相应的反应，是经常使用的扩展几何体，如图 3-47 所示。

单击“软管体”按钮，打开其“参数”卷展栏，如图 3-48 所示，各参数的含义介绍如下。

（1）“端点方法”选项组提供了将软管体绑定到其他物体的连接方式，用于选择软管体的连接方式。

图 3-47 软管模型

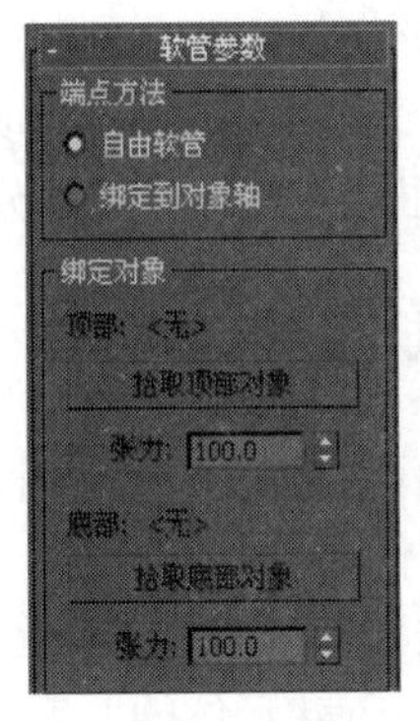

图 3-48 软管的“参数”卷展栏

☑ 自由软管：选择软管体的两端为自由方式，即软管体的两端不连接任何物体，处于自由状态。选中该单选按钮，可以激活“自由软管参数”选项组中的“高度”数值框，用于设置自由软管体的高度。

☑ 绑定到对象轴：选择将软管体的两端连接到物体上。选中该单选按钮，可以激活“绑定对象”选项组中的参数内容，用于设置软管体两端绑定的物体和软管体两端的伸缩量。

（2）“绑定对象”选项组提供了将软管体绑定到物体的操作方法，并可以设置软管体两端的伸缩量。

☑ 拾取顶部对象：用于设置软管体始端的绑定物体。选中软管体后，单击该按钮，再单击视图中要绑定的物体，即可将软管体的始端绑定到选择的物体上。

☑ 拾取底部对象：用于设置软管体末端的绑定物体。选中软管体后，单击该按钮，再单击视图中要绑定的物体，即可将软管体的末端绑定到选择的物体上。

☑ 张力：用于设置软管体两端的伸缩量。在“拾取顶部物体”按钮下的数值框，可以设置软管体始端的伸缩量；在“拾取底部物体”按钮下的数值框，可以设置软管体末端的伸缩量。

（3）“自由软管参数”选项组用于设置自由软管体的参数。其中的“高度”数值框可以设置软管体的高度。

（4）“公用软管参数”选项组中提供了用于设置软管体的一般参数。

☑ 分段：用于设置软管长度中的总分段数。当软管弯曲时，增大该值可使曲线更平滑。默认值为 45。

☑ 启用柔体截面：如果选中该复选框，则可以为软管的中心柔体截面设置其下面的 4 个参数；如果未选中该复选框，则软管的直径沿软管长度不变。

☑ 起始位置：用于设置从软管的始端到柔体截面开始处占软管长度的百分比。默认情况下，软管的始端是指对象轴出现的一端。默认值为 10%。

☑ 结束位置：用于设置从软管的末端到柔体截面结束处占软管长度的百分比。默认情况下，软管的末端是指与对象轴出现的一端相反的一端。默认值为 90%。

☑ 周期数：用于设置柔体截面中的起伏数目。可见周期的数目受限于分段的数目。

如果分段值不够大，不足以支持周期数目，则不会显示所有周期。默认值为5。

☑ 直径：周期“外部”的相对宽度。如果设置为负值，则比总的软管直径要小；如果设置为正值，则比总的软管直径要大。默认值为-20%，范围为-50%～500%。

（5）“平滑”选项组用于选择对软管体表面进行光滑处理的方式。选中“全部”单选按钮，可以对整个软管体进行光滑处理；选中“侧面”单选按钮，可以对软管体的侧面进行光滑处理；选中“无”单选按钮，对软管体不进行光滑处理；选中“分段”单选按钮，用于对软管体的轴向表面进行光滑处理。

☑ 可渲染：用于选择对软管体是否可以进行渲染处理。

☑ 生成贴图坐标：用于建立材质贴图坐标，使软管体的表面能够进行材质贴图处理。

（6）“软管形状”选项组提供了用于设置软管体的截面形状。默认的截面形状为圆形。

☑ 圆形软管：用于设置软管体的截面形状为圆形。选中该单选按钮，激活其下面的数值框，可以在其下面的“直径”、“边数”数值框中设置软管体截面圆的直径和边数。

☑ 长方形软管：用于设置软管体的截面形状为矩形。选中该单选按钮，激活其下面的数值框，可以在其下面的“宽度”、“深度”、“圆角”、“圆角分段”和“旋转”数值框中设置软管体矩形截面的宽度、深度、圆角、圆角分段数和绕其中心旋转的角度。

☑ D截面软管：用于设置软管体的截面形状为D形。选中该单选按钮，则激活其下面的数值框，可以在其下面的“宽度”、“深度”、“圆形侧面数”、“圆角”、“圆角分段”和“旋转”数值框中设置软管体D形截面的宽度、深度、半圆的边数、圆角、圆角分段数和绕其中心旋转的角度。

任务3.3　案例：卡通角色绘制和场景制作

案例3-1　卡通角色制作。

操作步骤如下：

（1）启动3ds Max 2012，创建一个新场景，将其命名为“卡通角色.max”，保存文件。

（2）单击（创建）→（图形）→“样条线”→“线”按钮，在左视图中绘制一条样条线，如图3-49所示。

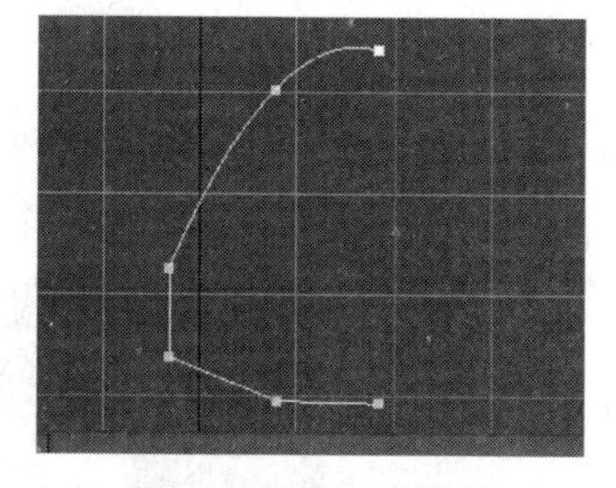

图3-49　样条线绘制

（3）选择（修改）→“修改器列表”→“车削”修改器，设置其参数如图3-50所示。

（4）分别创建圆锥体、圆环、半球，组合为机器人的眼睛，并将其移动到适当位置，如图3-51所示。

（5）创建一个圆柱体及一个球体，组合为机器人的天线，并放置到适当位置，如图3-52和图3-53所示。

（6）单击“创建”→“几何体”→“扩展基本体”→“切角长方体”按钮，在前视图中创建一个切角长方体，参数设置如图3-54所示。

（7）再次创建一个切角长方体，参数如图3-55所示。

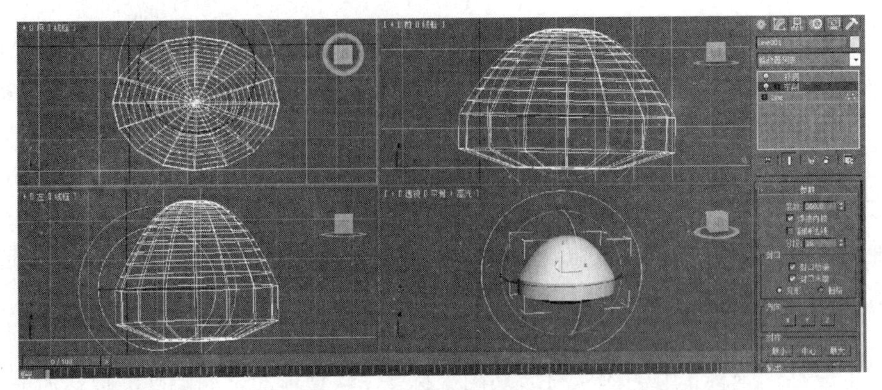

图 3-50 “车削”修改器参数设置

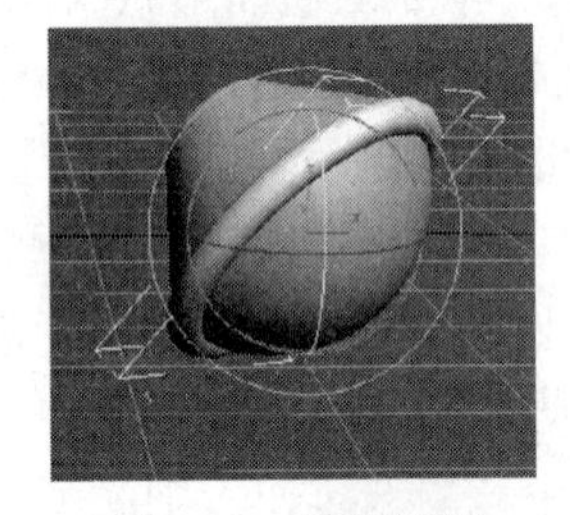

图 3-51 眼睛绘制

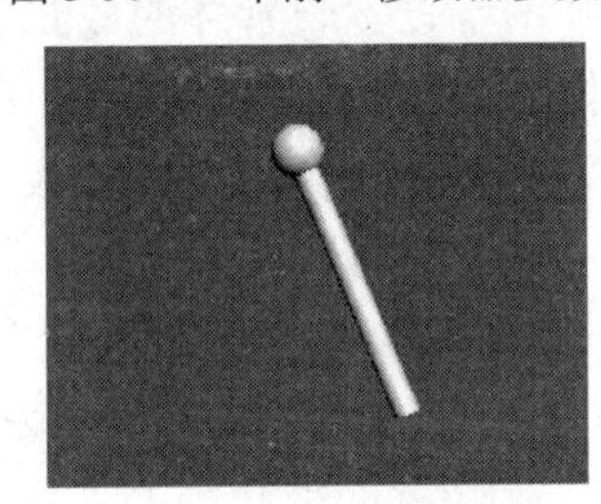

图 3-52 天线绘制

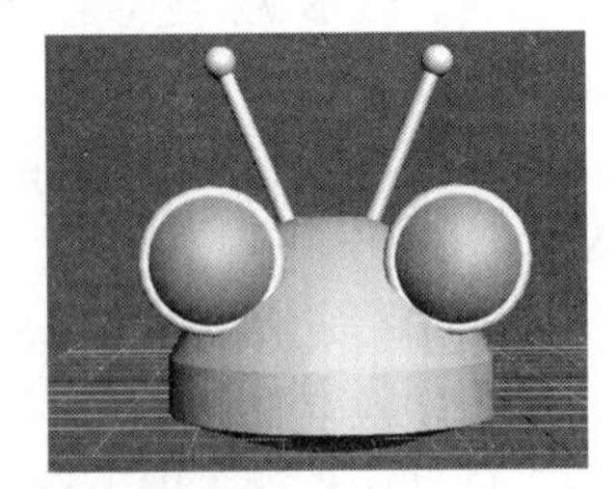

图 3-53 组合效果

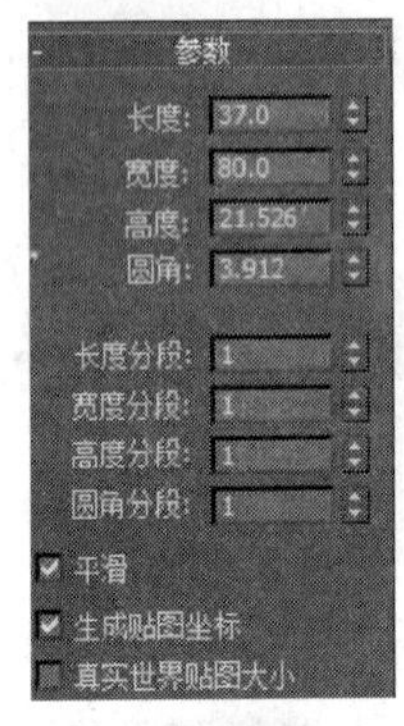

图 3-54 切角长方体的“参数”设置

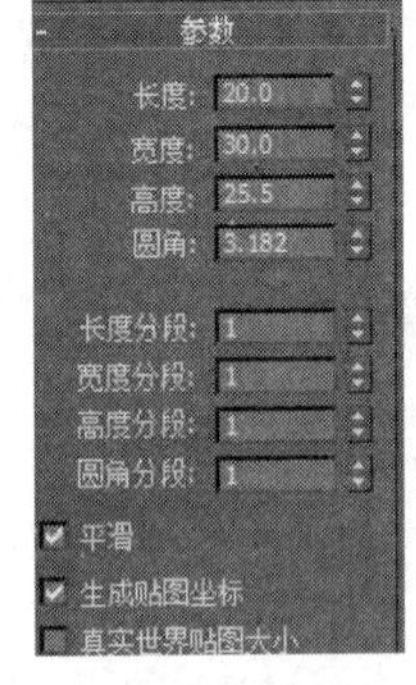

图 3-55 另一个切角长方体的“参数”设置

（8）移动切角长方体到适当位置，效果如图 3-56 所示。

（9）创建一个胶囊，并移动到适当位置，作为机器人的肩，效果如图 3-57 所示。

图 3-56 移动切角长方体

图 3-57 创建胶囊

（10）在顶视图中拖动出圆柱体，作为手臂，效果如图 3-58 所示。

（11）分别创建半球、圆环和圆锥组合为手掌，效果如图 3-59 所示。

（12）在左视图中创建一条样条线，如图 3-60 所示。

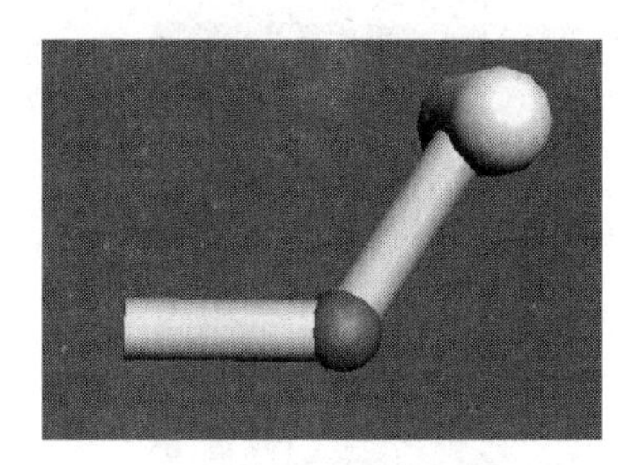

图 3-58　手臂效果

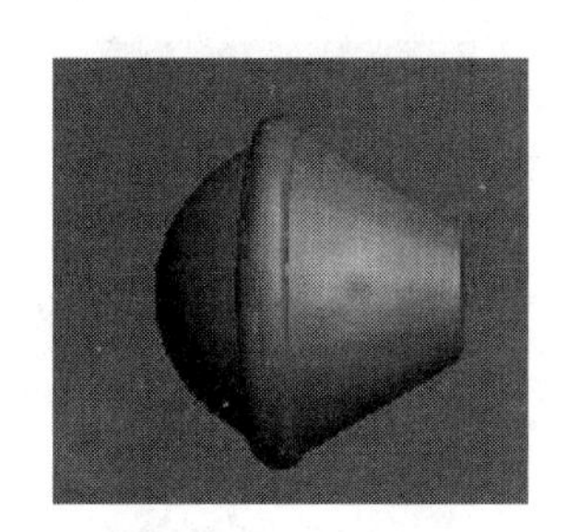

图 3-59　手掌效果

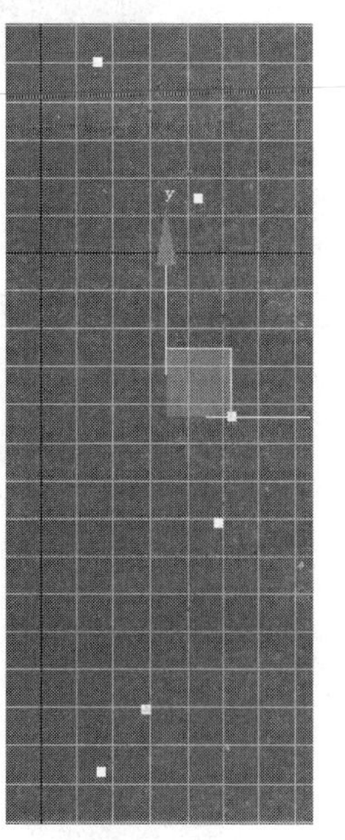

图 3-60　新建样条线

（13）创建两个三角形，半径分别为 2、1.2。

（14）选中样条线，单击“创建”→“几何体”→“复合对象”→“放样”按钮，参数设置如图 3-61 所示。

（15）单击“获取图形”按钮，选择较大的三角形，将“路径参数”卷展栏中的“路径”设为 100，然后再次单击“获取图形”按钮，再选择较小的三角形，效果如图 3-62 所示。

（16）充分调整，使图像处于合适位置，如图 3-63 所示。

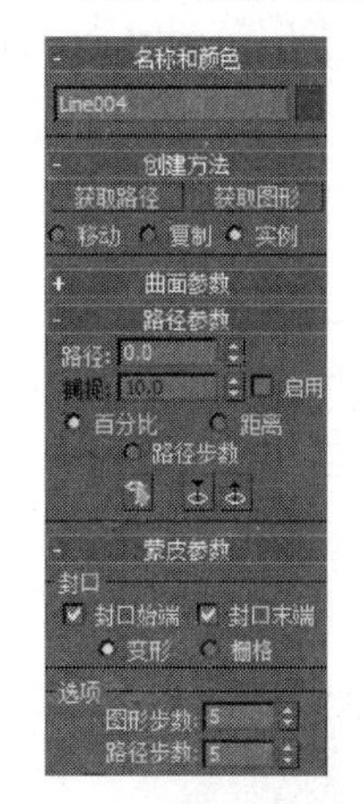

图 3-61　样条线参数

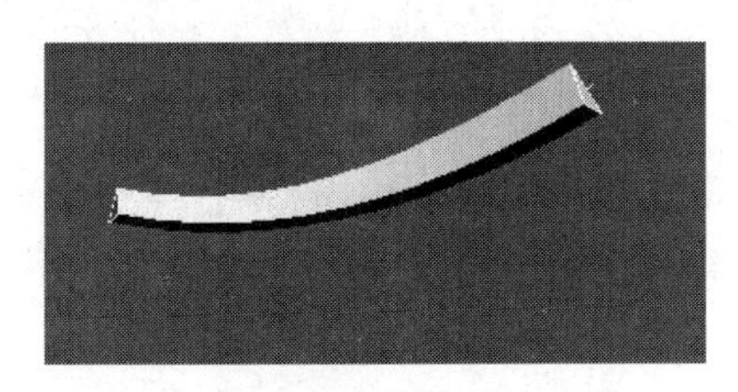

图 3-62　放样效果

图 3-63　图像效果

（17）将手臂组合，如图 3-64 所示。

（18）将手臂整合以后，效果如图 3-65 所示。

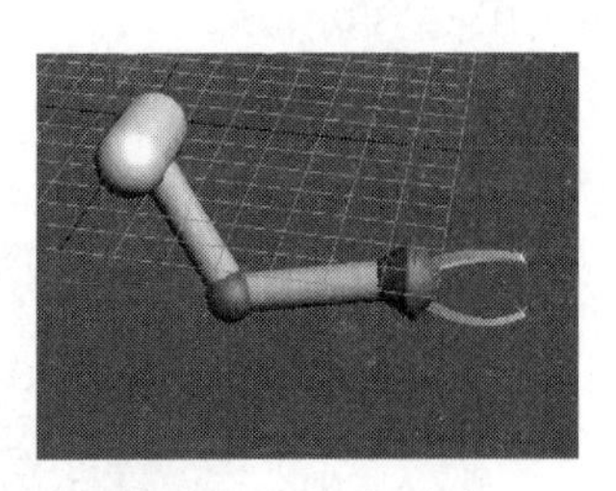

图 3-64　组合手臂

图 3-65　组合手臂效果

（19）再次创建样条线，并为其添加“车削”修改器，制作成为机器人的脚，效果如图 3-66 和图 3-67 所示。

（20）同样制作出卡通角色的腿，组合后，最终效果如图 3-68 所示。

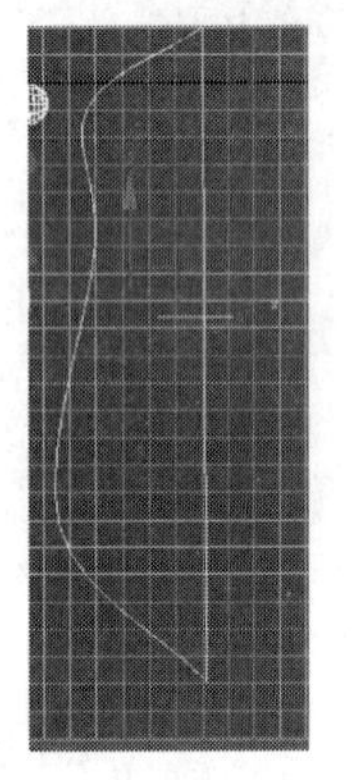

图 3-66　绘制曲线

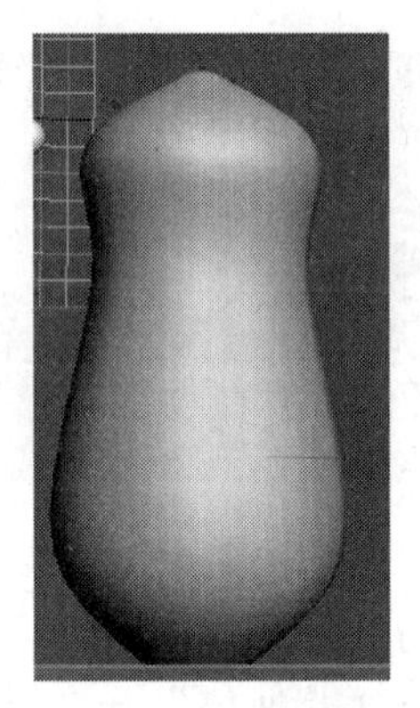

图 3-67　车削效果

图 3-68　最终效果

案例 3-2　动漫场景楼梯制作。

操作步骤如下：

（1）在前视图中勾勒出楼梯的截面图形。单击“创建”→“图形”→“矩形”按钮，在前视图中绘制一矩形，在“参数”卷展栏中设置“长度”为 15cm，“宽度”为 16.54cm。效果如图 3-69 所示。

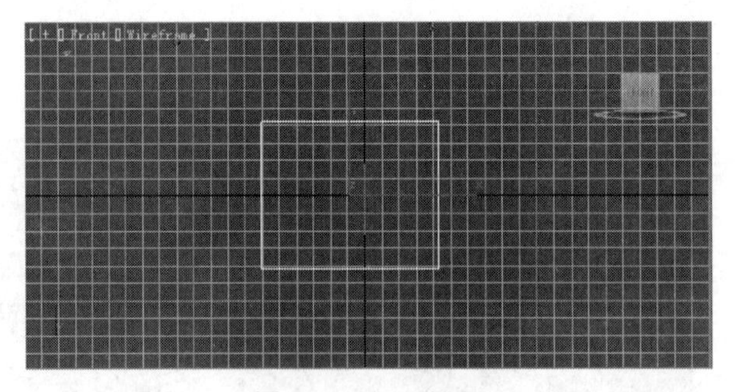

图 3-69　矩形效果

（2）选中矩形，选择“工具”→“阵列”命令，在弹出的“阵列”对话框中按图 3-70 所示设置参数。

（3）单击按钮，设为端点捕捉，用画线命令沿楼梯的左上方边缘描出剖面线，接着绘制出内侧拉直了的断面图，效果如图 3-71 所示。删除所有辅助矩形。

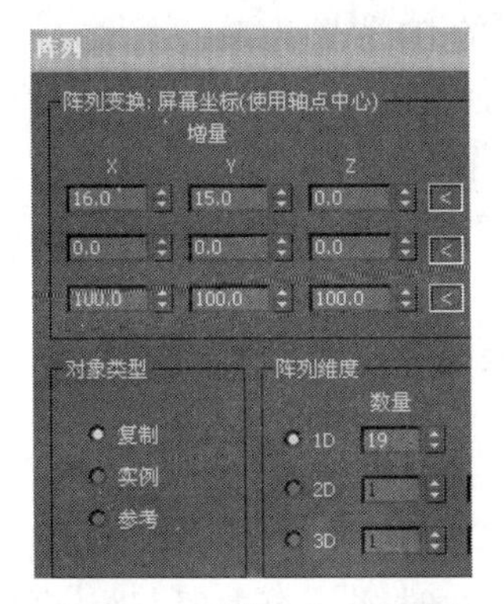

图 3-70 “阵列”对话框

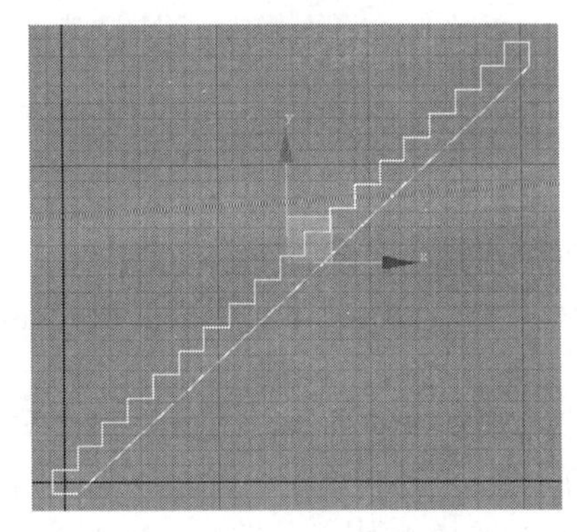

图 3-71　剖面效果

（4）选择楼梯截面，在“修改器”列表中选择“拉伸”修改器，设置“数量”为 50，“分段数”为 3（注：设置拉伸方向的段数是为了给楼梯加入一个多维/次物体材质，这个材质包括大理石图案，红色地毯）。

（5）在前视图中与楼梯中段平行的位置画出一条线作为楼梯扶手的水平栏杆。设置直线可渲染，在“渲染”卷展栏中选中“在渲染中启用”复选框，设置“厚度”为 3.0。进入“修改”命令面板。单击按钮，进入“分段数”的修改命令面板。选择作为长扶手的线，在“几何体”滚动栏下“细分”按钮的后面空白栏目中设定参数为 20，然后单击“细分”按钮，将该线等分为 20 等份。

（6）在前视图中画出一条垂直线段作为楼梯扶手的一个垂直栏杆，设置直线可渲染，在“渲染”卷展栏中选中“在渲染中启用”复选框，设置“厚度”为 3.0。移动到第一层楼梯的水平面中间位置。与本例第（2）步进行一样的阵列，如图 3-72 所示。

（7）复制形成另一侧的楼梯扶手。

（8）选择拉伸出的楼梯，选择“编辑网格”修改器，进入到网格物体修改命令面板。单击“顶点”项，进入节点次对象的编辑状态。在顶视图中，由上至下选择第二排点，右击按钮，在弹出的对话框中设置偏移下的 Y 值为 10，关闭对话框。使第二排的点沿 Y 方向向上移动 10 个单位。

（9）在顶视图中由上至下选择第三排点，右击按钮，在弹出的对话框中设置偏移下的 Y 值为-5，关闭对话框。使第三排的点沿 Y 方向向下移动 5 个单位，如图 3-73 所示。

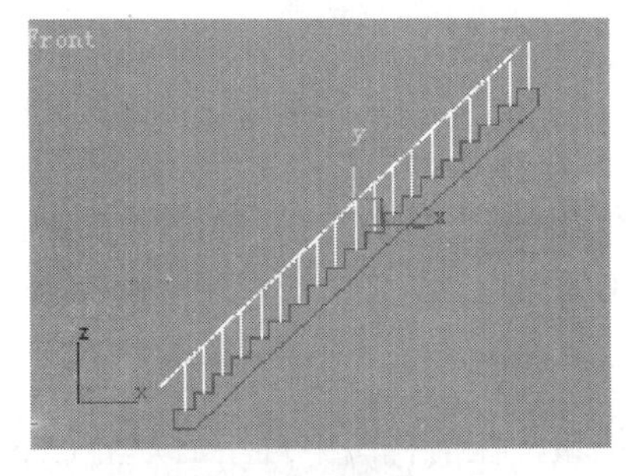

图 3-72　楼梯扶手

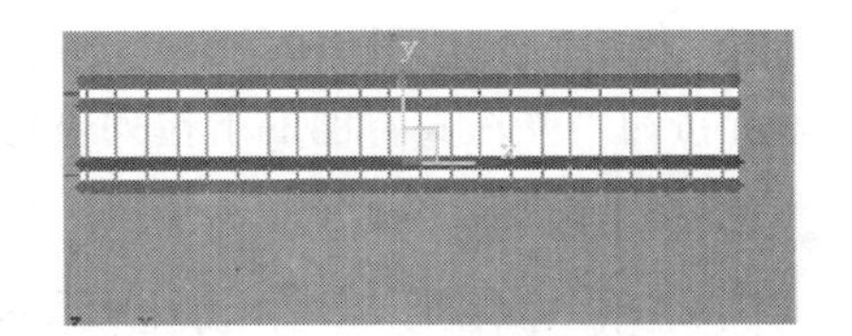

图 3-73　制作楼梯

（10）单击右侧的按钮，进入多边形次物体编辑状态。

（11）在顶视图中用框选的方法选中楼梯所有的面。

（12）在右侧命令面板上，设置“表面属性”卷展栏下的ID设置为1（设置为1号材质）。

（13）再次用框选的方法选中楼梯中间的面，设置ID为2（设置为2号材质）。

（14）单击工具栏中的按钮，打开“材质编辑器”窗口。

（15）确认左上方的第一个示例窗被选中，单击“类型”旁的“标准”按钮，在弹出的对话框中选择“多维/次物体”选项，单击确定按钮。

（16）在多维/次物体的“多维/次物体基本参数”卷展栏下，单击下方的第一个“标准”长按钮。

（17）在弹出的下一级命令面板的下方找到“贴图”卷展栏，单击“漫反射颜色”右侧的长条按钮，在弹出的对话框中双击“位图”贴图类型，在安装目录C或D根目录下的“3ds Max 2012\贴图（贴图）\STONES（石头）”子目录中选择一个大理石图案的文件如“TRAVERTNtravertn.tga”。

（18）单击“材质编辑器”窗口右上方的按钮，回到父级状态。

（19）单击下方的第二个“标准”长条按钮右侧的色块。

（20）在弹出的调色板中调出一个纯红色，RGB为（255,0,0）。

（21）单击按钮，将编好的材质指定给楼梯。

（22）单击按钮，选择“UVW贴图”修改命令，为楼梯增加一个贴图坐标。

（23）激活材质编辑器的第二个示例窗，设定材质参数如下。

☑ 渲染模式（阴影）：金属。

☑ 环境光：HSV(0,0,124)。

☑ 漫反射：HSV(0,0,255)。

☑ 高光级别：200。

☑ 光泽度：53。编辑出一个不锈钢材质。

（24）在视图中选择所有扶手，单击按钮，将不锈钢材质指定给扶手。

（25）选中楼段，执行“修改器列表”列表下的“弯曲”命令，设置“角度”为360.3，“弯曲轴”为X，形成旋转楼梯，效果如图3-74所示。

图3-74　最终效果

案例3-3　动漫场景柜体制作。

操作步骤如下：

1. 设定单位

（1）选择“文件”→“重置”命令，创建新的工作场景。

（2）选择“自定义”→“单位设置”命令，在弹出的“单位设置”对话框中选中“公制”单选按钮，并在其下面的下拉列表框中选择“厘米”选项，如图3-75所示。

2. 制作书柜的后挡板

（1）单击“创建”→“几何体”→“长方体”按钮，在前视图中自左上方至右下方拉出一个方体。

（2）选中长方体并切换到修改器面板。在上面的名称栏中将其命名为“后挡板”，在

“参数”卷展栏中设置“长度”、“宽度”、“高度”分别为 118、78、2，单击视图控制区的按钮，将场景中的物体全部居中，至此前视图场景如图 3-76 所示。

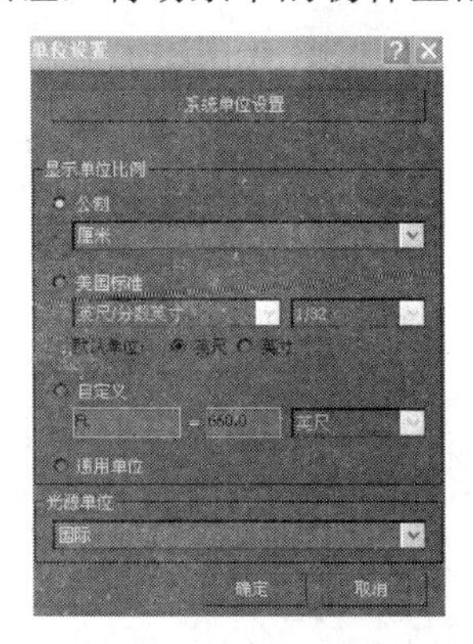

图 3-75　单位设置

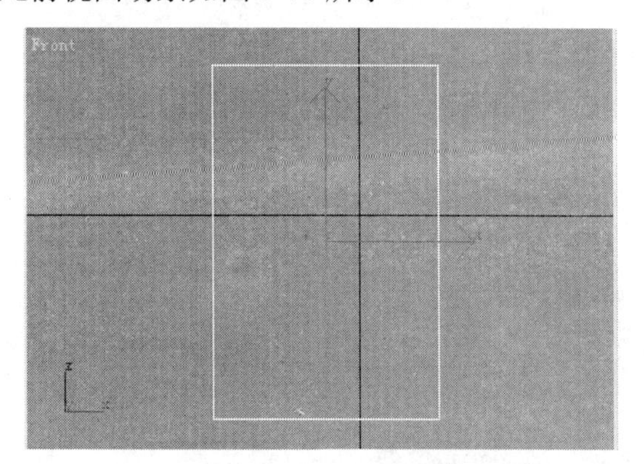

图 3-76　创建书柜后挡板

3. 制作书柜的左侧挡板

单击“创建”→“几何体”→“长方体”按钮，在“键盘输入”卷展栏中设置长、宽、高的参数，如图 3-77 所示，单击“创建”按钮，将其命名为“左挡板”。

4. 将左侧挡板与后挡板对齐

（1）切换到前视图，先选中左挡板，激活“对齐”按钮，接着单击后挡板弹出“对齐当前选择”对话框。对齐轴先选择 X 轴，当前物体（左挡板）选择“最小”，目标物体（后挡板）选择“最小”，然后单击“应用”按钮，如图 3-78 所示。

（2）在该对话框中对齐轴选 Y 轴，当前物体和目标物体都选择“最小”，单击“应用”和“确定”按钮即可。

5. 制作书柜的右侧挡板

在顶视图中先选中左挡板，将鼠标定位在左挡板坐标指示器的 X 轴上（此时 X 轴为黄色），再单击“移动”按钮，按住 Shift 键不放，向右侧移动一点距离。松开 Shift 键与鼠标，弹出“克隆选项”对话框，选中“复制”单选按钮，设置“副本数”为 1，如图 3-79 所示。然后用精确对齐的方式把右挡板与后挡板的右端对齐，透视图如图 3-80 所示。

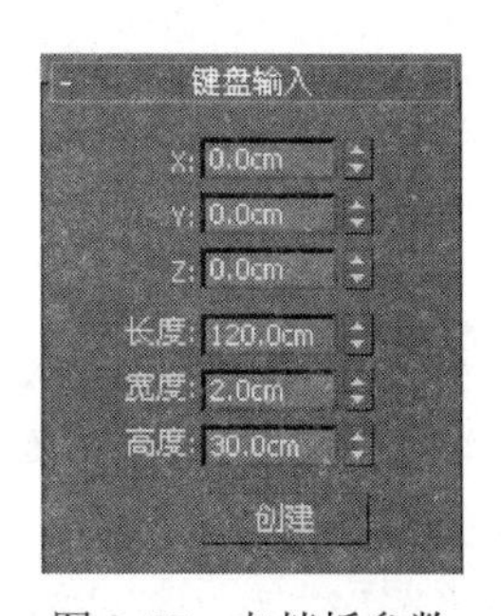

图 3-77　左挡板参数

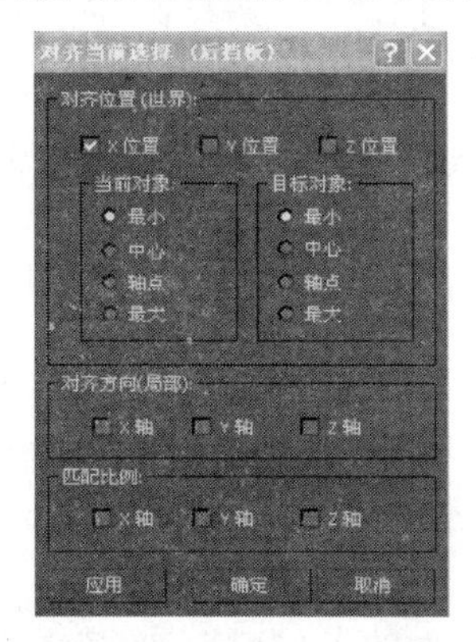

图 3-78　“对齐选择”工具精确对齐

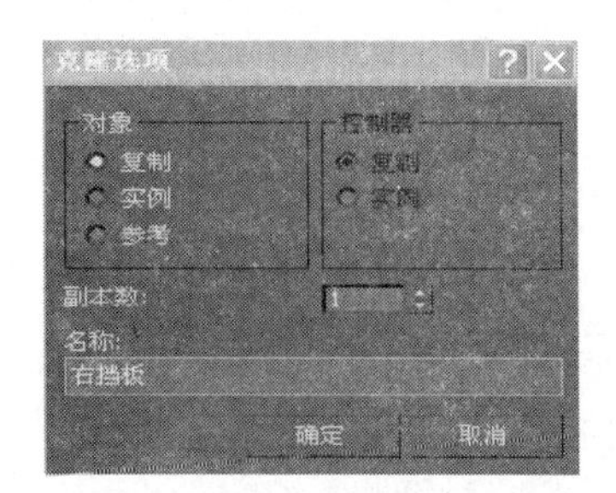

图 3-79　“克隆选项”对话框

6. 制作书柜的顶板、底板

（1）在顶视图中画出一任意大小的方体，把长、宽、高分别设置为 30、78、3，在透视图中把顶板与后挡板对齐。

（2）移动复制顶板得到底板，设置长、宽、高分别为 27、78、3。利用对齐功能将底板定位到底部，效果如图 3-81 所示。

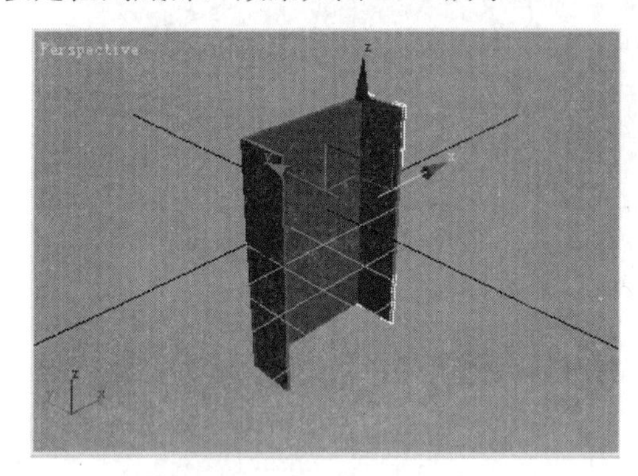

图 3-80　右挡板透视效果

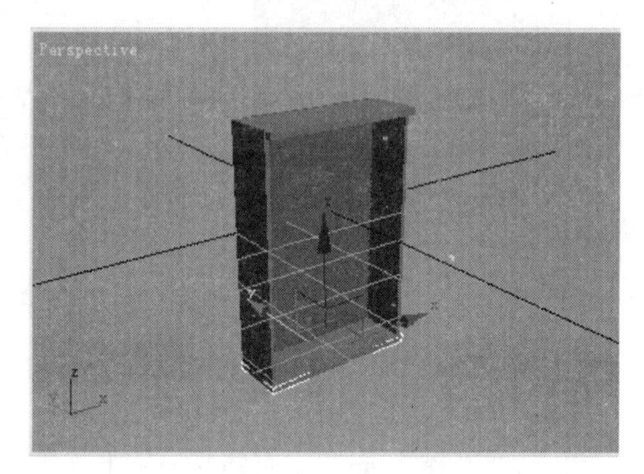

图 3-81　对齐效果

7. 绘制矩形与复制

（1）单击“创建”→“图形”→“矩形”按钮，在前视图中拉出一大小任意的矩形。按 W 键使前视图单屏显示。进入修改面板，将长、宽分别设置为 118、38，如图 3-82 所示。

（2）选中矩形，按住 Shift 键不放，通过移动鼠标左键生成新的矩形，然后在修改面板中将新复制出的矩形长、宽设置为 113、33。最后使用对齐工具将两对象中心对齐，如图 3-83 所示。

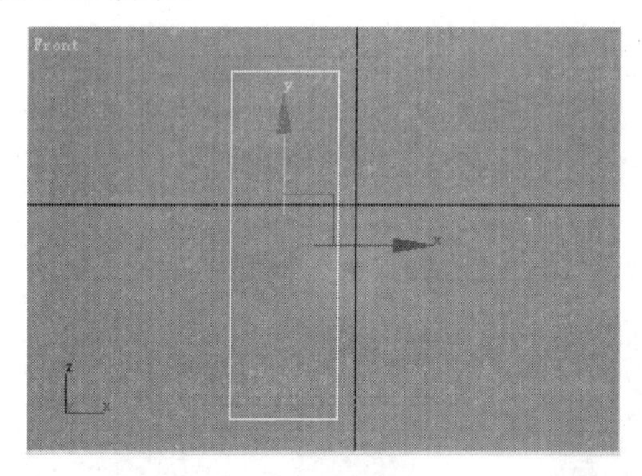

图 3-82　前视图创建一矩形

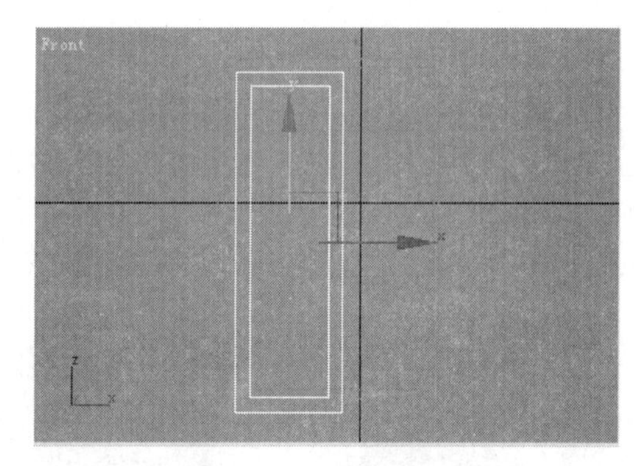

图 3-83　复制里面的矩形

8. 编辑曲线

（1）在“修改器列表”中选择“编辑样条线”修改器，将内部矩形上面的边修改成弧形，或选择“转化成”→“转化成可以编辑样条线”命令把二维形体转换为可编辑的样条曲线，如图 3-84 所示。

（2）展开“编辑样条线”选项前面的“+”号。在编辑样条线的“选择”卷展栏中选择中间的子对象“线段”，如图 3-85 所示。

图 3-84　为内部矩形添加修改器

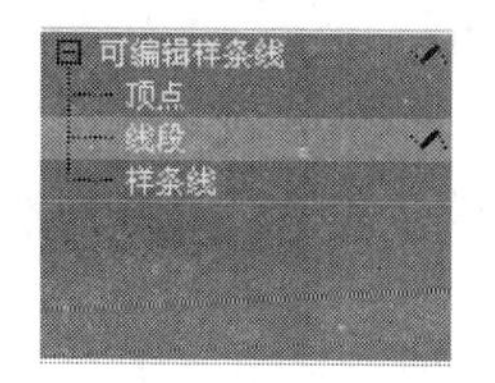

图 3-85　选中线段作为子对象

（3）在前视图中选中内部矩形的上边，按 Delete 键将其删除，如图 3-86 所示。

9. 绘制弧形

（1）右击工具栏上的（三维锁定开关）按钮，在弹出的窗口中选中“端点”复选框，如图 3-87 所示。

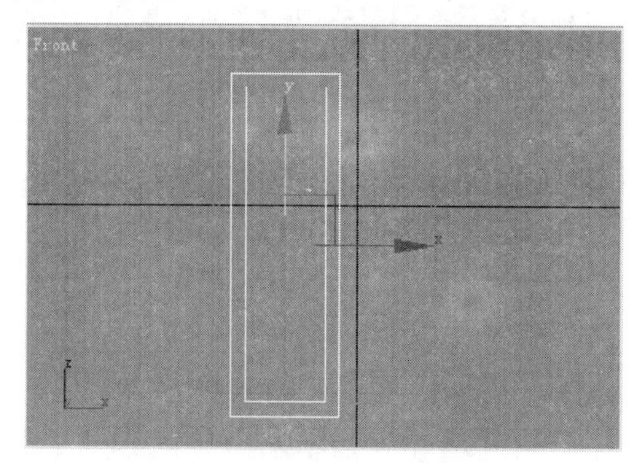

图 3-86　删除一条边的内部矩形

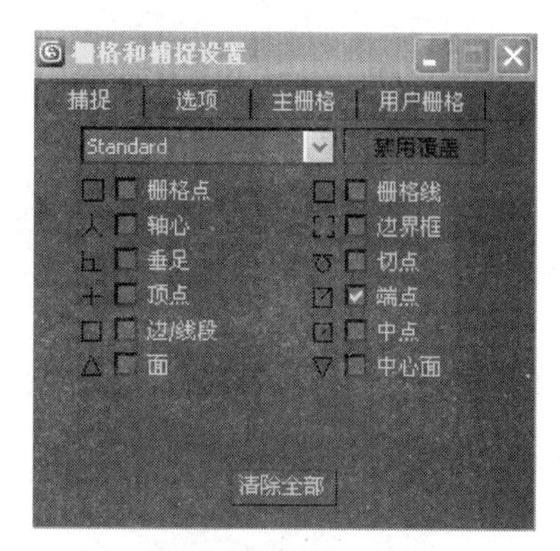

图 3-87　“栅格和捕捉设置”对话框

（2）单击“弧”按钮，在前视图中，在内部矩形左上角顶点与右上角顶点之间绘制一弧形。按 S 键关闭锁定，如图 3-88 所示。

10. 合并图形

选中内部矩形，在修改面板的卷展栏中单击“结合”按钮，在前视图中分别选中外部矩形与弧。效果如图 3-89 所示。

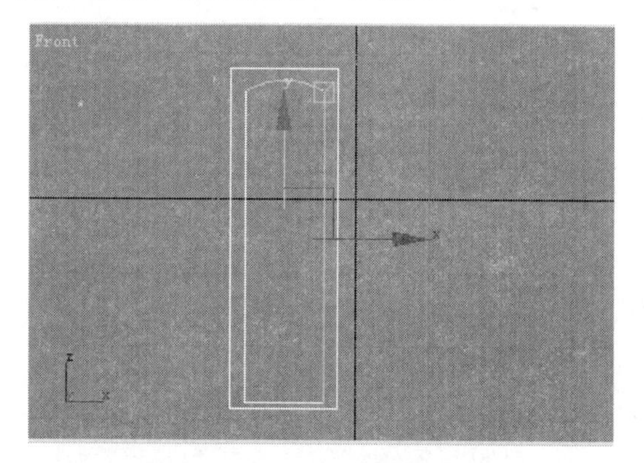

图 3-88　三维锁定绘制端点弧形

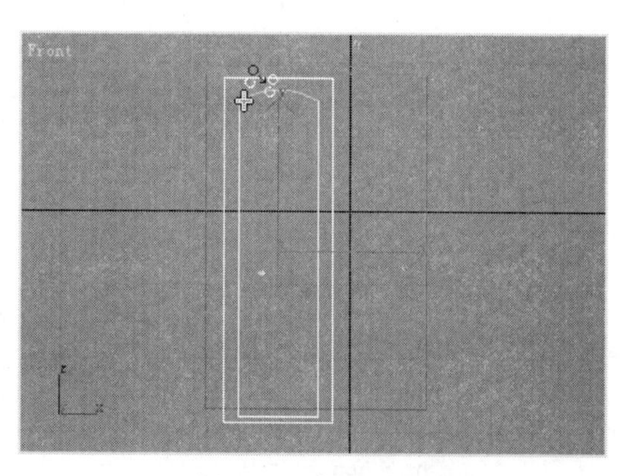

图 3-89　合并二维形体

11. 制作左侧挡板

（1）选中绘制的玻璃门二维样条曲线，添加一个“挤压”修改器，设其值为 2cm，生成带左侧面板。

（2）将该面板与左侧挡板对齐。当前物体为面板，目标物体为左侧挡板。

（3）在前视图，对齐轴为 X 轴（即水平方向），对齐方式均为“最小”。

（4）在前视图，对齐轴为 Y 轴（即垂直方向），对齐方式均为“中心”。

（5）在前视图，对齐轴为 Z 轴（即垂直于该平面的方向），对齐方式中当前物体为“轴点”，目标物体为“最大”。效果如图 3-90 所示。

12. 制作书柜的把手

（1）在前视图中创建一个圆锥，将“半径 1”、“半径 2”与“高度”分别设置为 0.5、1.5、4。然后在 3 个视图中将把手移动到左侧面板的右侧中心。

（2）为把手添加一网格光滑修改器。将“细分数量”卷展栏中的“细分重复度”由默认的 0 设置为 1。

13. 镜像复制右侧挡板

按住 Ctrl 键不放，选中面板与把手，选择“组”→“成组”命令，将 3 个物体合并成一组。切换至前视图，选择“工具”→“镜像”命令，完成镜像复制操作。效果如图 3-91 所示。

图 3-90 对齐效果

图 3-91 最终效果

本章小结

通过本章的学习，让学生掌握 3ds Max 2012 中标准基本体的种类和扩展基本体的种类与参数设置，通过简单几何体的参数设置和构建方法，学会用简单几何体组合成基本的卡通角色和游戏场景，进一步为后续的学习奠定基础。

实训项目 3

【实训目的】

通过本实训项目使学生能较好地使用简单的基本体，完成角色模型的构成和动漫、游戏场景的构建，并能提高学生分析问题、解决问题的能力。

【实训情景设置】

在动漫、游戏企业中，卡通形象和空间场景的制作往往需要空间几何体通过一系列组合和改变后，形成新的复杂的三维空间模型。本实训结合动漫、游戏行业卡通、场景的制作方式方法，完善简单卡通、场景的相关创作。

【实训内容】

结合空间几何体，完成动漫模型中“魔法时钟”的制作。

（1）通过熟悉的几何体，创建“魔法时钟”轮廓。

（2）利用环形阵列，给“魔法时钟”添加时针、分针和秒针。

（3）结合给定场景，创建灯光、摄像机。

（4）给“魔法时钟”赋予材质和贴图。

（5）将作品以.jpg 格式渲染输出。最终效果如图 3-92 所示。

图 3-92　“魔法时钟”最终效果

第4章 曲线与曲面建模

本章要点

- 利用曲线创建二维造型
- 利用修改器进行曲面建模

教学目标

- 了解基本二维模型的构成和创建方法
- 认识对二维造型和曲面模型进行修改的必要性
- 认识二维造型和曲面建模的方法和技巧

教学情境设置

在 3ds Max 2012 建模过程中，除了提供三维物体的建模方式外，还提供了另一种物体的建模方法，即曲线与曲面建模。二维造型的创建物体造型的过程比较普遍，同时二维造型也可以作为图像直接渲染。同时，也可以利用其自身修改器对模型进行修改和编辑，从而产生更加美观的二维与三维造型。

任务 4.1　二维建模的意义

在 3ds Max 2012 中，二维图形的绘制与修改和二维图形向三维物体转换是建立三维模型的一个重要的基础，在制作中有以下用途及方法。

（1）作为平面和线条物体。方法是：对于封闭的图形，加入网格物体编辑修改器，可以将它变为无厚度的薄片物体，用作地面、文字图案、广告牌，以及动漫、游戏场景和角色等，也可以对它进行点面的加工，产生曲面造型，并且设置相应的参数后，这些图形也可以渲染。例如，在默认情况下以一个圆环作为截面，可以产生管状物体，并且可以指定贴图坐标，如图 4-1 所示。

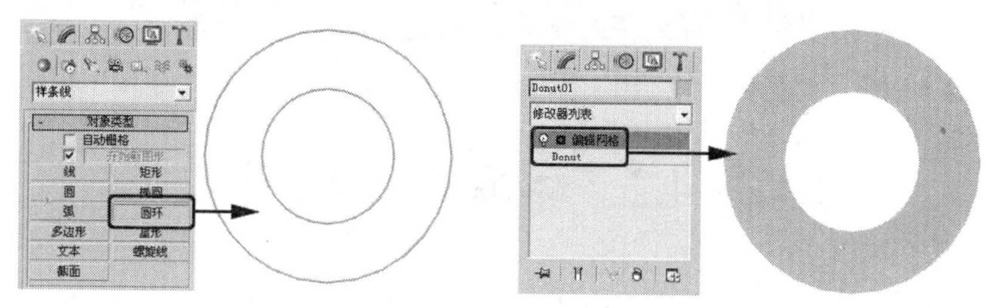

图 4-1　平面和线条物体

（2）作为“挤出”、“车削”等加工成型的截面图形。方法是：图形可以经过“挤出”修改，增加厚度，产生三维框体；还可以使用“倒角”加工成带倒角的立体模型；“车削”将曲线图形进行中心旋转放样，产生三维模型，如图 4-2 所示。

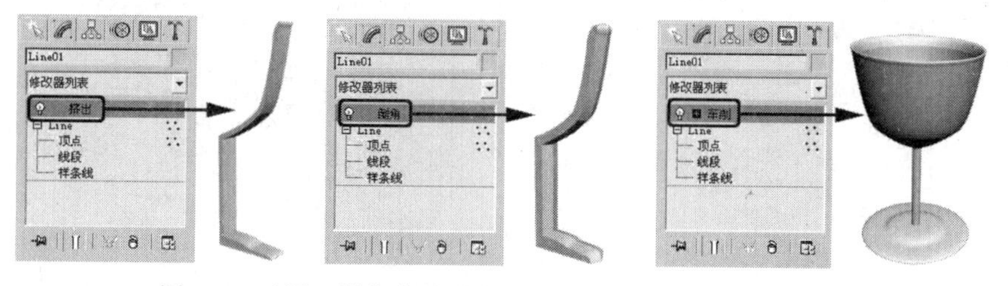

图 4-2　对同一样条曲线进行“挤出”、“倒角”和“车削”

（3）作为放样物体使用的曲线。方法是：在放样过程中，使用的曲线都是图形，它们可以作为路径、截面图形，完成的放样造型如图 4-3 所示。

图 4-3　使用二维图形进行放样

（4）作为运动的路径。方法是：图形可以作为物体运动时的运动轨迹，使物体沿着它进行运动，如图 4-4 所示。

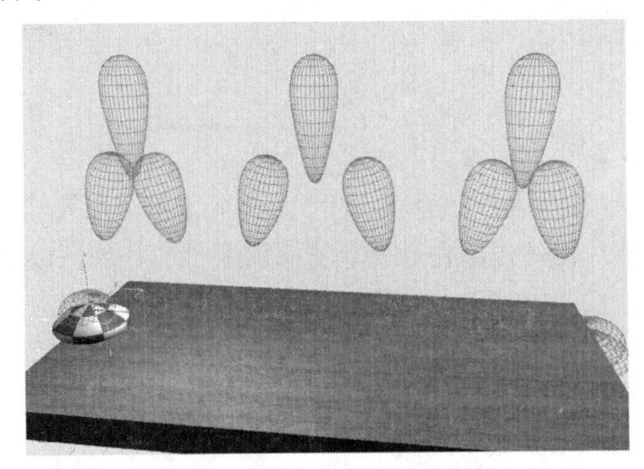

图 4-4　使用二维图形作为球体运动的路径

任务 4.2　二维对象的创建

二维图形的创建是通过　面板下的选项实现的，如图 4-5 所示。大多数的曲线类型都有共同的设置参数，如图 4-6 所示，下面对这些参数进行介绍。

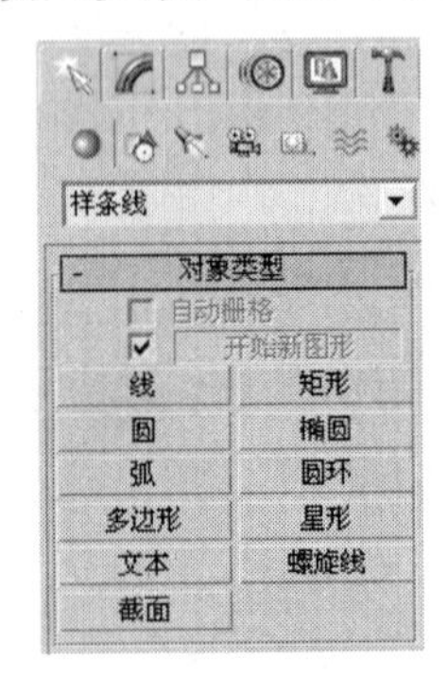

图 4-5　创建图形命令面板

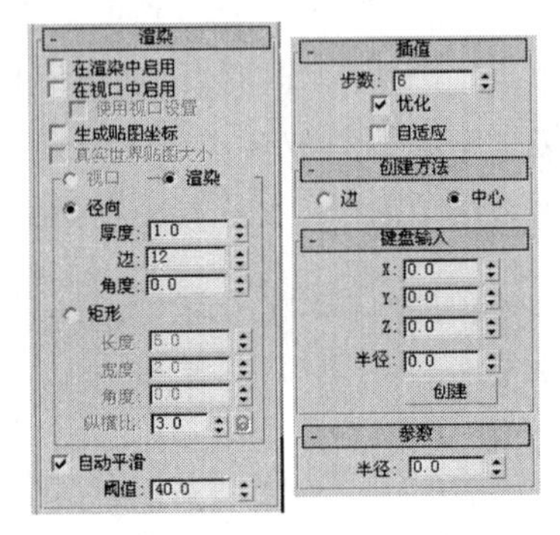

图 4-6　图形的通用参数

（1）“渲染”卷展栏用来设置曲线的可渲染属性。

☑ 在渲染中启用：选中该复选框，可以在视图中显示渲染网格的厚度。

☑ 在视口中启用：选中该复选框，可以使设置的图形作为 3D 网格显示在视口中（该选项对渲染不产生影响）。

☑ 使用视口设置：控制图形按视图设置进行显示。

☑ 生成贴图坐标：对曲线指定贴图坐标。

☑ 视口：基于视图中的显示来调节参数（该单选按钮对渲染不产生影响）。当“在渲染中启用”和“使用视口设置”两个复选框被选中时，该单选按钮可以被选中。

☑ 渲染：基于渲染器来调节参数。选中该单选按钮时，图形可以根据“厚度”参数值来渲染图形。

☑ 厚度：设置曲线渲染时的粗细大小。

☑ 边：设置可渲染样条曲线的边数。

☑ 角度：调节横截面的旋转角度。

（2）“插值”卷展栏用来设置曲线的光滑程度。

☑ 步数：设置两顶点之间由多少个直线片段构成曲线，值越高，曲线越光滑。

☑ 优化：自动检查曲线上多余的“步数”片段。

☑ 自适应：自动设置“步数”数值，以产生光滑的曲线，直线的“步数”设置为 0。

（3）“键盘输入”卷展栏使用键盘方式建立，只要输入所需要的坐标值、角度值及参数值即可，不同的工具会有不同的参数输入方式。

另外，除了“文本”、“截面”和“星形”工具之外，其他的创建工具都有一个“创建方法”卷展栏，其中的参数需要在创建对象之前选择，这些参数一般用来确定是以边缘作为起点创建对象，还是以中心作为起点创建对象。只有“弧”工具的两种创建方式与其他对象有所不同，具体参阅 4.2.3 节的内容。

4.2.1 创建线

使用“线”工具可以绘制任意形状的封闭或开放型样条曲线（包括直线），如图 4-7 所示。

（1）单击→→“样条线”→“线”按钮，在视图中单击确定线条的第一个节点。

（2）移动鼠标指针到达想要结束线段的位置并单击创建一个节点，再右击结束直线段的创建。

提示

在绘制线条时，当线条的终点与第一个节点重合时，系统会提示是否封闭图形，单击“是”按钮即可创建一个封闭的图形；如果单击“否”按钮，则继续创建线条。在创建线条时，通过按住鼠标左键不放进行拖动，可以创建曲线。

在命令面板中，“线”工具拥有自己的参数设置，这些参数需要在创建线条之前设置，如图 4-8 所示。“线”工具的“创建方法”卷展栏中各选项的功能说明如下。

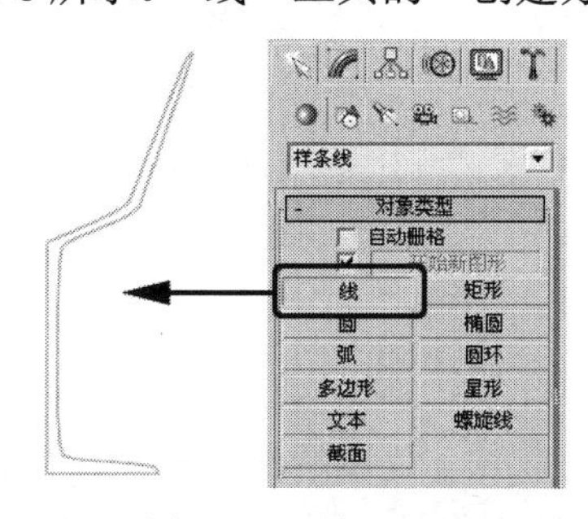

图 4-7 “线”工具

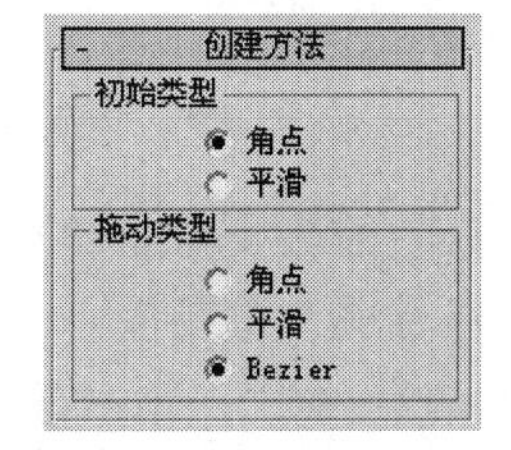

图 4-8 “线”工具的“创建方法”卷展栏

☑ 初始类型：单击鼠标后拖曳出的曲线类型，包括“角点”和“平滑”两种，可以绘制出直线和曲线。

☑ 拖动类型：单击鼠标并拖动鼠标指针时引出的曲线类型，包括“角点”、“平滑”和 Bezier（贝塞尔）3 种。贝塞尔曲线是最优秀的曲度调节方式，通过两个滑杆来调节曲线的弯曲。

4.2.2 创建圆

使用“圆”工具可以创建圆形，如图 4-9 所示。

单击→→“样条线”→“圆”按钮，然后在视图中按住鼠标左键不放并拖动来创建圆形。在“参数”卷展栏中只有一个“半径”参数可以设置，如图 4-10 所示。

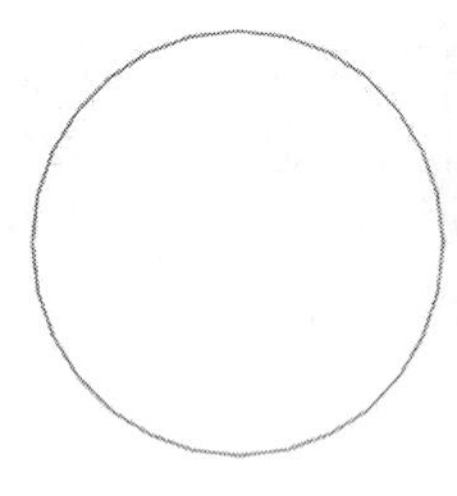

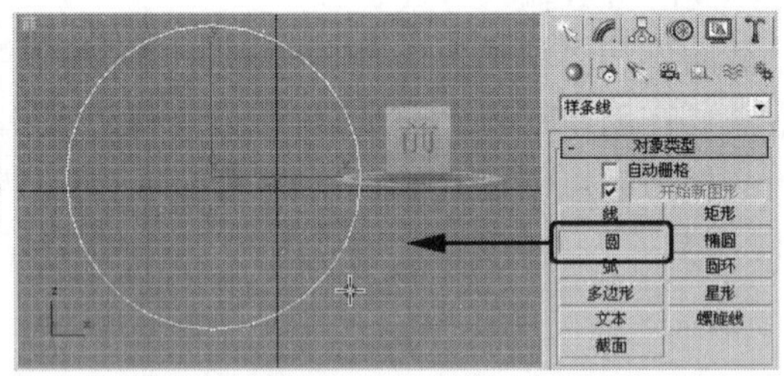

图 4-9 “圆”工具

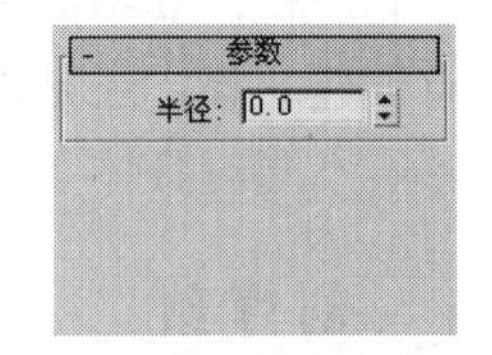

图 4-10 圆的“半径”参数

4.2.3 创建弧

使用“弧”工具可以制作圆弧曲线或扇形，如图 4-11 所示。

单击→→“样条线”→“弧”按钮，在视图中按住鼠标左键不放并拖动来绘制一条弧线，到达一定的位置后松开鼠标左键，移动并单击鼠标确定圆弧的半径。

完成对象的创建之后，可以在命令面板中对其参数进行修改，如图 4-12 所示。

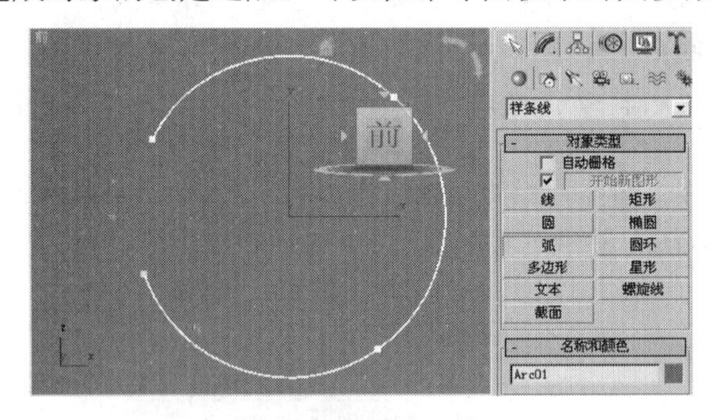

图 4-11 “弧”工具

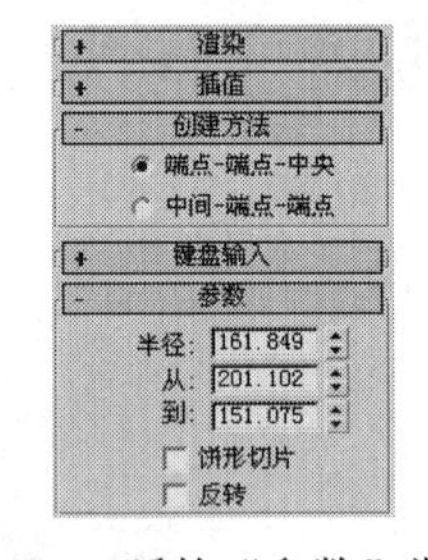

图 4-12 弧的“参数”卷展栏

“弧”工具的各选项功能说明如下。

（1）“创建方法”卷展栏

☑ 端点-端点-中央：这种建立方式是先引出一条直线，以直线的两端点作为弧的两端点，然后移动鼠标指针，确定弧长。

☑ 中间-端点-端点：这种建立方式是先引出一条直线，作为圆弧的半径，然后移动鼠标指针，确定弧长，非常适合于扇形的建立。

（2）“参数”卷展栏。

☑　半径：设置圆弧的半径大小。
☑　从、到：设置弧起点和终点的角度。
☑　饼形切片：选中该复选框，将建立封闭的扇形。
☑　反转：将弧线方向反转。

4.2.4　创建多边形

使用“多边形”工具可以制作任意边数的正多边形，可以产生圆角多边形，如图 4-13 所示。

单击→→“样条线”→“多边形”按钮，然后在视图中按住鼠标左键不放并拖动创建多边形。在“参数”卷展栏中可以对多边形的半径、边数等参数进行设置，如图 4-14 所示。各参数的含义介绍如下。

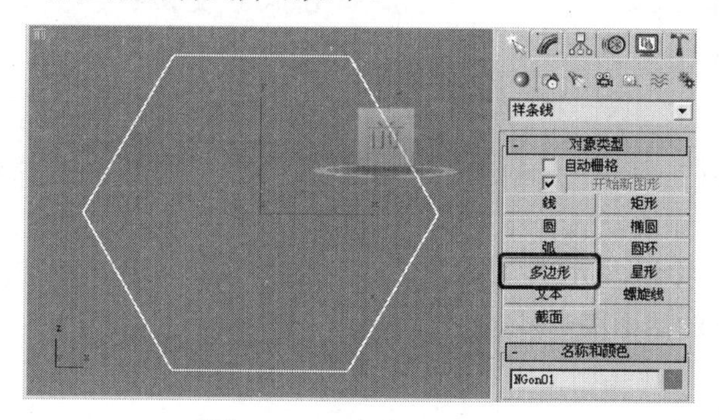

图 4-13　“多边形”工具

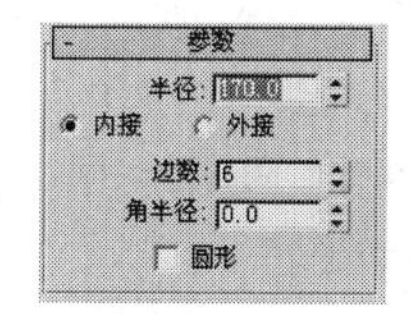

图 4-14　多边形的“参数”卷展栏

☑　半径：设置多边形的半径大小。
☑　内接/外接：确定以外切圆半径还是内切圆半径作为多边形的半径。
☑　边数：设置多边形的边数。
☑　角半径：制作带圆角的多边形，设置圆角的半径大小。
☑　圆形：设置多边形为圆形。

4.2.5　创建文本

使用“文本”工具可以直接产生文字图形，在中文 Windows 平台下可以直接产生各种字体的中文字形，字形的内容、大小、间距都可以调整。完成动画制作后，仍可以修改文字的内容。

单击→→“样条线”→“文本”按钮，然后在“参数”卷展栏的“文本”文本框中输入文字，在视图中单击即可创建文本图形，如图 4-15 所示。在“参数”卷展栏中可以对文本的字体、字号、间距，以及文本的内容进行修改，如图 4-16 所示。各参数的含义介绍如下。

☑　大小：设置文字的大小尺寸。

☑ 字间距：设置文字之间的间隔距离。

☑ 行间距：设置文字行与行之间的距离。

☑ 文本：用来输入文本文字。

☑ 更新：设置修改参数后，视图是否立刻进行更新显示。遇到大量文字处理时，为了加快显示速度，可以选中“手动更新”复选框，自行指示更新视图。

图 4-15 “文本”工具

图 4-16 文本的“参数”卷展栏

4.2.6 创建截面

使用“截面”工具可以通过截取三维造型的截面而获得二维图形。使用此工具建立一个平面，可以对其进行移动、旋转和缩放，当它穿过一个三维造型时，会显示出截获的截面，在命令面板中单击“创建图形”按钮，可以将这个截面制作成一个新的样条曲线。

案例 4-1 制作一个“波斯猫”的截面图形。

操作步骤如下：

（1）打开目标文件，如图 4-17 所示。

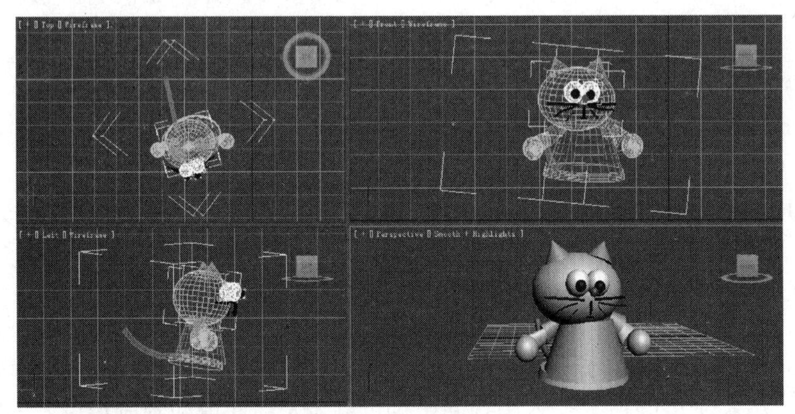

图 4-17 场景文件

（2）单击→→“样条线”→“截面”按钮，在前视图中拖动创建一个平面，如图 4-18 所示。

（3）在“截面参数”卷展栏中单击“创建图形”按钮，创建一个模型的截面，如图 4-19 所示。

（4）使用移动工具调整模型的位置，可以看到创建的截面图形效果如图 4-20 所示。

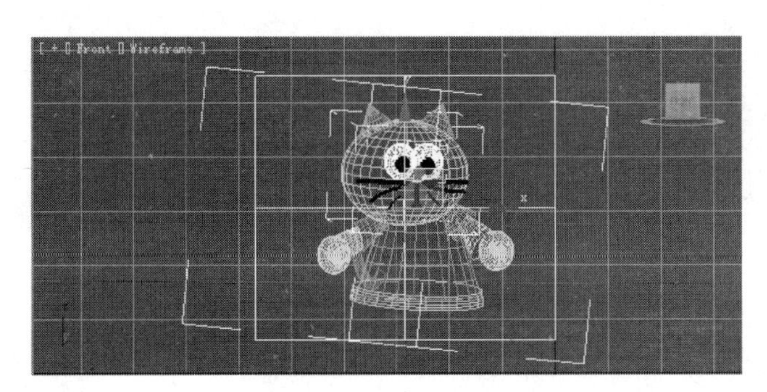

图 4-18　创建截面

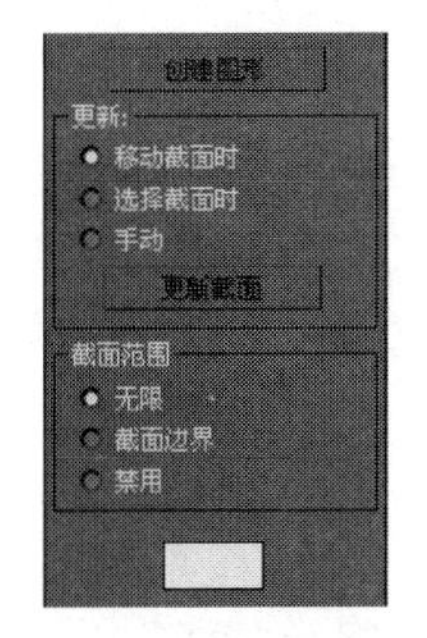

图 4-19　单击“创建图形”按钮

图 4-20　截面图形

4.2.7　创建矩形

“矩形”工具是经常用到的一个工具，可以用来创建矩形，如图 4-21 所示。

创建矩形与创建圆形时的方法基本一样，都是通过拖动鼠标来创建。在“参数”卷展栏中包含 3 个常用参数，如图 4-22 所示。

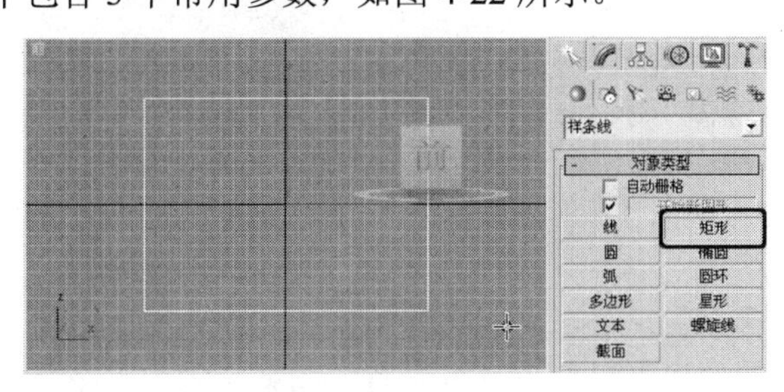

图 4-21　“矩形”工具

图 4-22　矩形的“参数”卷展栏

☑　长度、宽度：设置矩形的长、宽值。

☑　角半径：设置矩形的 4 个角是直角还是有弧度的圆角。

4.2.8　创建椭圆

使用“椭圆”工具可以绘制椭圆形，如图 4-23 所示。

与创建圆形的方法相同，只是椭圆形使用“长度”和“宽度”两个参数来控制椭圆形的大小形态，其“参数”卷展栏如图 4-24 所示。

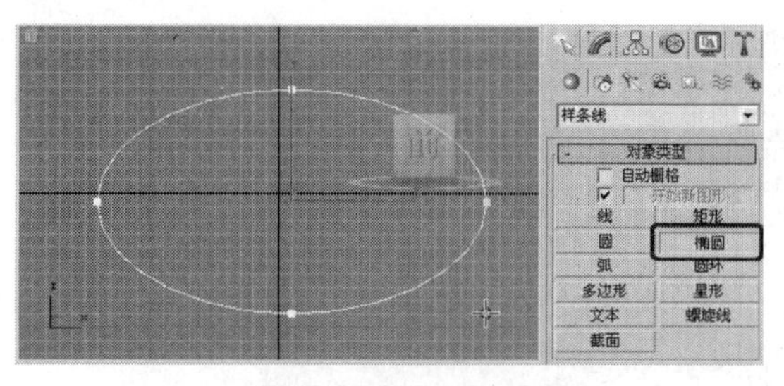

图 4-23 “椭圆”工具

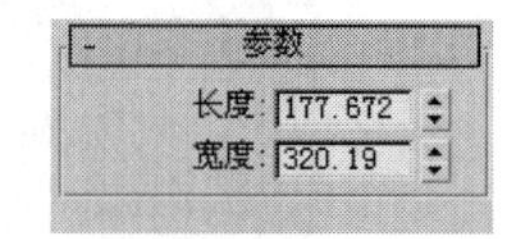

图 4-24 椭圆的“参数”卷展栏

4.2.9 创建圆环

使用“圆环”工具可以制作同心的圆环，如图 4-25 所示。

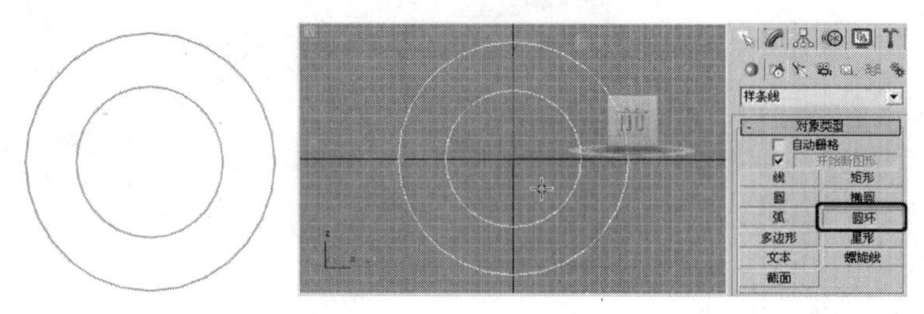

图 4-25 “圆环”工具

圆环的创建要比圆形麻烦一点，它相当于创建两个圆形，下面来创建一个圆环。

（1）单击→→“样条线”→“圆环”按钮，在视图中单击并拖动鼠标，拖曳出一个圆形后释放鼠标。

（2）再次移动鼠标指针，向内或向外再拖曳出一个圆形，单击鼠标完成圆环的创建。

在“参数”卷展栏中，圆环有两个半径参数（“半径 1”、“半径 2”），分别对两个圆形的半径进行设置，如图 4-26 所示。

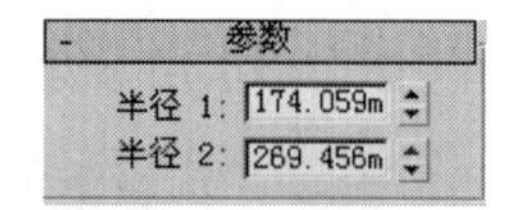

图 4-26 圆环的“参数”卷展栏

4.2.10 创建星形

使用“星形”工具可以建立多角星形，尖角可以钝化为圆角，制作齿轮图案；尖角的方向可以扭曲，产生倒刺状锯齿；参数的变换可以产生许多奇特的图案，因为它是可以渲染的，图形即使交叉，也可以用作一些特殊的图案花纹，如图 4-27 所示。

星形创建方法如下：

（1）单击→→“样条线”→“星形”按钮，在视图中单击并拖动鼠标，拖曳出一级半径。

（2）释放鼠标左键后，再次拖到鼠标指针，拖曳出二级半径，单击鼠标完成星形的创建。

“参数”卷展栏如图 4-28 所示，其各参数的含义介绍如下。

☑ 半径 1、半径 2：分别设置星形的内径和外径。

☑ 点：设置星形的尖角个数。

☑ 扭曲：设置尖角的扭曲度。

☑　圆角半径 1、圆角半径 2：分别设置尖角的内外倒角圆半径。

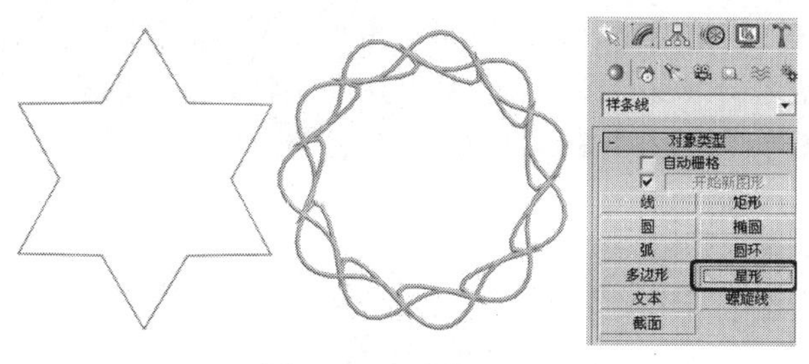

图 4-27　“星形”工具

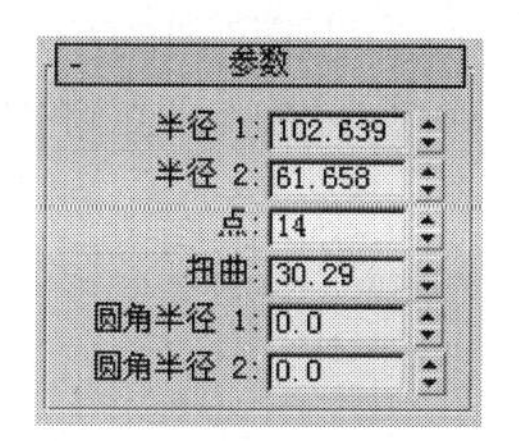

图 4-28　星形的“参数”卷展栏

4.2.11　创建螺旋线

“螺旋线”工具用来制作平面或空间的螺旋线，常用于完成弹簧、线轴等造型，或用来制作运动路径，如图 4-29 所示。

螺旋线的创建方法如下：

（1）单击→→“样条线”→“螺旋线”按钮，在顶视图中单击鼠标并拖动，绘制一级半径。

（2）释放鼠标左键后再次拖动鼠标指针，绘制螺旋线的高度。

（3）单击鼠标确定螺旋线的高度，然后再按住鼠标左键不放并拖动，绘制二级半径后单击鼠标，完成螺旋线的创建。

在“参数”卷展栏中可以设置螺旋线的两个半径、圈数等参数，如图 4-30 所示。其中各项参数的含义介绍如下。

☑　半径 1、半径 2：设置螺旋线的内径和外径。

☑　高度：设置螺旋线的高度，此值为 0 时，是一个平面螺旋线。

☑　圈数：设置螺旋线旋转的圈数。

☑　偏移：设置在螺旋高度上，螺旋圈数的偏向强度。

☑　顺时针/逆时针：分别设置两种不同的旋转方向。

图 4-29　“螺旋线”工具

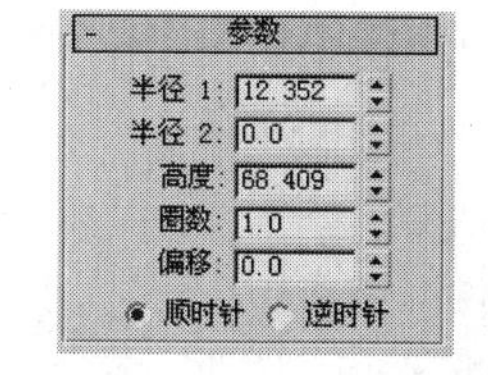

图 4-30　“参数”卷展栏

任务 4.3　建立二维复合造型

如果单独使用以上介绍的造型工具一次只能制作一个特定的图形，如圆形、矩形等。

当需要创建一个复杂二维图形时，则需要在→命令面板中将“对象类型”卷展栏中的“开始新图形”复选框取消选中。在这种情况下，创建圆形、星形、矩形及椭圆形等图形时，将不再创建单独的图形，而是创建一个复合图形，它们共用一个轴心点，也就是说，无论创建多少图形，都将作为一个图形对待，如图 4-31 所示。

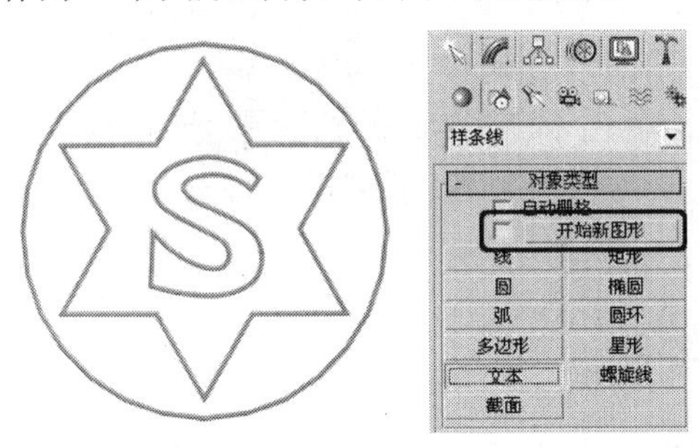

图 4-31　制作复合图形

任务 4.4　“编辑样条线”修改器与“可编辑样条线”功能

“编辑样条线”修改器与“可编辑样条线”曲线编辑功能基本相同，但是两者有细微的区别：前者是为曲线添加修改器，曲线创建时的参数不丢失；而后者是将曲线转换为可编辑样条曲线，转换后曲线原来的创建参数将失去，应用于创建参数的动画也将同时丢失。

案例 4-2　为曲线添加“编辑样条线”修改器。

操作步骤如下：

（1）选择“文件”→“重置”命令，重置 3ds Max 2012 场景。

（2）单击→→“样条线”→“椭圆”按钮，在顶视图中单击并拖动鼠标，创建一个椭圆，如图 4-32 所示。

（3）进入“修改”命令面板，在“修改器列表”中选择“编辑样条线”修改器，如图 4-33 所示，为创建的椭圆添加“编辑样条线”修改器，如图 4-34 所示。

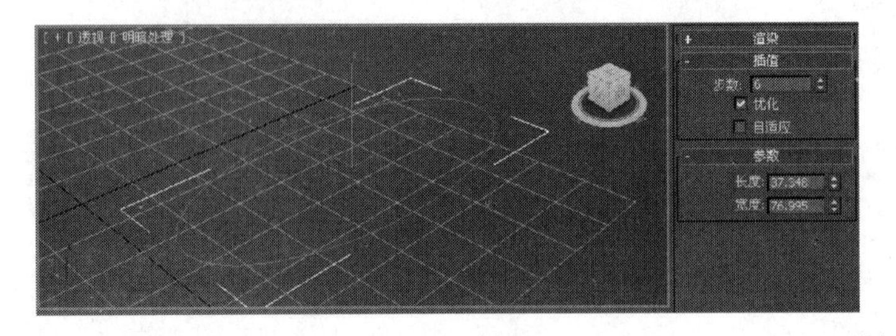

图 4-32　创建圆形

图 4-33　选择“编辑样条线”修改器

将曲线转换为可编辑样条线的方法很简单，具体步骤如下：创建一个圆，然后进入“修改”命令面板，在修改器堆栈中右击“圆”按钮，在弹出的快捷菜单中选择“可编辑样条线”命令，如图 4-35 所示。然后，创建的圆即可被转换为可编辑样条线，如图 4-36 所示。

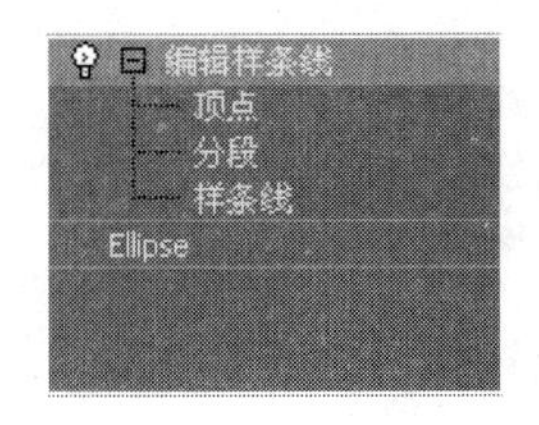

图 4-34　添加“编辑样条线”修改器

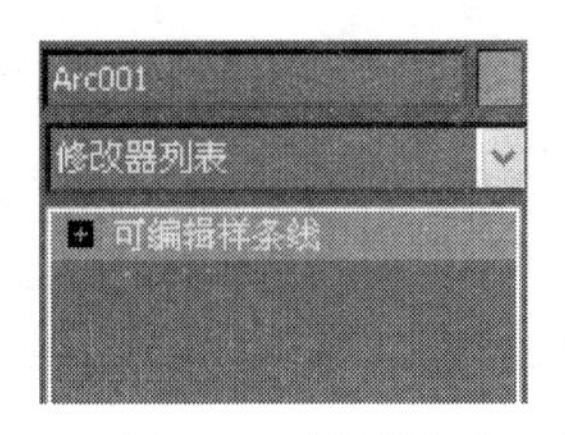

图 4-35　选择“可编辑样条线”命令

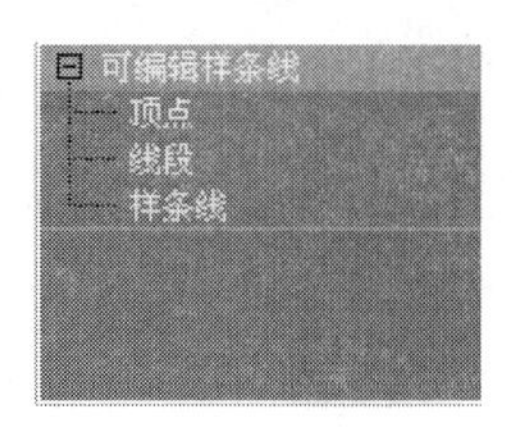

图 4-36　转换为可编辑样条线

在将曲线转换为可编辑样条线后，“修改”命令面板的下方会出现 5 个卷展栏。其中“渲染”和“插值”卷展栏与创建曲线时的卷展栏相同，如图 4-37 所示。

“选择”卷展栏如图 4-38 所示，其上方有 3 个子对象层级按钮、和，分别对应对象层级中的“顶点”、“线段”和“样条线”，单击其中的一个即可进入相应的子对象层级。

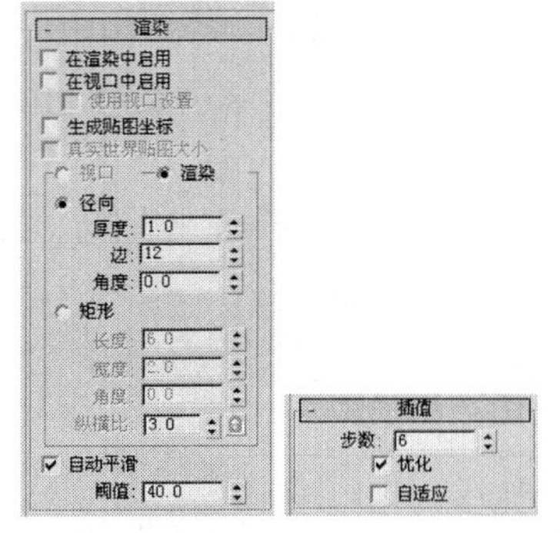

图 4-37　“渲染”与“插值”卷展栏

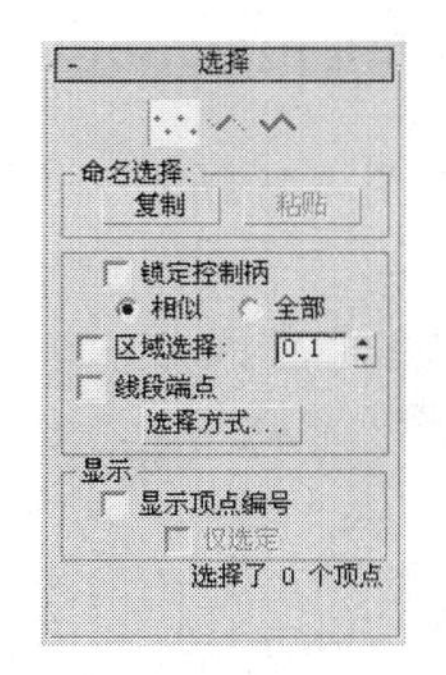

图 4-38　“选择”卷展栏

“软选择”卷展栏如图 4-39 所示，其参数设置允许部分地选择相邻的子对象。在对选择的子对象进行变换时，被部分选定的子对象就会平滑地进行绘制，这种效果会因距离或部分选择的“强度”而产生衰减。

“几何体”卷展栏包含比较多的参数，在父对象层级或不同的子对象层级下，该卷展栏中可用的选项不同。图 4-40 所示为在父对象层级下的“几何体”卷展栏。

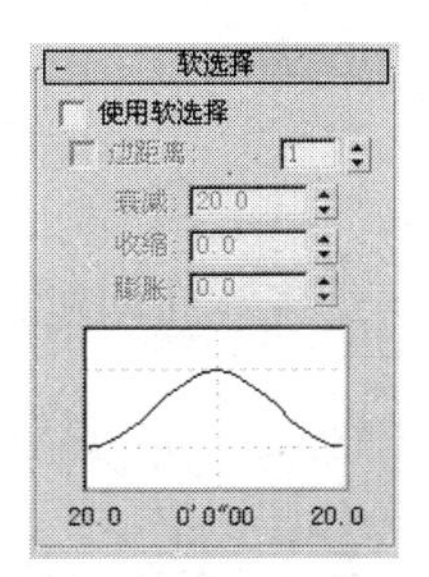

图 4-39　“软选择”卷展栏

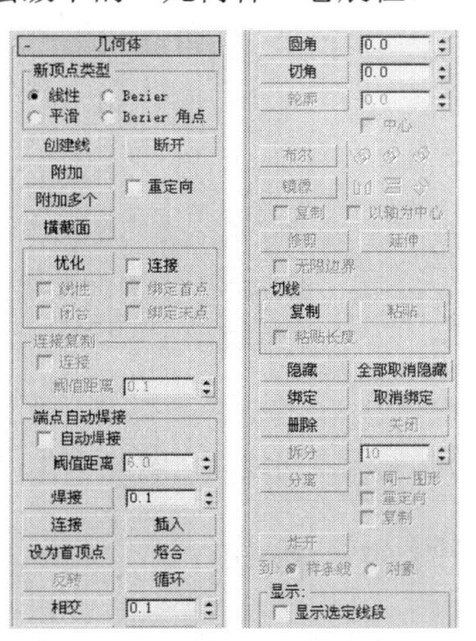

图 4-40　“几何体”卷展栏

任务 4.5　在父对象层级下编辑曲线

在修改器堆栈中，如果单击父对象层级的名称，即可进入父对象层级，名称处显示灰色条。在父对象层级下，“几何体”卷展栏中只有部分命令按钮可以使用。

4.5.1　“创建线”按钮

使用“创建线”按钮可以创建曲线，使其成为原图形的一部分。下面介绍“创建线”按钮的具体使用方法。

（1）选择“文件”→“重置”命令，重置场景文件。

（2）单击→→“样条线”→“圆”按钮，在前视图中单击并移动鼠标，创建一个圆形，如图 4-41 所示。

（3）进入“修改”命令面板，在修改器列表中选择“编辑样条线”修改器，为圆添加“编辑样条线”修改器，并选择父对象层级，如图 4-42 所示。

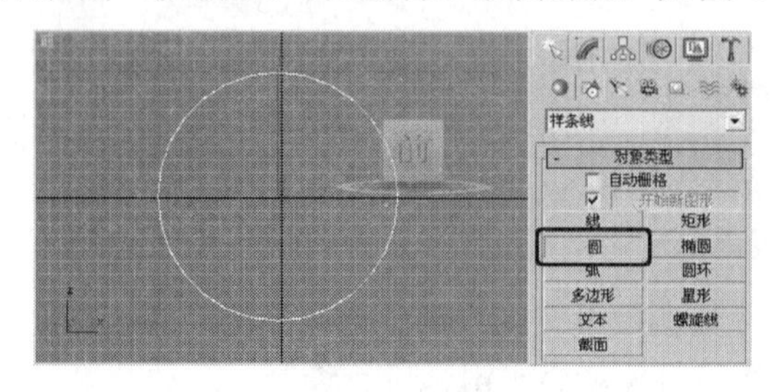

图 4-41　创建圆

图 4-42　选择父对象层级

（4）在“几何体”卷展栏中单击“创建线”按钮，然后在前视图中绘制线段，如图 4-43 所示。所绘制的线段与圆组成一个图形，选择其中一个即可将图形全部选中。

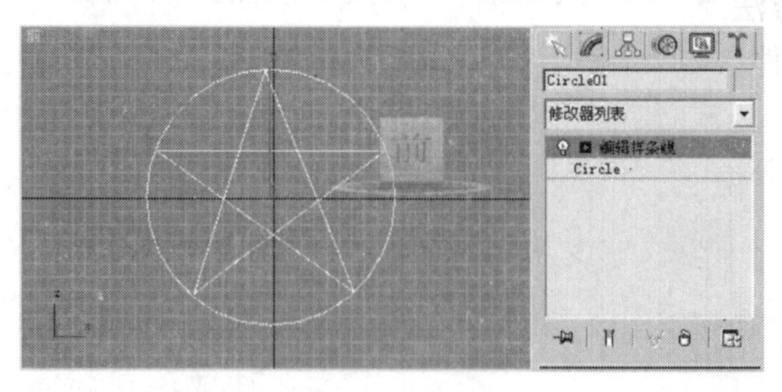

图 4-43　创建线

（5）绘制完所需的线后，再次单击“创建线”按钮，即可结束线的创建。

4.5.2　“附加”按钮

使用“附加”按钮可将其他曲线结合到当前编辑的曲线中。下面介绍“附加”按钮的使用方法。

（1）选择“文件”→“重置”命令，重置场景文件。

（2）单击→→“样条线”→“圆”按钮，在前视图中单击并拖动鼠标，创建一个圆形，然后选择“矩形”工具，创建一个矩形，如图 4-44 所示。

（3）选择创建的圆，为其添加“编辑样条线”修改器。

（4）在“几何体”卷展栏中单击“附加”按钮，然后在视图中单击矩形，将矩形附加到圆上，如图 4-45 所示。

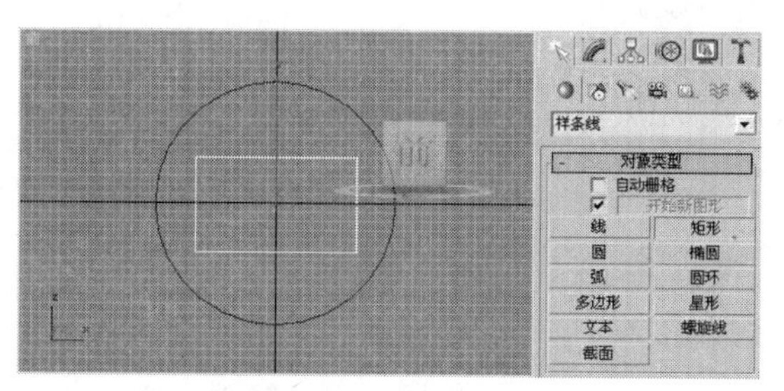

图 4-44　创建圆和矩形

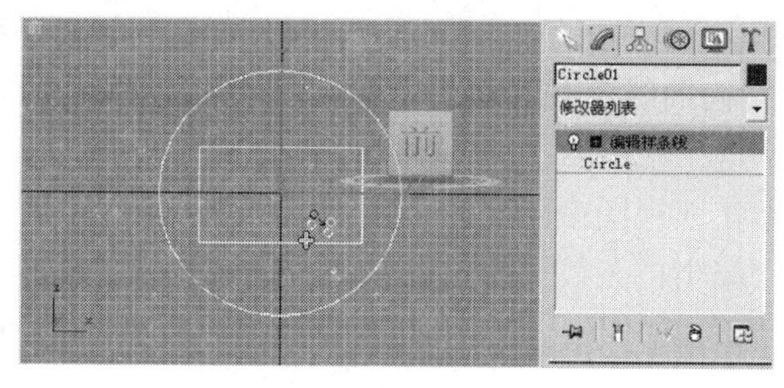

图 4-45　附加矩形

4.5.3　“附加多个”按钮

“附加多个”按钮可以将选择的多条曲线结合到当前编辑的曲线中。下面介绍“附加多个”按钮的使用方法。

（1）选择“文件”→“重置”命令，重置场景文件。

（2）单击→→“样条线”→“圆”按钮，在前视图中创建一个圆形，然后再随意创建几个其他的图形，如图 4-46 所示。

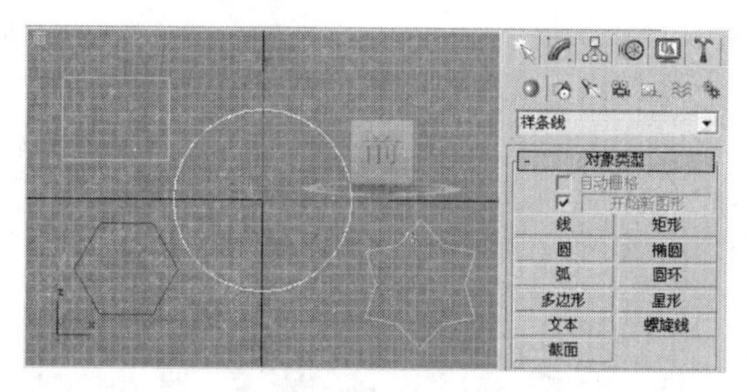

图 4-46　创建图形

（3）选择圆，为其添加“编辑样条线”修改器。

（4）在“几何体”卷展栏中单击“附加多个”按钮，打开“附加多个”对话框，在其中选择要附加的对象，如图 4-47 所示。

（5）单击“附加”按钮，即可将选择的对象附加到圆上，如图 4-48 所示。

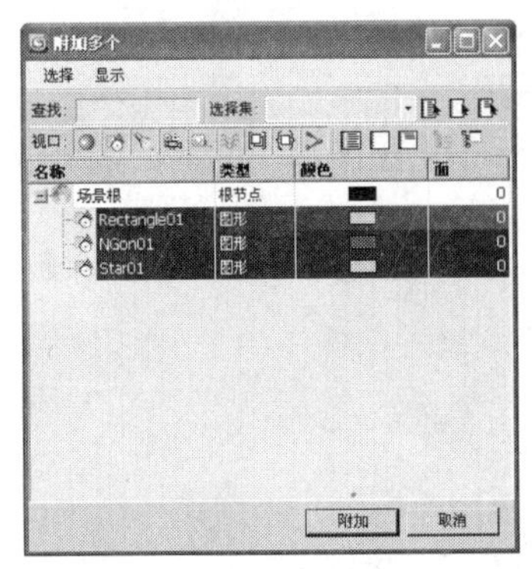

图 4-47 “附加多个”对话框

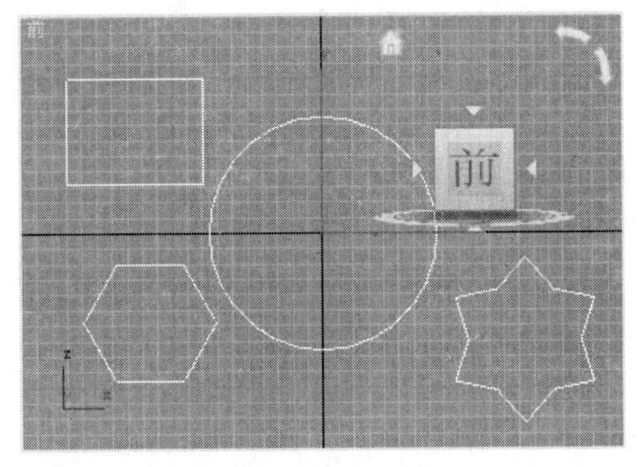

图 4-48 附加对象

4.5.4 “插入”按钮

使用“插入”按钮可向曲线中添加新的点并且可以改变曲线的形状。下面介绍“插入”按钮的使用方法。

（1）重置场景后，在前视图中创建一个矩形，如图 4-49 所示。

（2）为矩形添加“编辑样条线”修改器，在“几何体”卷展栏中单击“插入”按钮，然后在矩形上单击鼠标即可插入顶点，拖动鼠标指针，顶点也会跟随移动。再次单击鼠标，又插入一个顶点，如图 4-50 所示。

（3）插入完顶点后，再次单击“插入”按钮，即可结束插入。

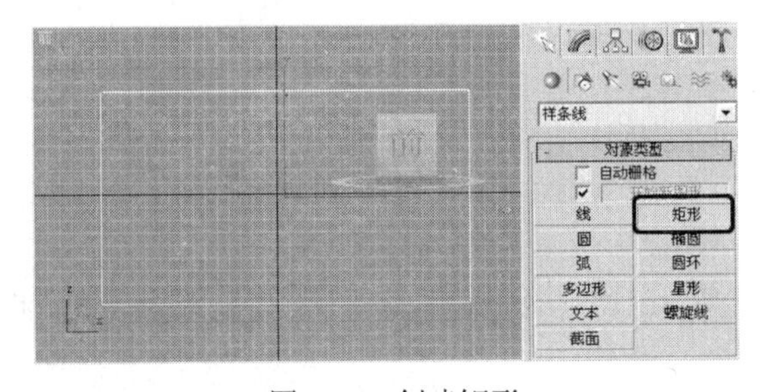

图 4-49 创建矩形

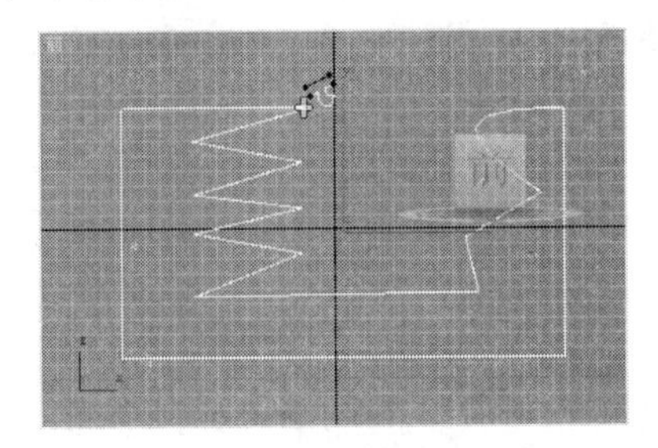

图 4-50 插入顶点

注意

完成顶点的插入后，可以直接在视图中单击鼠标，即可结束顶点插入的状态。

任务 4.6 在“顶点”子对象层级下编辑曲线

创建一个二维图形，将其转换为可编辑样条线或添加“编辑样条线”修改器后，在修改器堆栈中可以看到“顶点”、“分段”和“样条线”3 个子对象层级。例如，创建一个圆，在修改器堆栈中选择“顶点”子对象层级，或在“选择”卷展栏中单击 按钮，即可进入圆的“顶点”子对象层级。如图 4-51 所示为选择的圆的 4 个顶点。

进入“顶点”子对象层级之后，展开“选择”卷展栏，此卷展栏用于对选择物体的过程进行控制，如图 4-52 所示，其各项参数的介绍如下。

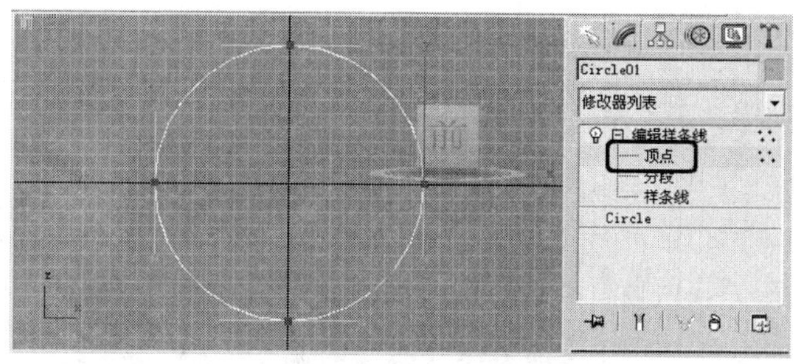

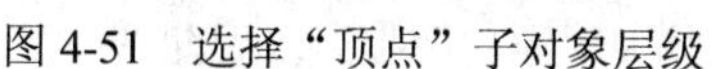
图 4-51　选择“顶点”子对象层级

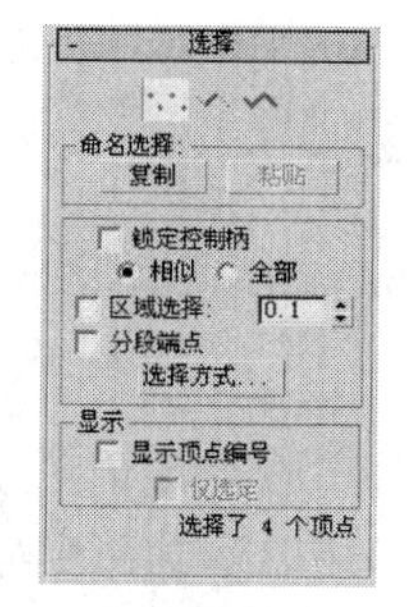

图 4-52　顶点的“选择”卷展栏

☑ 、 和 ：用于 3 种层级的切换。

☑ 锁定控制柄：用来锁定所有选择点的控制手柄，通过它可以同时调整多个选择点的控制手柄；选中“相似”单选按钮，将相同方向的手柄锁定；选中“全部”单选按钮，将所有的手柄锁定。

☑ 区域选择：和其右侧的微调框配合使用，用来确定面选择的范围，在选择点时可以将单击处一定范围内的点全部选择。

☑ 显示：选中“显示顶点编号”复选框时，在视图中会显示出节点的编号；选中“仅选定”复选框时只显示被选中的节点的编号。

在“顶点”子对象层级下，曲线中的点有以下 4 种类型。

☑ 平滑：创建平滑连续曲线的不可调整的顶点。平滑顶点处的曲率是由相邻顶点的间距决定的，如图 4-53 所示。

☑ 角点：创建锐角转角的不可调整的顶点，如图 4-54 所示。

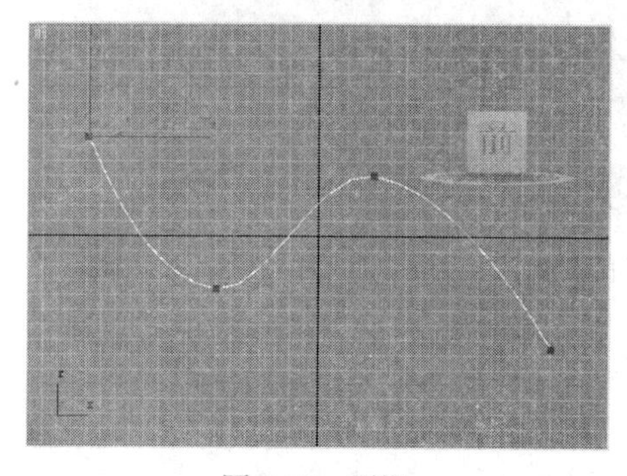

图 4-53　平滑

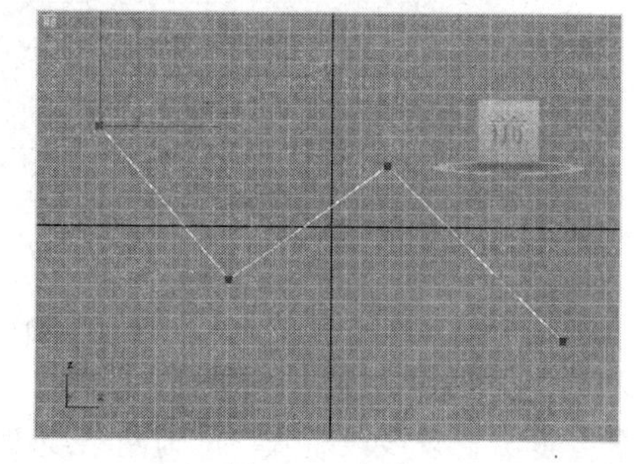

图 4-54　角点

☑ Bezier：带有锁定连续切线控制柄的不可调解的顶点，用于创建平滑曲线。顶点处的曲率由切线控制柄的方向和量级确定，如图 4-55 所示。

☑ Bezier 角点：带有不连续的切线控制柄的不可调整的顶点，用于创建锐角转角。

线段离开转角时的曲率是由切线控制柄的方向和量级设置的，如图 4-56 所示。

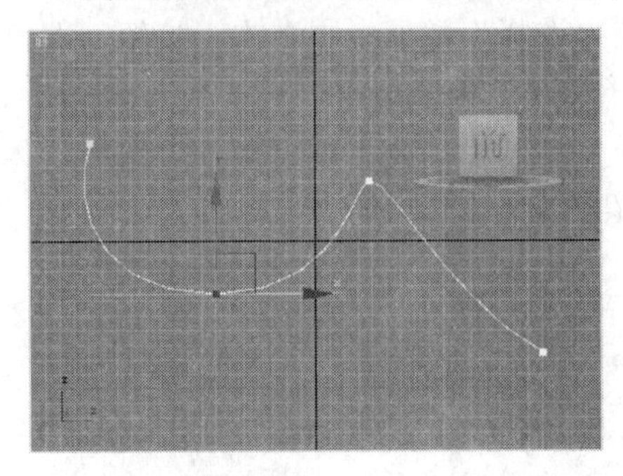
图 4-55　Bezier

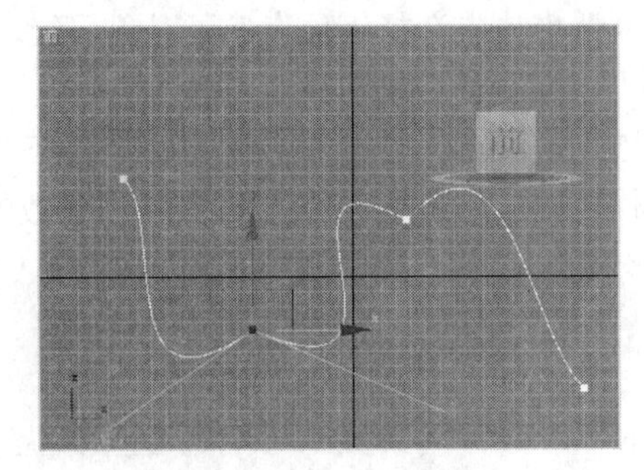
图 4-56　Bezier 角点

选择“顶点”子对象层级，在“几何体”卷展栏中可用的命令比其父对象层级下的多一些，其中常用的命令如下。

☑　优化：在保持原图形不变的基础上增加点，有利于修改曲线。
☑　断开：使点断开，闭合的曲线开放。
☑　插入：向曲线中插入点的同时改变曲线的形状。
☑　设置收顶点：将所选的点设为第一点。
☑　融合：将相交曲线的顶点融合在一起。

任务 4.7　在“分段”子对象层级下编辑曲线

分段是指两顶点之间的线段，如图 4-57 所示。

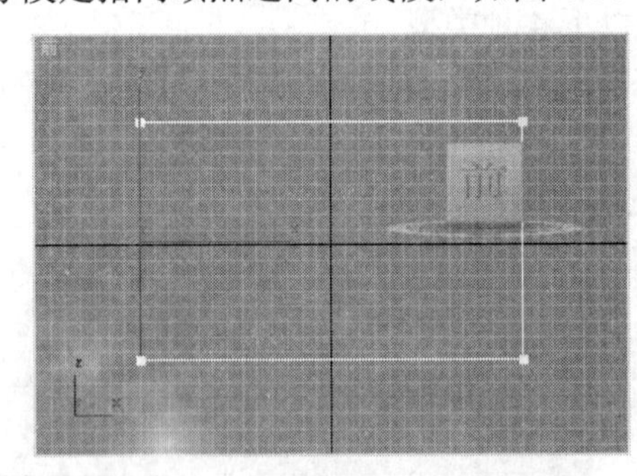
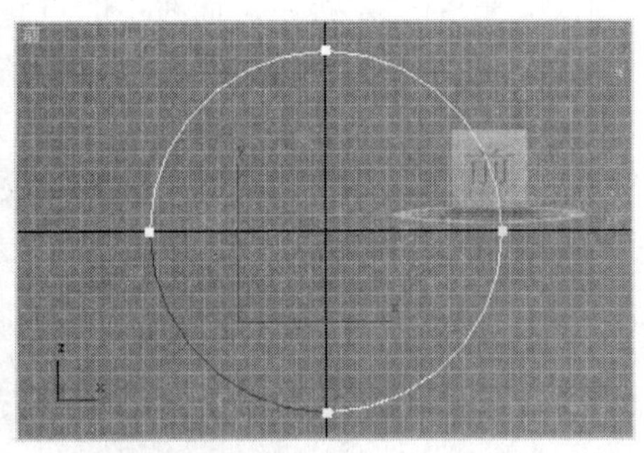
图 4-57　选择的分段

进入“分段”子对象层级后，在“几何体”卷展栏中提供了多个命令用来调整线段的形状和类型，其中比较常用的命令如下。

☑　断开：使线段断开，成为两条线段。
☑　隐藏：将选择的线段隐藏。
☑　全部取消隐藏：显示所有隐藏的线段。
☑　删除：将选择的线段删除。
☑　拆分：该命令和其后的微调框配合使用，用于在选择的线段中平均插入若干个点。

任务 4.8　在“样条线”子对象层级下编辑曲线

在“样条线”子对象层级下，可以通过一些工具对已有的曲线进行编辑来构建复杂图形，其“几何体”卷展栏中常用的按钮介绍如下。

☑ 轮廓：用来产生封闭样条曲线的若干同心副本，也可以产生不封闭样条曲线的双线版本。

☑ 布尔：对二维图形进行布尔运算前用“附加”按钮将要进行运算的二维图形合并。布尔运算包括“并集”、“差集”和“相交”3 种方式。

☑ 镜像：将选择的曲线进行镜像变换，与工具栏中的工具类似，包括水平镜像、垂直镜像和双向镜像。

☑ 反转：将曲线的节点的编号前后对调。

任务 4.9　案例：二维造型制作

通过下面几个简单的例子介绍使用二维图形创建模型的基本操作，其中会灵活使用“车削”、“挤出”等修改器，通过修改器的使用，将动漫、游戏场景中所涉及的二维造型作进一步美化，增强动漫、游戏的可视化效果。

1. 动漫人物标志五角星的制作

本案例主要介绍使用“星形”工具创建红色五角星的操作，并结合使用“挤出”和“编辑网格”修改器。完成的星形效果如图 4-58 所示。

图 4-58　五角星效果

（1）选择“文件”→“重置”命令，重新设定场景，这样，所有的设置都恢复到了默认的状态。

步骤（1）中的重新设定 3ds Max 场景的操作很简单，容易被人忽略。实际上，这一步复位操作是很重要的，希望读者能够养成好习惯，每次创建新图形时，都能执行此操作。

（2）单击→→“样条线”→“星形”按钮，在前视图中拖动鼠标，创建星形图形，将它的“半径 1”和“半径 2”分别设置为 90 和 35，将“点”设置为 5，得到一个五角星图形，如图 4-59 所示。

（3）单击按钮，进入“修改”命令面板，在修改器列表中选择“挤出”修改器，然后在“参数”卷展栏中进行参数设置，将“数量”设置为 25，这样，五角星就产生了厚度，如图 4-60 所示。

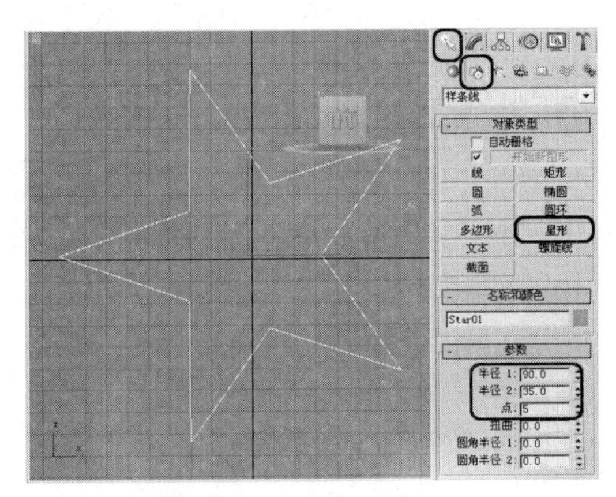

图 4-59 创建五角星图形

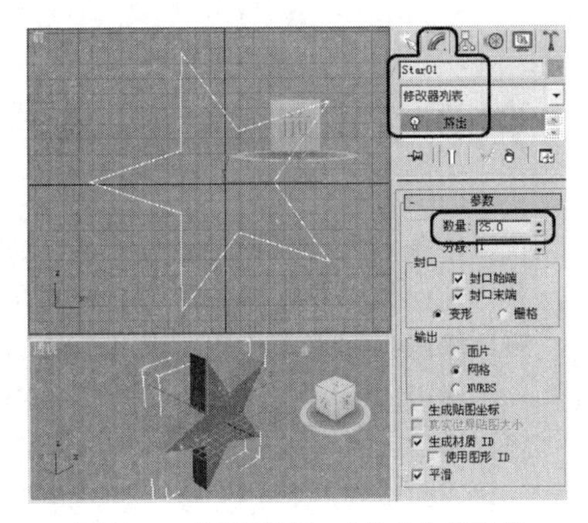

图 4-60 为图形添加“挤出”修改器

（4）在修改器列表中选择“编辑网格”修改器，将选择集定义为“顶点”，在“顶点”视图中选择如图 4-61 所示的一组顶点。

（5）确认选择顶点后，在工具栏中右击按钮，弹出“缩放变换输入”对话框，在“偏移:屏幕”栏的%微调框中设置数为 0，按 Enter 键确认缩放，如图 4-62 所示。

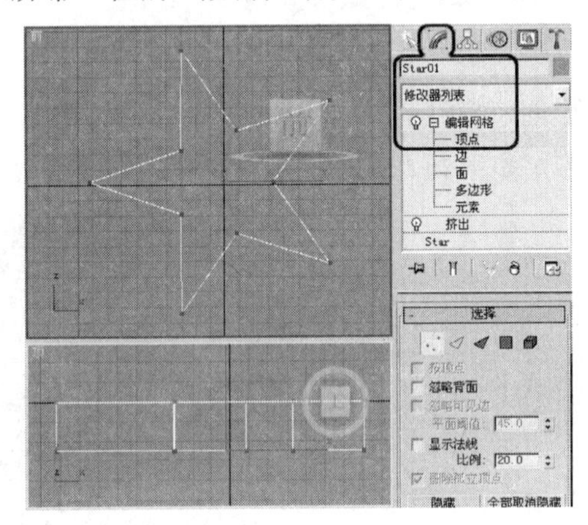

图 4-61 选择顶点

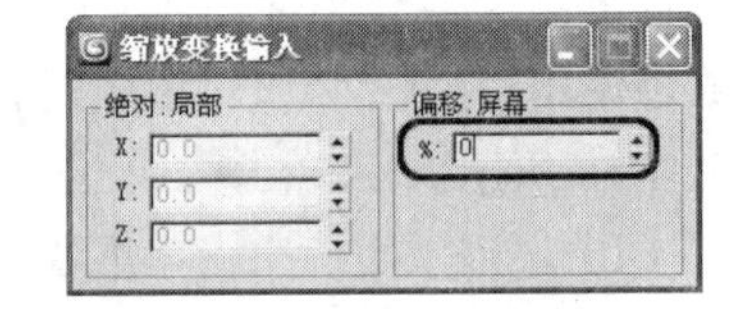

图 4-62 设置缩放参数

（6）缩放顶点后的效果如图 4-63 所示，在修改器堆栈中单击“顶点”关闭选择集。

（7）旋转五角星的角度，如图 4-64 所示。

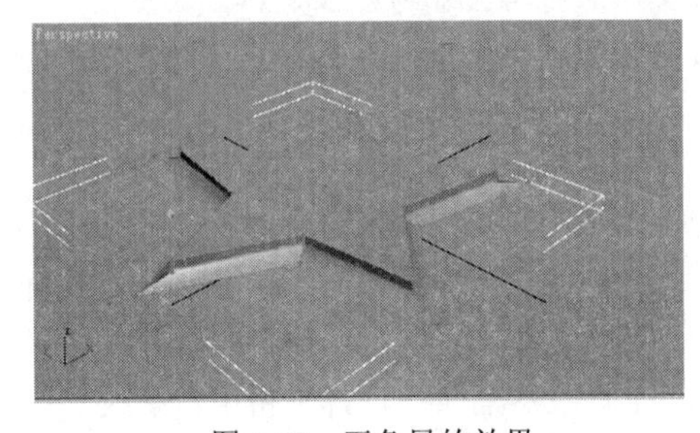

图 4-63 五角星的效果

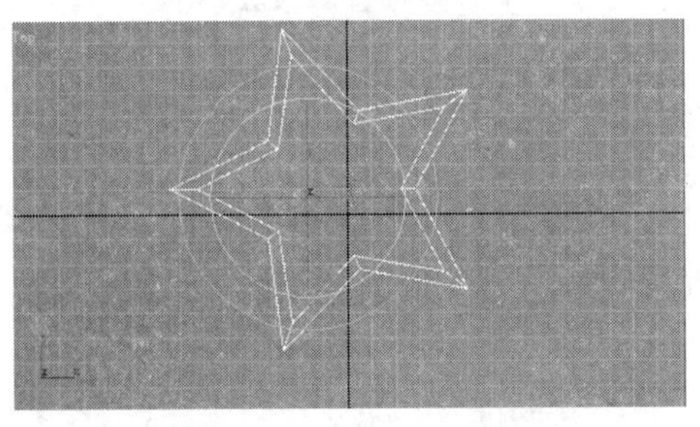

图 4-64 旋转五角星的角度

（8）在名称右侧单击色块，在弹出的“对象颜色”对话框中单击“当前颜色”右侧的色块，在弹出的拾色器中设置 RGB 参数，这里设置一种红色，如图 4-65 所示。

（9）调整前视图的角度，并单击按钮，对场景进行渲染，如图 4-66 所示。

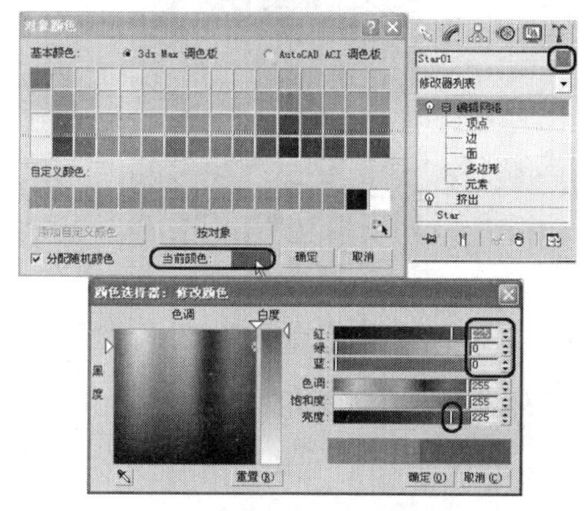

图 4-65　给五角星设置红色

图 4-66　渲染的五角星

2. 动漫、游戏场景中文字的制作

下面介绍使用“文本”工具，并结合“倒角”修改器制作标版文字的操作，效果如图 4-67 所示。

（1）单击→→“样条线”→“文本”按钮，在“参数”卷展栏中设置“大小”为 100，在“文本”文本框输入需要创建的文本，如图 4-68 所示。

图 4-67　标版文字的效果

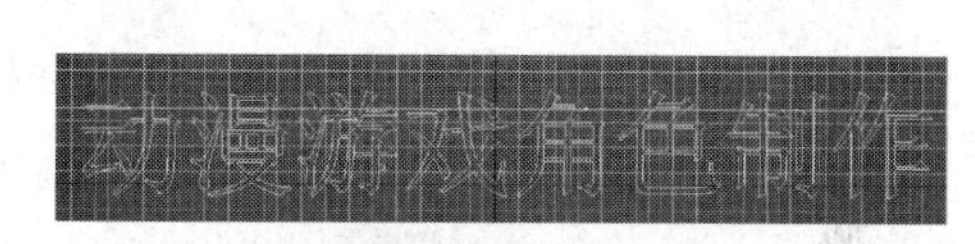

图 4-68　输入文本

（2）切换到“修改”命令面板，在“参数”卷展栏中选择一种合适的字体，如图 4-69 所示。

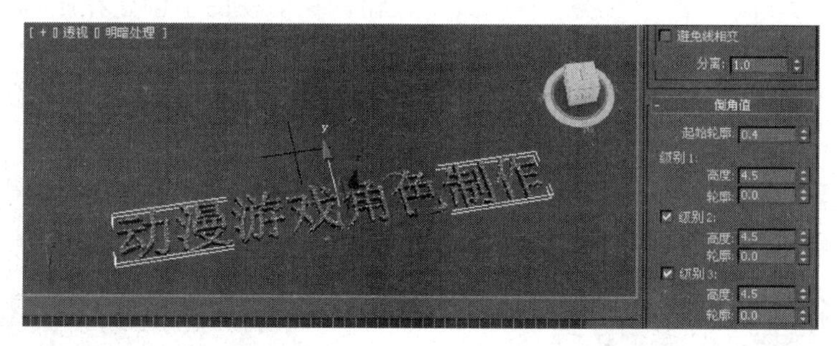

图 4-69　修改文本的字体

（3）在修改器列表中选择“编辑样条线”修改器，将当前选择集定义为“顶点”，在场景中删除多余的顶点，避免占用太多的内存，如图 4-70 所示。

（4）删除多余的顶点后，按 Ctrl+A 组合键全选顶点，并单击鼠标右键，在弹出的快捷菜单中选择“Bezier 角点”命令，如图 4-71 所示，通过修改顶点调整模式在场景中调整删除顶点后文本的形状。

图 4-70　删除顶点

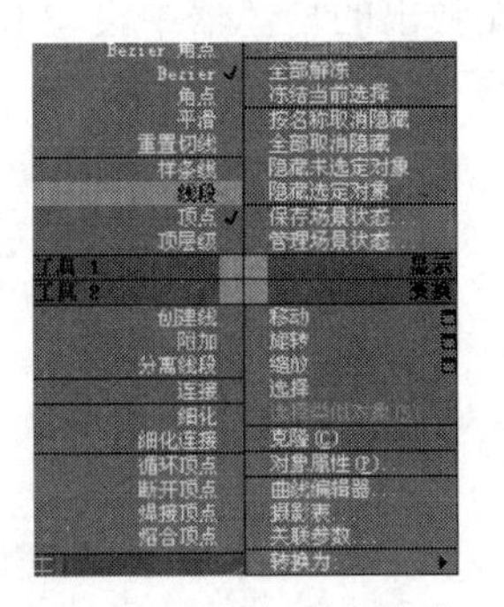

图 4-71　指定顶点模式

（5）调整文本形状后，关闭选择集，在修改器列表中选择“倒角”修改器。在“倒角值”卷展栏中设置“级别 1”的“高度”为 5，选中“级别 2”复选框，设置“高度”为 3、“轮廓”为 0.6，如图 4-72 所示。

3. 动漫、游戏场景中青花瓷的制作

本案例将介绍使用“线”工具并结合“车削”修改器制作青花瓷效果，完成的效果如图 4-73 所示。

图 4-72　为文本添加“倒角”修改器

图 4-73　青花瓷效果图

（1）重置一个新的场景。

（2）单击→→“样条线”→“线”按钮，在前视图中创建花瓶截面，如图 4-74 所示。

（3）切换到“修改”命令面板，将当前选择集定义为“顶点”，并在场景中凸凹正截面图形的形状，如图 4-75 所示。

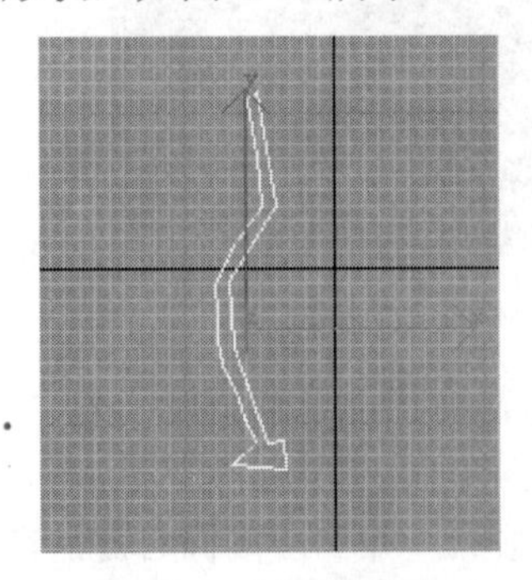

图 4-74　创建样条线

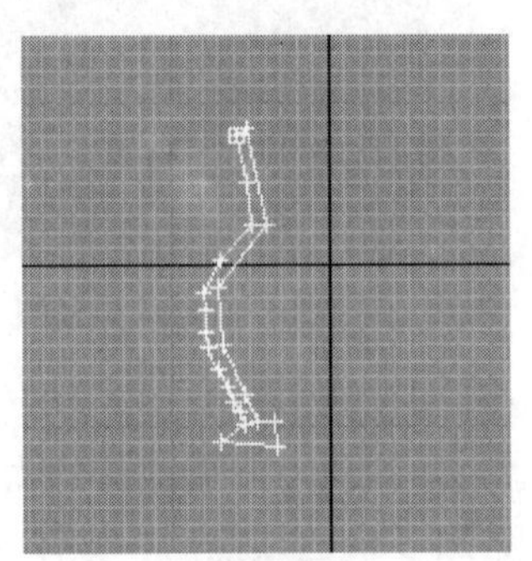

图 4-75　修改样条线

（4）将选择集定义为“样条线”，在“几何体”卷展栏中单击“轮廓”按钮，在场景中拖曳出样条线的轮廓，如图 4-76 所示。

（5）将当前选择集定义为“顶点”，在场景中删除上端的一个顶点，并调整截面图形的形状，如图 4-77 所示。

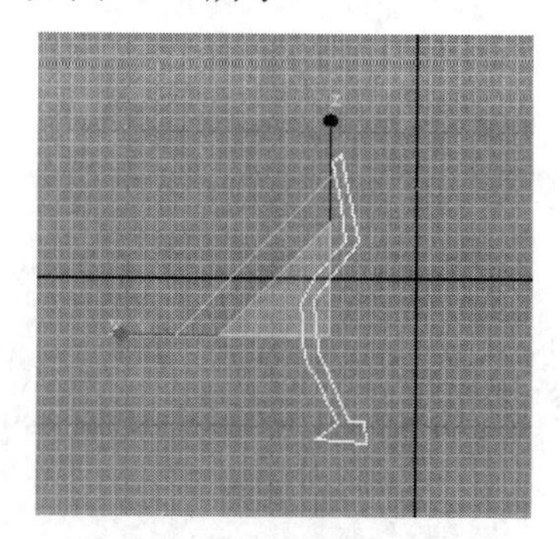

图 4-76　绘制样条线的轮廓

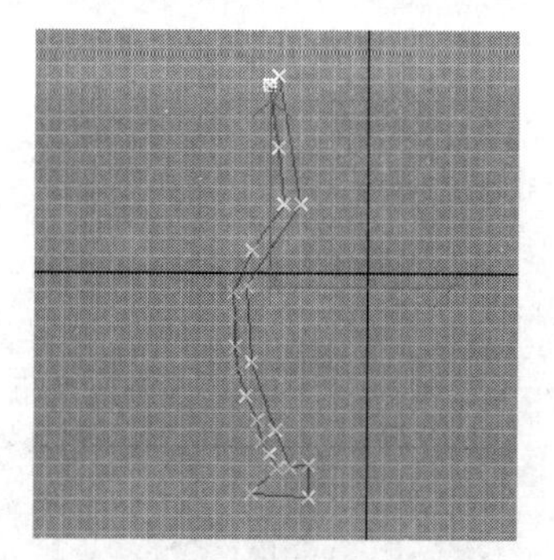

图 4-77　调整截面图形的形状

（6）关闭选择集，在修改器列表中选择“车削”修改器，在“参数”卷展栏中选中 Y 单选按钮，并选中“对齐”选项组中的“最小”单选按钮，如图 4-78 所示。

（7）在修改器列表中选择“网格平滑”修改器，使用默认的参数即可，如图 4-79 所示。

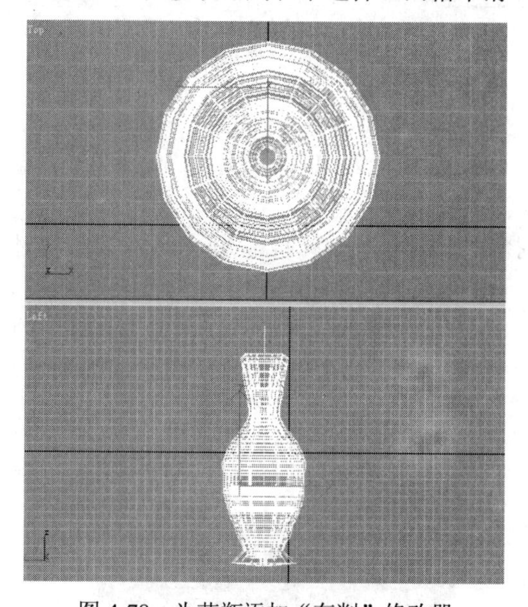

图 4-78　为花瓶添加“车削”修改器

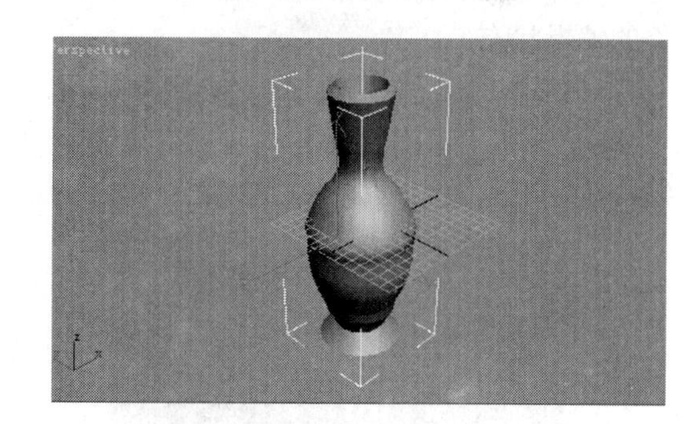

图 4-79　为花瓶添加“网格平滑”修改器

（8）在修改器列表中选择“UVW 贴图”修改器，在“参数”卷展栏中选中“柱形”单选按钮，在“对齐”选项组中选中 X 单选按钮，单击“适配”按钮，如图 4-80 所示。

（9）为花瓶指定材质，在工具栏中单击按钮，打开“材质编辑器”窗口，单击按钮，在弹出的“材质/贴图浏览器”窗口中选中“浏览自”选项组中的“材质库”单选按钮，单击“打开”按钮，弹出“打开材质库”对话框，从中选择 Scene\青花瓷材质.mat 文件，单击“打开”按钮。

在“材质/贴图浏览器”窗口中将打开的材质拖动至“材质编辑器”面板中的一个新的样本球上，在场景中选择花瓶，并单击按钮，将材质指定给选择的模型，如图 4-81 所示。

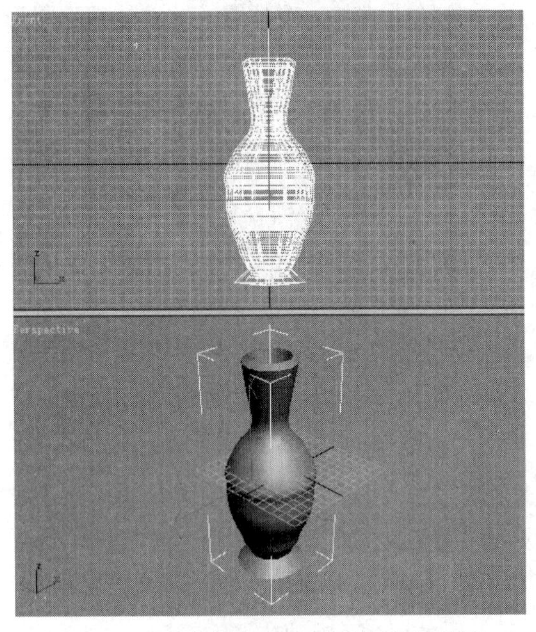

图 4-80　为花瓶指定“UVW 贴图”修改器

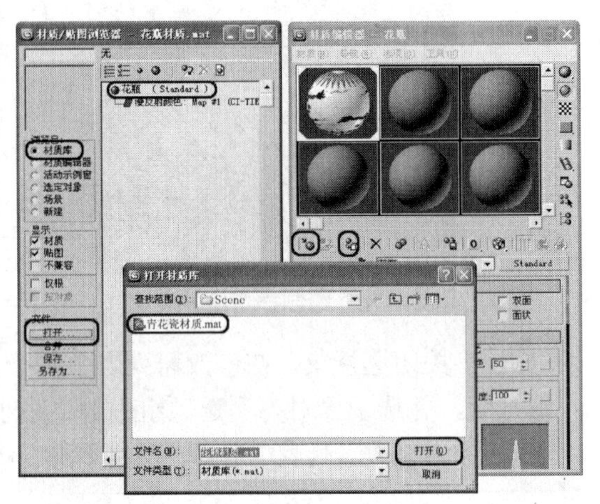

图 4-81　指定材质

4. 动漫、游戏场景中工艺床的制作

（1）在顶视图中创建一个平面作为床面，设置“长度”为 2000，“宽度”为 1800，“长度分段”为 20，“宽度分段”为 18。

（2）切换到修改器“修改”命令面板，选择“编辑网格”修改器，进入顶点节点次对象的编辑状态。

（3）在顶视图中，按住 Ctrl 键框选左、右、下方最外围的一圈节点，在主工具栏中的“移动”按钮上单击鼠标右键，在弹出的对话框中设置“偏移:屏幕”选项组中的 Z 值为−400，制作床罩下垂效果，如图 4-82 和图 4-83 所示。

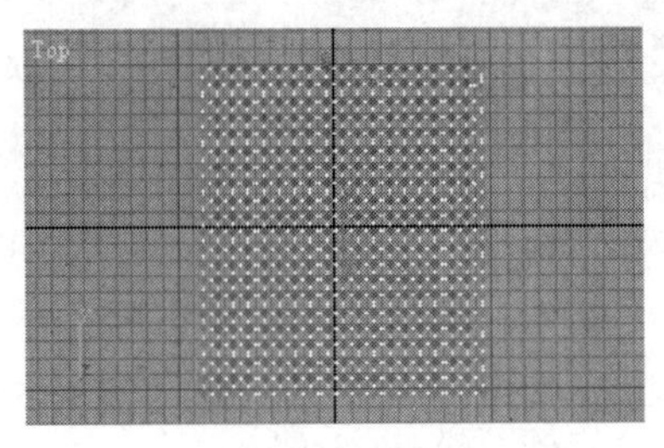

图 4-82　下垂效果

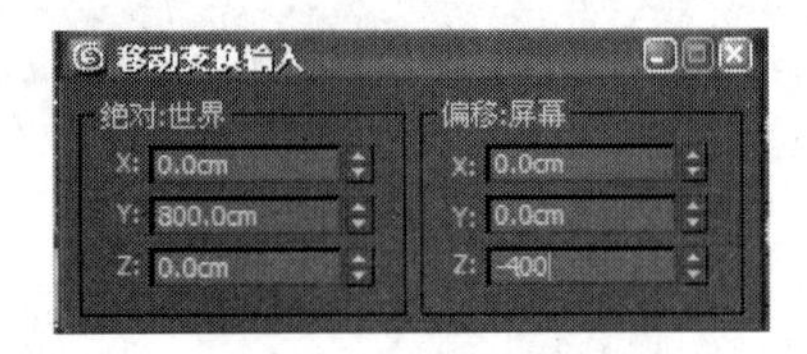

图 4-83　“移动”参数

（4）在顶视图中，按住 Ctrl 键间隔选择右、左、下方的节点，单击工具栏中的按钮进行等比缩放，制作床罩下垂并有褶皱的效果，如图 4-84（a）所示。

（5）按住 Ctrl 键，选择枕头位置的节点，在“移动”按钮上单击鼠标右键，在弹出的对话框中设置“偏移:屏幕”选项组中的 Z 值为 50，使枕头向上凸起，如图 4-84（b）所示。

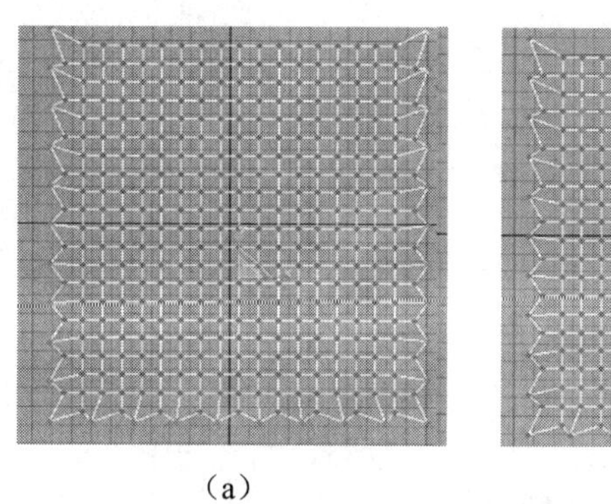

（a）

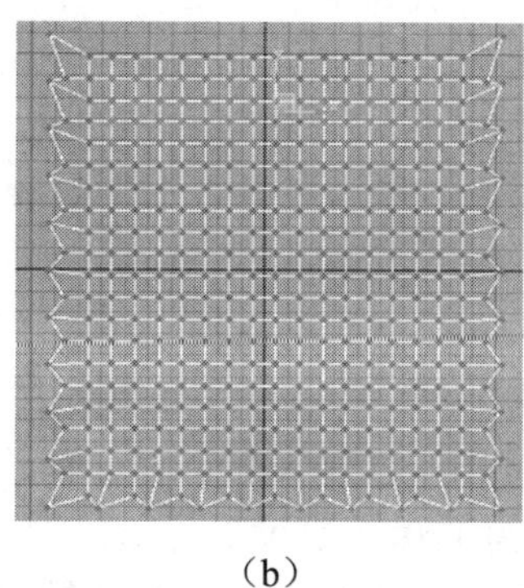

（b）

图 4-84　褶皱效果

（6）选择床，在下拉列表中选择“网格光滑”命令，设置“迭代次数”的值为 1，光滑床。

（7）创建一个立方体作为床头。

案例 4-3　制作有弧度靠背的沙发。

操作步骤如下：

（1）选择“文件”→“重置”命令，重置系统。

（2）在顶视图中创建一个立方体，设置“长度”为 186，“宽度”为 600，“高度”为 90，“长度分段”为 7，“宽度分段”为 16，“高度分段”为 2。

（3）切换到修改器面板，选择“编辑网格”修改器，进入多边形四边形面的编辑状态。

（4）在顶视图中，按住 Ctrl 键用单击选择的方法，依次追加选择周围的面，如图 4-85 所示。

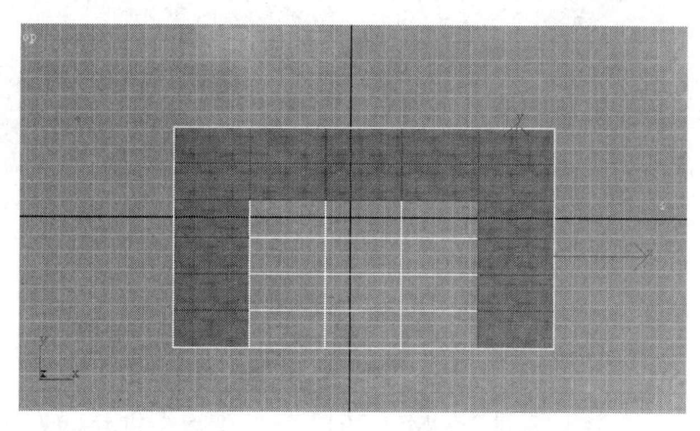

图 4-85　面的选取

（5）在右侧面板上单击“拉伸”按钮，在右侧输入“35”，按 Enter 键。再次输入“35”，按 Enter 键。（两次拉伸保证在高度方向上有足够的段数）

（6）退出次物体多边形编辑状态。

（7）选择物体，在“修改”命令面板上选择“网格光滑”命令，设置下方面板上的“迭代次数”为 1。

（8）在“修改”命令面板上，选择“锥化”命令，设置参数数量为 0.32，曲线为 0.28。选中“限制效果”复选框，设置“上限”为 130、“下限”为 0。

(9) 在堆栈区，单击锥化左侧的“+”号打开次物体，选择 Gizmo，单击“移动”按钮，沿 Y 轴方向向上移动亮黄色的 Gizmo。退出次物体编辑。

(10) 选择物体，在“修改”命令面板上选择 FFD（长方体）命令，在堆栈区，单击左侧的“+”号，选择“控制点”选项。

(11) 在前视图中框选第一排中间的两组控制点，并沿 Y 轴向上移动到理想位置，如图 4-86 所示。

(12) 在顶视图中创建一个倒角方体 ChamferBox01，作为沙发的坐垫。设置“长度”为 135，“宽度”为 170，“高度”为 65，“圆角”为 85，同时选中“平滑”复选框。

(13) 调整倒角方体的位置，沿 X 轴复制两个倒角方体，则 3 个坐垫完成。

(14) 在顶视图中创建一个立方体 Box01，设置“长度”为 185，“宽度”为 230，“高度”为 85，“长度分段”为 8，“宽度分段”为 8，“高度分段”为 1。

(15) 在修改器面板中选择“松弛”命令，设置“松弛”为 1，“迭代次数”为 8。

(16) 选择“锥化”命令，设置“数量”为 0.37，“曲线”为-0.4，“锥化轴”为 X，“效果”为 Y。

(17) 选择“锥化”命令，设置“数量”为 0.43，“曲线”为-0.42，“锥化轴”为 Y，“效果”为 X。

(18) 选择“网格光滑”命令，设置“迭代次数”为 1。效果如图 4-87 所示。

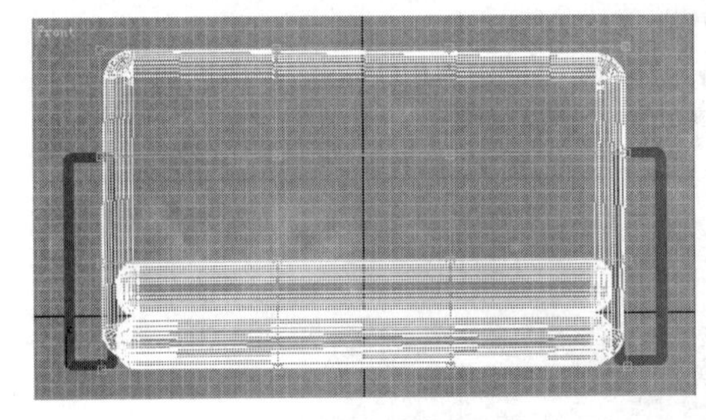

图 4-86　移动效果

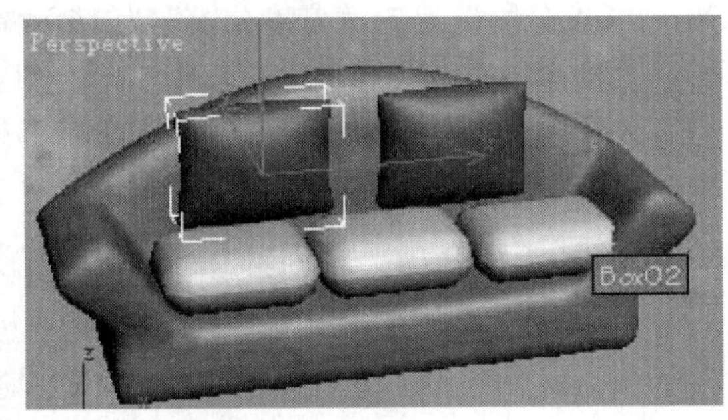

图 4-87　最终效果

本章小结

通过本章的学习，让学生掌握 3ds Max 2012 中二维模型创建的方法和思路，熟悉复合二维图形造型的方法，掌握样条线编辑的方法和步骤，以及如何在父对象层级、顶点层级、分段层级和样条线层级去编辑曲线，进一步为后续的学习奠定基础。

实训项目 4

【实训目的】

通过本实训项目使学生能较好地掌握二维造型的方法与技巧，熟知样条线编辑的方法，理顺本章知识，达到综合运用，能提高学生分析问题、解决实际问题的能力，为后续的进一步学习奠定基础。

【实训情景设置】

在动漫角色、游戏场景中，二维造型有时候扮演着一个非常重要的角色，所以如何通过二维线形实现线性轮廓和造型的完成，就显得至关重要。本次实训就动漫、卡通、场景的制作，进一步熟悉二维造型。

【实训内容】

利用样条曲线进行动漫模型“漂流瓶”的制作。

（1）通过样条曲线的绘制，创建“漂流瓶”轮廓。

（2）利用熟悉的动漫常识，给“漂流瓶”做出外观的调整。

（3）结合给定场景，创建灯光、摄像机。

（4）给“漂流瓶”赋予材质和贴图。

（5）将作品以.jpg 格式渲染输出。最终效果如图 4-88 所示。

图 4-88　“漂流瓶”最终效果

第5章 修改器的使用

本章要点

- 修改器在物体造型的过程中的使用方法
- 修改器在复杂物体的创建时的使用方法
- 利用修改器对物体外观进行美化
- 使用修改器进行物体的建模

教学目标

- 了解修改器的操作界面和使用方法
- 认识修改器的参数修改对模型的影响
- 掌握修改器的功能和作用

教学情境设置

在 3ds Max 2012 建模过程中，特别是基本模型的创建过程随时需要对模型的各个部位做出修改和处理。本章主要掌握修改器的使用方法，了解各个不同的修改器对物体外观的美化作用和影响，能够综合使用多种修改器完成复杂模型的创建。

任务 5.1　“修改”命令面板的使用

用 3ds Max 2012 在动漫游戏场景制作和角色建模过程中，创建工具和修改工具是相辅相成的。直接创建的基本都是参数化的模型，其外形一般都有一定的规律性，但在现实世界中，大多数物体的外形并不是这种规则的模型，为了能逼真地模拟出现实世界中所见到的各种物体，就需要对所建立的模型进行修改，修改的方法是为对象添加修改器。

在对象造型处理中，编辑修改器可以应用到场景中的一个或者多个对象，它们根据参数的设置来修改对象。同一对象也可以被应用到多个修改器中，后一个修改器接收前一个修改器传播过来的参数，修改器的次序对最后结果的影响很大。熟练地使用修改器，可以大大地提高建模的效果。

从场景中创建一些基本对象后，这些对象的有关参数将出现在“修改”命令面板堆栈的卷展栏中，用户可以通过这些参数修改对象的外观，同时，在“修改”命令面板中用户可以为对象指定修改器。

1. 使用“修改”命令面板的方法

（1）在场景中选择对象。

（2）单击 （修改）按钮可显示“修改”命令面板。

（3）选定对象的名称会出现在“修改”命令面板的顶部，更改字段以匹配该对象。

（4）对象创建参数出现在“修改”命令面板的卷展栏中，在修改器堆栈的下面，可以使用这些卷展栏更改对象的创建参数。更改参数时，对象将在视口中更新。

（5）将修改器应用于对象。应用完修改器之后，它会变为活动状态，修改器堆栈显示设置下面的卷展栏会指定到活动的修改器。

2. “修改”命令面板的使用

使用“修改”命令面板时，从“创建”命令面板中添加对象到场景中之后，通常会自动切换到“修改”命令面板，可更改对象的原始创建参数，并应用修改器。修改器是整形和调整基本几何体的基础工具。“修改”命令面板如图 5-1 所示。

“修改”命令面板停留在视图中，直到单击另一个命令面板选项卡。更新面板以显示当前选定对象或修改器可用的选项和按钮。

图 5-1　“修改”命令面板

3. “名称和颜色”卷展栏构成

“名称和颜色”卷展栏是将视图中的物体以对象按其作用加以命名，可以单击输入名称文本框后的颜色块，在打开的“对象颜色”对话框中选择对象本身的色彩，以便在视图中分别表示不同的物体。

4. 修改器列表

修改器列表中包含了所有物体对象修改的工具，通过修改器修改几何体的参数来改变物体的大小和形状，同时也可以使用一系列的工具进行编辑。要创建更为复杂的对象，修改器就可以提供强大的工具。

5. 修改器堆栈栏

修改器堆栈栏列出了最初创建的参数几何体和作用于该对象的所有编辑修改器。最初创建的几何体对象类型位于堆栈的最下端，而且位置不能变动，被使用的编辑修改器按使用的先后顺序依次排列在堆栈栏中。

6. 修改器工具栏

☑ 锁定堆栈：可以使修改器堆栈冻结当前状态，即使选定场景中的其他对象，修改器仍用于锁定对象。

☑ 显示最终结果开/关切换：确定堆栈栏中的其他编辑器是否显示结果，用于观察对象修改后的最终结果。

☑ 使唯一：使对象关联编辑修改器独立，用于取消关联关系。

☑ 从堆栈中移除修改器：用于将选定的修改器从堆栈中删除。

☑ 从配置修改器集：控制在“修改”命令面板中显示最常被使用的修改器。

7. 修改器的类型

“修改”命令面板的最下方是被选择物体的“参数”卷展栏，可以改变创建物体对象的大小、形状、高度等进行设置。

任务 5.2　常用于几何体编辑修改器

3ds Max 2012 的标准修改器主要进行变形修饰，常用的有“扭曲”、“车削”、“挤出”、“倒角”、“倒角轮廓”、“FFD（自由变形）”、“弯曲”和“噪波”等几种修改器。

5.2.1　“弯曲”修改器

“弯曲”修改器主要用于将对象进行弯曲造型处理，可以调节弯曲的角度和方向，以及弯曲依据的坐标轴向，还可以限制弯曲在一定的区域之内。弯曲效果如图 5-2 所示。

使用任何一种添加修改器的方法为选中的对象添加弯曲效果，就可在修改器堆栈列表框中显示出“弯曲”修改器，并在命令面板中显示出“弯曲”修改器的“参数”卷展栏，如图 5-3 所示。在“参数”卷展栏中设置弯曲参数后，即可使几何对象产生弯曲变形。

“弯曲”修改器的“参数”卷展栏中各主要参数的含义介绍如下。

（1）“弯曲”选项组：用于设置弯曲的角度大小和相对于水平面的方向，其范围为 −999999.0～999999.0。包括“角度”和“方向”两个数值框。

（2）“弯曲轴”选项组：用于设置弯曲的坐标轴，有 X、Y、Z 3 个弯曲轴。选中 X、

Y 或 Z 单选按钮，可以使对象分别沿 X、Y 或 Z 轴弯曲。

（3）“限制”选项组：用于设置对象沿坐标轴弯曲的范围，包含“限制效果”复选框和“上限”、“下限”两个数值框。

☑ 限制效果：给对象指定限制影响，影响区域将由下面的上、下限值来确定。

☑ 上限/下限：设置弯曲效果的上限与下限。

当这两个数值框有效时，“弯曲”命令仅对位于上、下限之间的顶点应用弯曲效果。当它们相等时，相当于禁用扭曲效果。

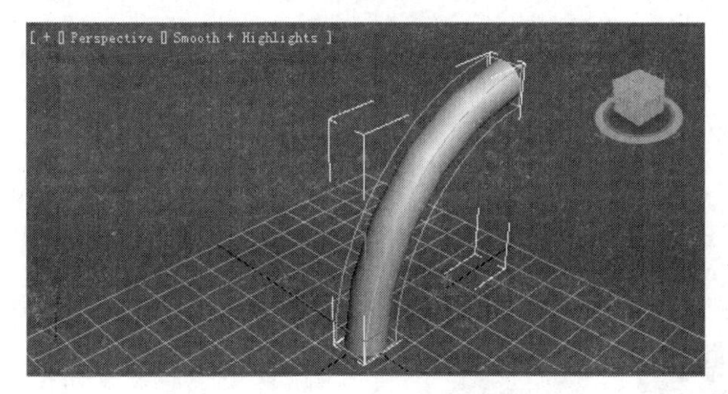

图 5-2 弯曲效果

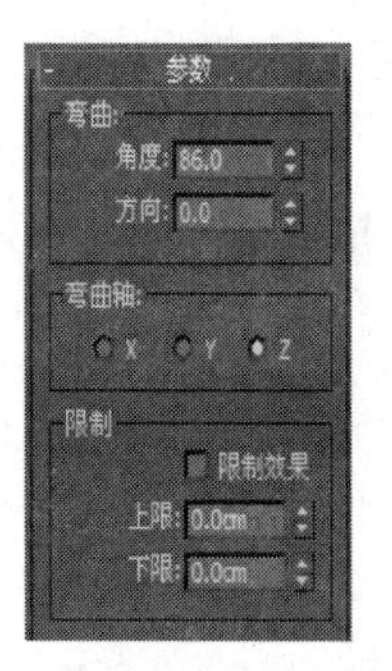

图 5-3 “弯曲”修改器的“参数”卷展栏

5.2.2 “锥化”修改器

“锥化”修改器是通过缩放对象的两端产生锥形轮廓，同时在中央加入平滑的曲线变形，允许控制锥化的倾斜度和曲线轮廓的曲度，还可以限制局部锥化效果。锥化效果如图 5-4 所示。

在视图中给对象添加“锥化”修改器后，就可以在修改器堆栈列表框中显示出“锥化”修改器，并在“修改”命令面板中显示出“锥化”修改器的“参数”卷展栏，如图 5-5 所示。

图 5-4 锥化效果

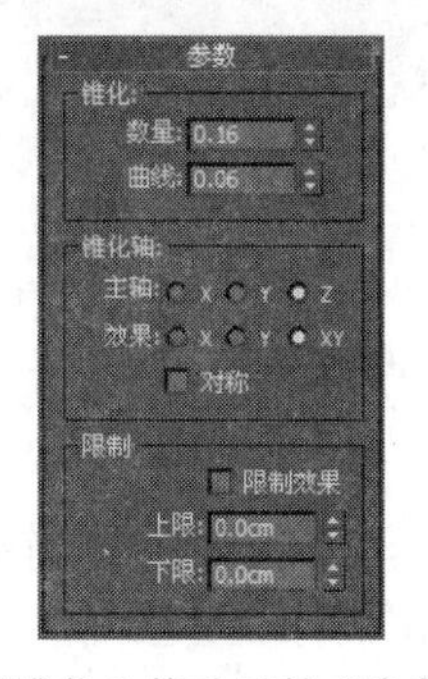

图 5-5 “锥化”修改器的“参数”卷展栏

“锥化”修改器的“参数”卷展栏中各主要参数的含义介绍如下。

（1）“锥化”选项组：用于设置锥化的缩放程度和曲度，有“数量”和“曲线”两个数值框。

☑ 数量：用于设置锥化的缩放程度。该数值为正时，锥化端产生放大的效果；该数值为负时，锥化端产生缩小的效果。

☑ 曲线：用于设置锥化曲线的弯曲程度。该数值为正时，锥化的表面产生向外凸的效果；该数值为负时，锥化的表面产生向内凹的效果。

（2）“锥化轴”选项组：用于设置锥化的轴向和效果。

☑ 主轴：用于设置锥化的主轴，在其右边有 X、Y 和 Z 3 个单选按钮。选中 X、Y 或 Z 单选按钮，可以设置的锥化主轴分别为 X、Y 或 Z 坐标轴。

☑ 效果：其右边的 3 个单选按钮将根据主轴的不同而发生变化。这 3 个单选按钮可以设置产生锥化效果的方向。当使用默认的主轴 Z 时，在效果的右边有 X、Y 和 XY 3 个单选按钮。选中 X、Y 或 XY 单选按钮，可以设置产生锥化的方向分别为 X 坐标轴、Y 坐标轴或 XY 坐标轴（即 XY 平面）。

☑ 对称：设置一个对称的影响效果，如图 5-6 所示。

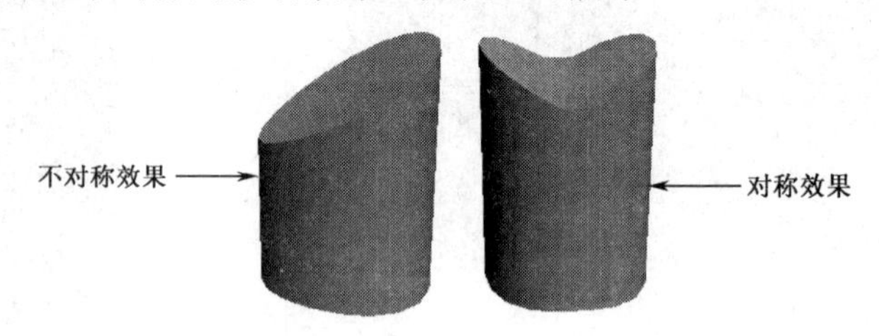

图 5-6　对称与不对称的效果

在子对象级中，锥化可以控制线框对象及中心的位置和方向，同样会对对象形态产生影响。如图 5-7 所示为移动了线框的锥化效果，如图 5-8 所示为移动了中心的锥化效果。

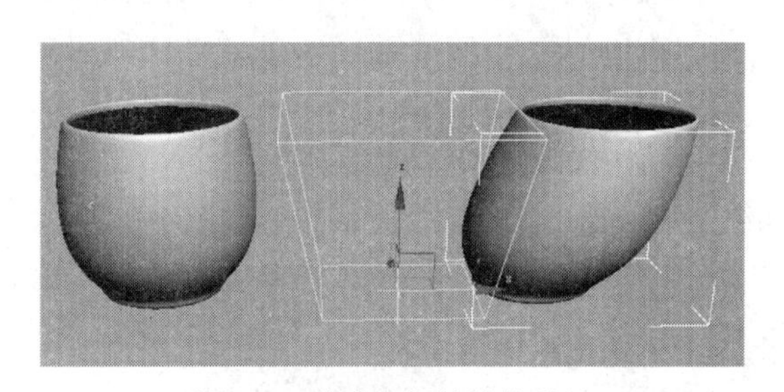

图 5-7　移动线框的锥化效果

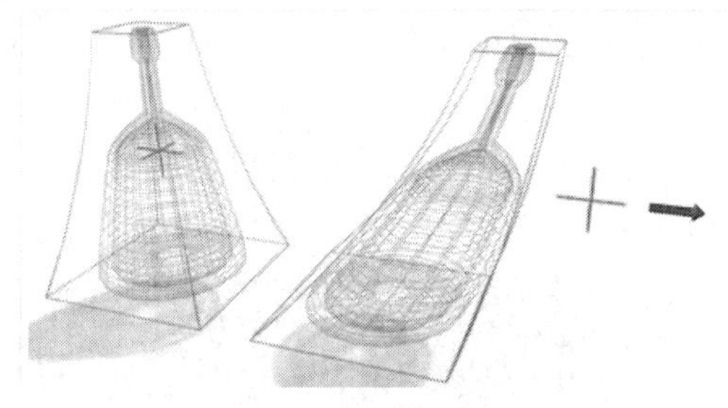

图 5-8　移动中心的锥化效果

5.2.3 “扭曲”修改器

“扭曲”修改器能沿指定对象表面的顶点，产生扭曲的表面效果。它允许限制对象的局部受到扭曲作用，如图 5-9 所示。在视图中为对象添加“扭曲”命令后，就可在修改器堆栈列表框中显示出“扭曲”修改器，并在“修改”命令面板中显示出“扭曲”修改器的“参数”卷展栏，如图 5-10 所示。在“参数”卷展栏中设置扭曲参数后，即可使几何对象产生扭曲变形。

“扭曲”修改器的“参数”卷展栏中各主要参数的含义介绍如下。

（1）“扭曲”选项组：用于设置扭曲的程度，有“角度”和“偏移”两个数值框。

☑ 角度：设置扭曲的角度大小。默认设置为 0.0。

☑　偏移：设置扭曲向上或向下的偏向度。该数值为负时，对象扭曲会与 Gizmo 中心相邻。该数值为正时，对象扭曲远离于 Gizmo 中心。如果参数为 0，将均匀扭曲。范围为-100～100。默认值为 0.0。

（2）“扭曲轴”选项组：用于设置扭曲的坐标轴向，有 X、Y、Z 3 个扭曲轴。选中 X、Y 或 Z 单选按钮，可以使对象分别沿 X、Y 或 Z 轴扭曲。

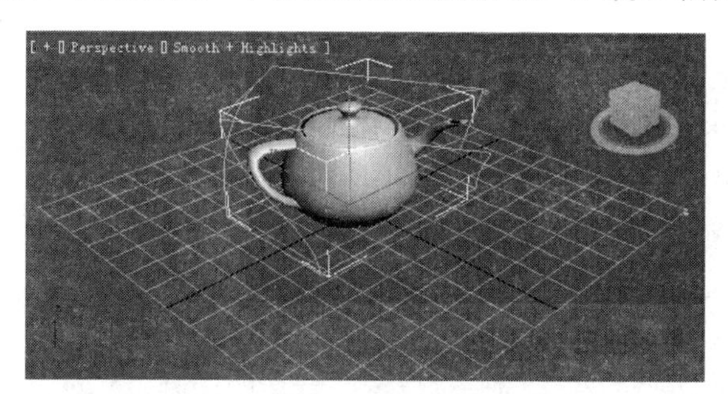

图 5-9　扭曲效果

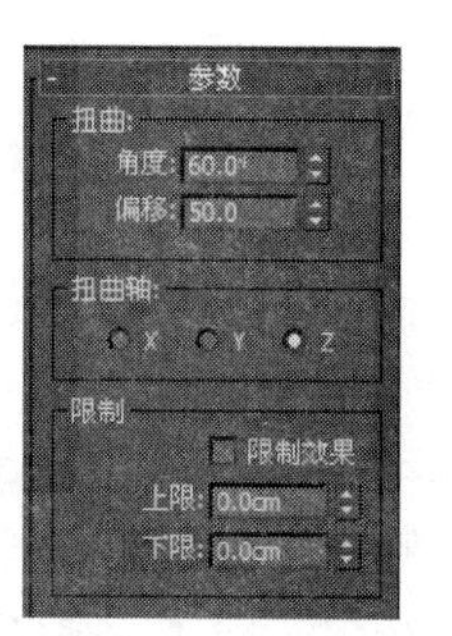

图 5-10　“扭曲”修改器的“参数”卷展栏

5.2.4　“噪波”修改器

“噪波”修改器主要用于将对象表面的顶点进行随机变动，使表面变得起伏而不规则。常用于制作复杂的地形、地面，也常常指定给对象产生不规则的造型，它自带有动画噪波的设置，只要打开它，就可以产生连续的噪波动画。噪波效果如图 5-11 所示。

使用标准的方法为选中对象添加“噪波”修改器后，就可在修改器堆栈列表框中显示出“噪波”修改器，并在命令面板中显示出“噪波”修改器的“参数”卷展栏，如图 5-12 所示。在“参数”卷展栏中设置噪波参数后，即可使几何对象产生噪波。

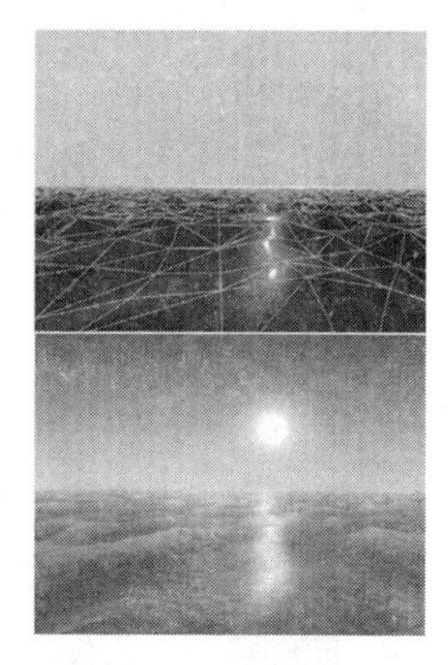

图 5-11　噪波效果

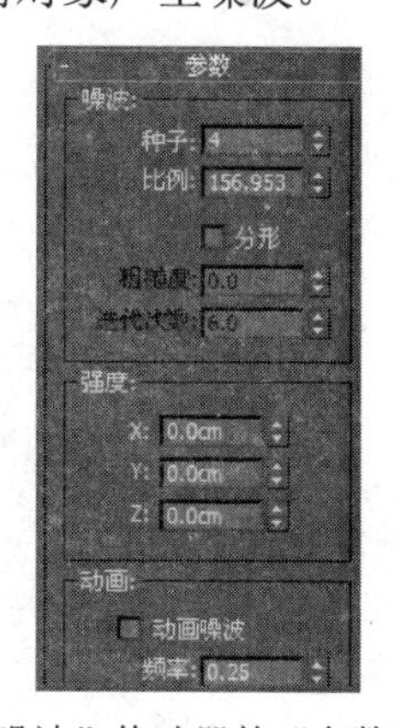

图 5-12　“噪波”修改器的“参数”卷展栏

“噪波”修改器的“参数”卷展栏中各主要参数的含义介绍如下。

（1）“噪波”选项组：控制噪波的出现，及其由此引起的在对象的物理变形上的影响。默认情况下，控制处于非活动状态直到更改设置为止。

☑　种子：设置噪波的随机效果。相同设置下，不同的种子数会产生不同的效果。

☑ 比例：设置噪波影响的大小。值越大，产生的影响越平缓；值越小，影响越尖锐。

☑ 分形：设置生成噪波的分形算法。选中该复选框，才能激活“粗糙度”和“迭代次数”数值框。

☑ 粗糙度：设置噪波产生的不规则的凹凸起伏程度。

☑ 迭代次数：控制分形功能所使用的迭代的数目。较小的迭代次数使用较少的分形能量并生成更平滑的效果。“迭代次数”为 1.0 时与禁用“分形”效果一致。范围为 1.0～10.0。默认设置为 6.0。

（2）“强度”选项组：分别控制在 3 个轴上对对象噪波强度的影响。值越大，噪波越剧烈。

（3）“动画”选项组：用于设置噪波的动画效果。

☑ 动画噪波：控制噪波影响和强度参数的合成效果，提供动态噪波。

☑ 频率：设置噪波抖动的速度。值越高，波动越快。

☑ 相位：设置起始点和结束点在波形曲线上的偏移位置，默认的动画设置就是由相位的变化产生的。

5.2.5 “拉伸”修改器

“拉伸”修改器模拟传统的挤出、拉伸动画效果，在保持体积不变的前提下，对象的形态沿指定轴向拉伸或挤出。可以用于调节模型的形态，也可以用于卡通动画的制作。拉伸效果如图 5-13 所示。

使用标准的方法为选中对象添加“拉伸”命令后，就可在修改器堆栈列表框中显示出“拉伸”修改器，并在命令面板中显示出“拉伸”修改器的“参数”卷展栏，如图 5-14 所示。

“拉伸”修改器的“参数”卷展栏中各主要参数的含义介绍如下。

（1）“拉伸”选项组：控制应用拉伸缩放量的字段。

☑ 拉伸：设置拉伸的强度大小。图 5-15 所示为拉伸值分别为 0.0、0.5 和−0.5 时的对象。

图 5-13 拉伸效果

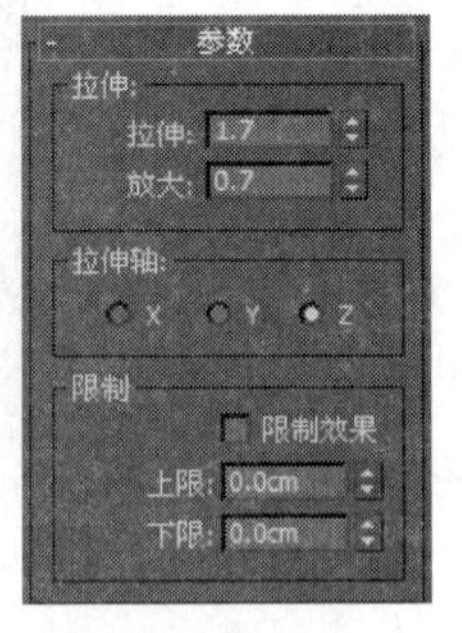

图 5-14 “拉伸”修改器的“参数”卷展栏

图 5-15 不同拉伸值的效果

☑ 放大：设置拉伸中部扩大变形的程度。图 5-16 所示分别为放大值 0.0、1.0 和−1.0 时的对象。

（2）“拉伸轴”选项组：设置拉伸的坐标轴向，如图 5-17 所示。

图 5-16　放大效果

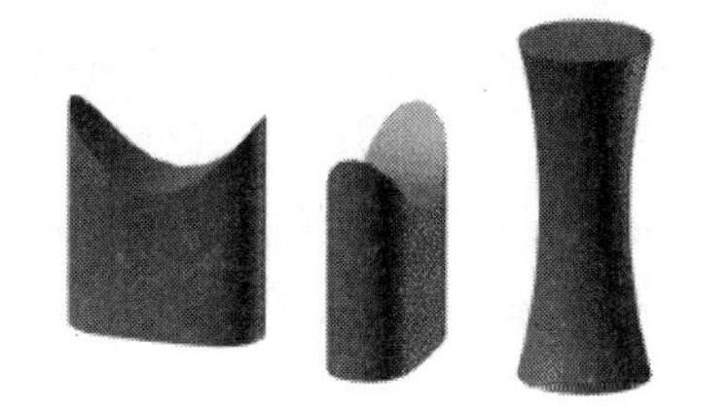

图 5-17　更改“拉伸轴”的效果

5.2.6　FFD（自由变形）修改器

FFD（自由变形）修改器是用晶格框包围选定的几何体，通过调整晶格的控制点，让包住的几何体变形，它可以用于整个对象，也可以用于网格对象的一部分。FFD（自由变形）修改器命令有 5 个，分别是：FFD 2×2×2、FFD 3×3×3、FFD 4×4×4、FFD（长方体）和 FFD（圆柱体）。本书将它们分为两类，一类是前 3 个命令，还将它们称为 FFD（自由变形）；另一类是 FFD（长方体）和 FFD（圆柱体），这两种 FFD 也可以用于空间扭曲。FFD（自由变形）效果如图 5-18 所示。

在视图中选中要修改的对象，然后选择（修改）→“修改器列表”→FFD 4×4×4 命令，这时视图中的对象周围被一些橘黄色的线和控制点包围，如图 5-19 所示。

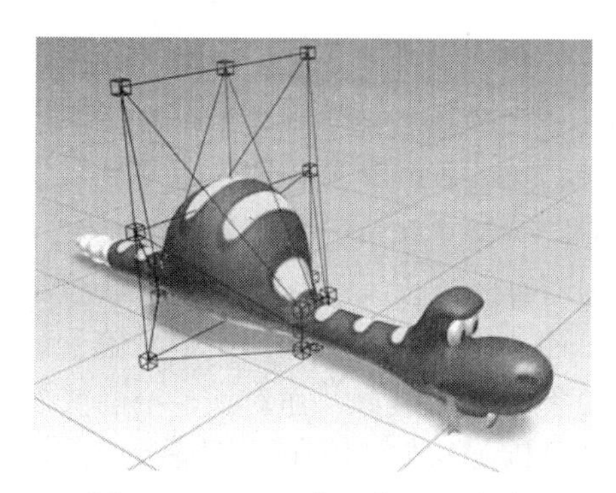

图 5-18　FFD（自由变形）效果

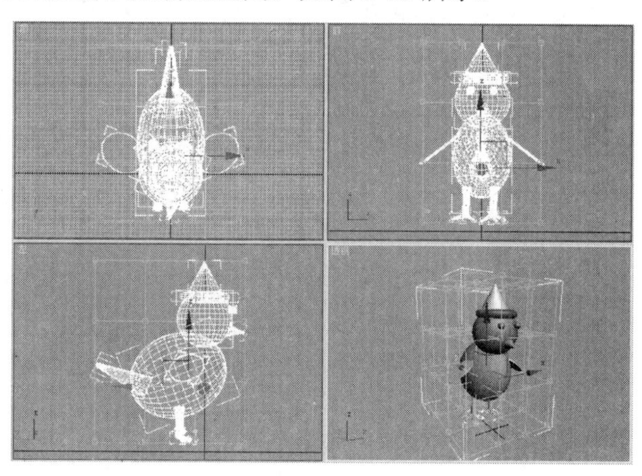

图 5-19　为对象添加 FFD 4×4×4 修改器

因为使用了 FFD 4×4×4 修改器，该修改器提供了具有 4 个控制点（控制点穿过晶格每一方向）的晶格或在每一侧面提供 16 个控制点，以便对物体进行修改。

（1）FFD（自由变形）修改器的子对象：打开修改器堆栈，如图 5-20 所示，可以看到 FFD（自由变形）有 3 个子对象。

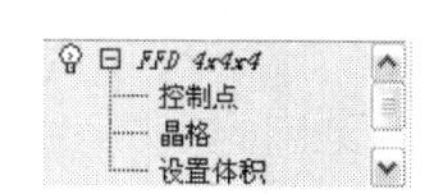

图 5-20　FFD（自由变形）的子对象

☑　控制点：在此子对象层级下，可以对晶格的控制点进行编辑，通过改变控制点的位置影响对象外形。如果打开自动关键点，就可以对晶格点制作动画。

☑　晶格：对晶格进行编辑，可以通过移动、旋转、缩放使晶格与对象分离。如果打开自动关键点，就可以对晶格制作动画。如果晶格包含的区域是对象的局部，那么最终的变形影响也只影响对象的局部。

☑ 设置体积：在此子对象层级，变形晶格控制点变为绿色，可以选择并操作控制点而不影响修改对象，这使晶格更精确地符合不规则形状对象，当变形时将提供更好的控制。

（2）“FFD 参数”卷展栏：单击 FFD（自由变形）修改器，在“修改”命令面板的下半部分就会出现 FFD（自由变形）修改器的“FFD 参数”卷展栏，如图 5-21 所示。

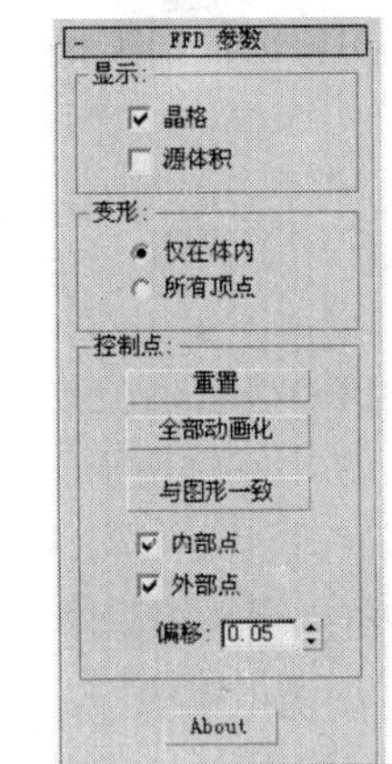

图 5-21　FFD（自由变形）修改器的“FFD 参数”卷展栏

☑ “显示”选项组：设置视图中自由变形的显示状态。

- ➢ 晶格：是否显示结构线框。
- ➢ 源体积：控制点和晶格会以未修改的状态显示。

☑ “变形”选项组：用来控制变形点的位置。

- ➢ 仅在体内：设置对象在结构线框内部的部分受到变形影响，默认设置为选中状态。
- ➢ 所有顶点：设置对象的全部顶点都受到变形影响，无论它们是否在结构线框内部。

体积外的变形是对体积内的变形的延续。远离源晶格的点的变形可能会很严重。

☑ “控制点”选项组：用于编辑控制点。

- ➢ 重置：恢复全部控制点到初始位置。
- ➢ 全部动画化：将控制器指定给所有控制点，这样它们在“轨迹视图”中立即可见。默认情况下，FFD 晶格控制点将不在“轨迹视图”中显示出来。但是在设置控制点动画时，给它指定了控制器，则它在“轨迹视图”中可见。单击“全部动画化”按钮，也可以添加和删除关键点和执行其他关键点操作。
- ➢ 与图形一致：在对象中心控制点位置之间沿直线延长线，将每一个 FFD 控制点移到修改对象的交叉点上，这将增加一个由“偏移”微调器指定的偏移距离。注意，将“与图形一致”应用到规则图形效果较好，而对长、窄面或锐角效果不佳。这些图形不可使用这些按钮，因为它们没有相交的面。
- ➢ 内部点：仅控制受“与图形一致”影响的对象的内部点。
- ➢ 外部点：仅控制受“与图形一致”影响的对象的外部点。
- ➢ 偏移：受“与图形一致”影响的控制点偏移对象曲面的距离。

5.2.7　FFD（长方体）与 FFD（圆柱体）修改器

FFD（长方体）与 FFD（圆柱体）修改器可以创建长方体形状与圆柱体形状晶格自由变形，使用方法与前面所介绍的方法相同，但可以修改晶格点的数量。

在为对象添加 FFD（长方体）修改器以后，在“修改”命令面板的下半部分就会出现其“FFD 参数”卷展栏，单击“设置点的数量”按钮，在打开的如图 5-22 所示的对话框中可以设置长、宽、高各方向的晶格点数量。

FFD（圆柱体）修改器的用法与 FFD（长方体）修改器基本相同，其对话框如图 5-23 所示，只是对话框中的参数设置分别是“侧面”、“径向”和“高度”。

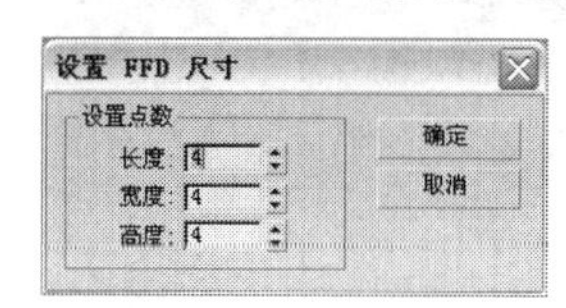

图 5-22　FFD（长方体）修改器及其参数设置

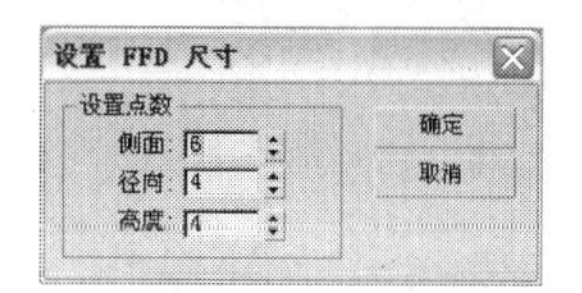

图 5-23　FFD（圆柱体）修改器及其参数设置

任务 5.3　案例：绘制卡通形象和制作简单动画

案例 5-1　绘制卡通形象。

操作步骤如下：

（1）启动 3ds Max 2012，创建一个新场景，将其命名为“卡通形象.max”，保存文件。

（2）单击（创建）→（几何体）→“标准基本体”→“球体”按钮，在场景中绘制一个半径为 25 的球体，并设置颜色为黄色。

（3）选中球体，选择（修改）→“修改器列表”→FFD 4×4×4 命令。

（4）在修改器列表中单击 FFD 4×4×4 前面的“+”号，选择“控制点”命令。

（5）在前视图中使用（缩放工具）选中最上面的一排控制点，如图 5-24 所示。

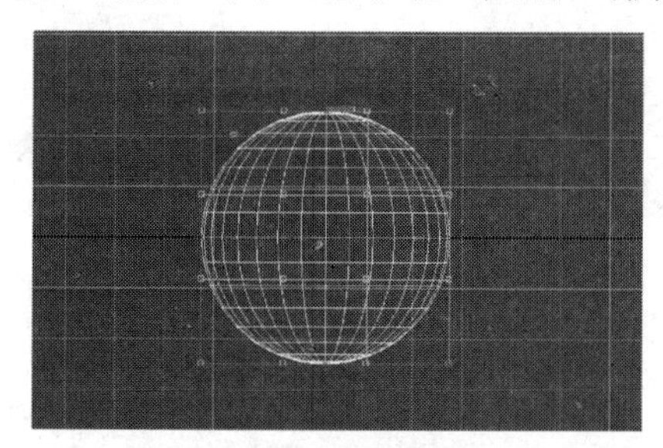

图 5-24　修改控制点

（6）利用修改器，在顶视图中对选中的控制点进行缩放，效果如图 5-25 所示。

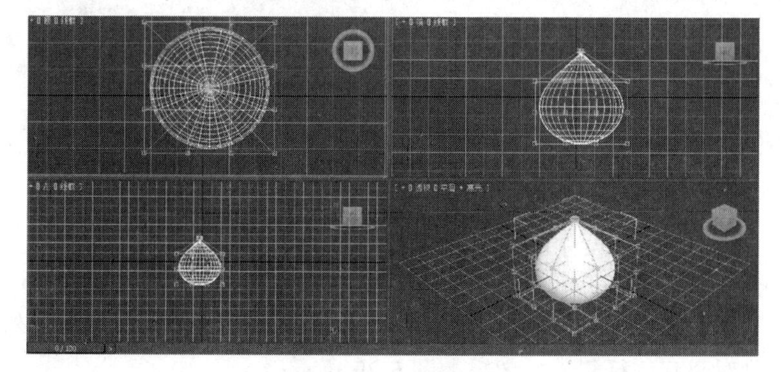

图 5-25　缩放控制点

（7）使用同样的方法，对下面的控制点进行操作，效果如图 5-26 所示。

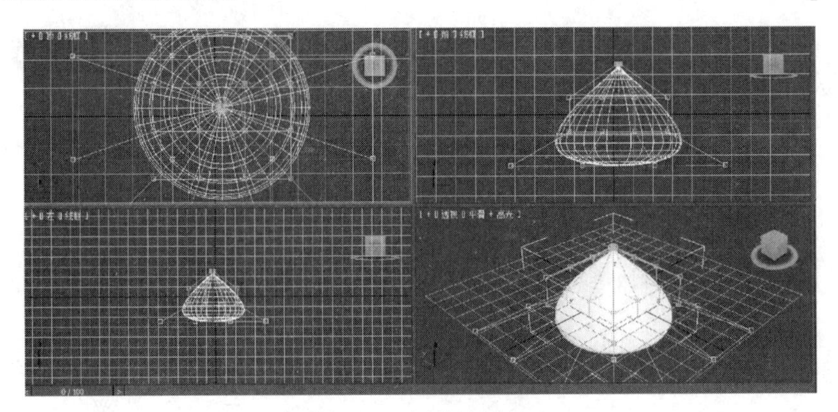

图 5-26　调整控制点

（8）参照上面方法为小动物创建鼻子，并使用（移动工具）和（旋转工具）进行调整，效果如图 5-27 所示。

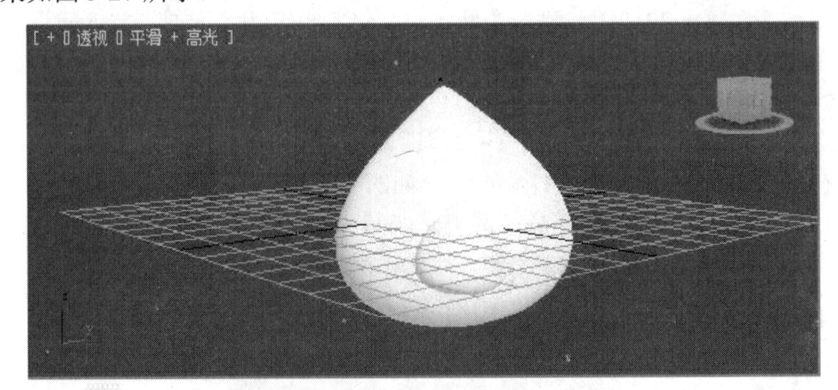

图 5-27　鼻子创建

（9）创建一个球体，其参数设置及效果如图 5-28 所示。

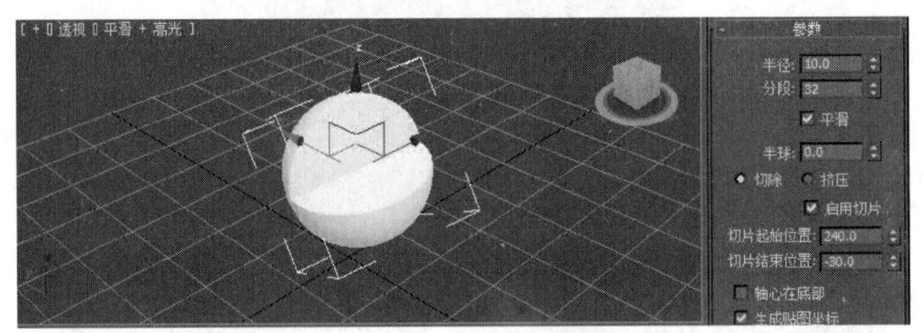

图 5-28　球体参数及效果

（10）再创建一大一小两个球体，颜色分别设为“黑”、“白”，作为小怪兽的眼睑和眼球，并使用移动工具和旋转工具进行适当移动，构成眼球。选中眼睛的 3 个构件，选择“组”→“成组”命令，对其进行编组。使用移动工具，将眼睛移动到适当位置，然后按住 Shift 键使用移动工具对眼睛进行复制，效果如图 5-29 所示。

（11）单击（创建）→（几何体）→“标准基本体”→“圆环”按钮，在场景中创建一个圆环，作为耳朵，参数如图 5-30 所示。

图 5-29　眼睛复制

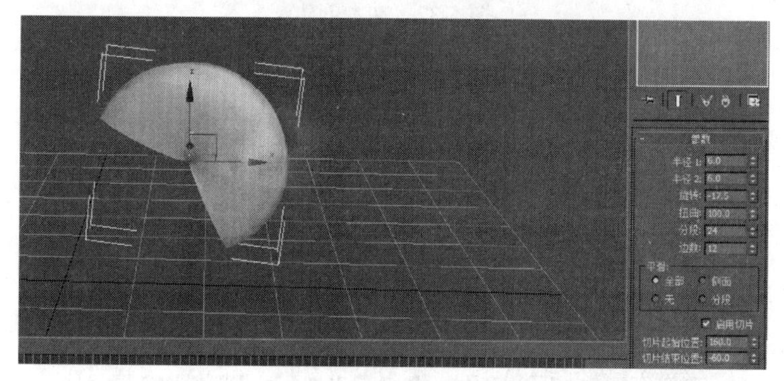

图 5-30　耳朵制作

（12）使用缩放工具对圆环进行压扁，使用移动工具、旋转工具将耳朵放置到适当位置。选中耳朵，使用（镜像工具）对圆环进行镜像操作，为动物制作脚掌。最终效果如图 5-31 所示。

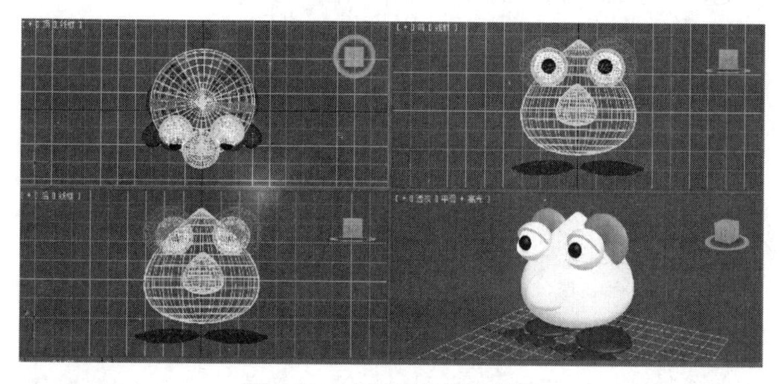

图 5-31　卡通形象最终效果

案例 5-2　制作文本动画。

操作步骤如下：

（1）启动 3ds Max 2012，创建一个新场景，将其命名为“文本动画.max”，保存文件。

（2）单击“文本”按钮，在前视图中创建 Text01 文本，如图 5-32 所示。

（3）选中文本，在“对象类型”卷展栏中取消选中“开始新图形”复选框，然后单击“矩形”按钮，在前视图中创建一个矩形，如图 5-33 所示。

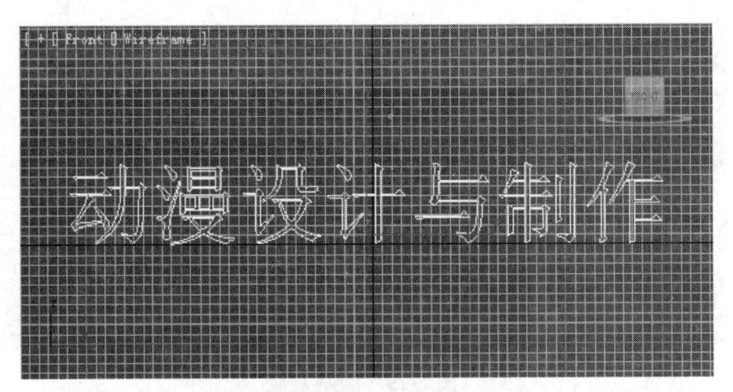

图 5-32　文本创建

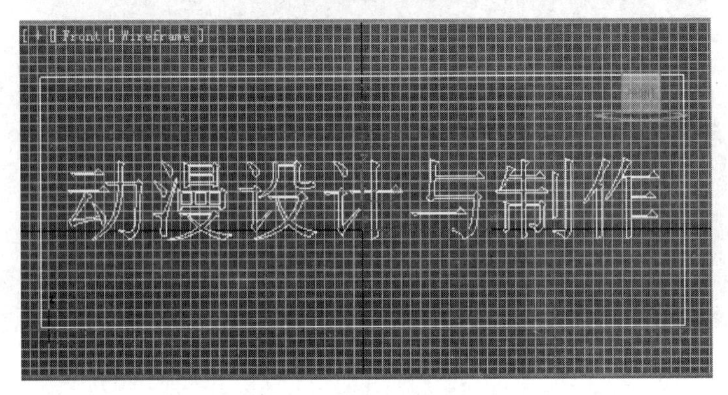

图 5-33　矩形创建

（4）选择文本，在“修改”命令面板下拉列表中选择“挤出”修改器，在其“参数”卷展栏中设置“数量”为 10，得到的文本效果如图 5-34 所示。

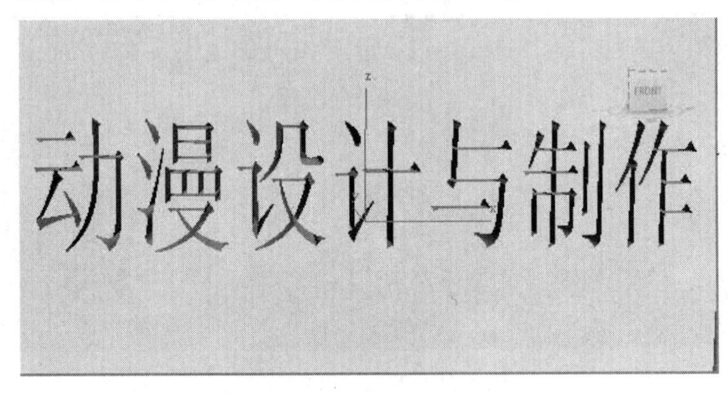

图 5-34　挤出效果

（5）在命令面板中单击“目标聚光灯”按钮，在顶视图中为对象创建一盏聚光灯，效果如图 5-35 所示。

（6）选中创建的 Spot01 聚光灯，进入修改面板，其“强度/颜色/衰减”卷展栏的参数设置如图 5-36 所示。

（7）在“聚光灯参数”卷展栏中参数的设置如图 5-37 所示。

（8）在“大气和效果”卷展栏中单击“添加”按钮，在弹出的对话框中选择“体积光”，如图 5-38 所示。

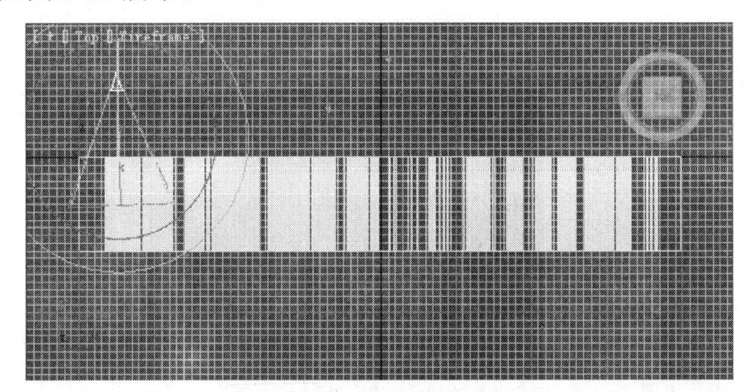

图 5-35 聚光灯效果

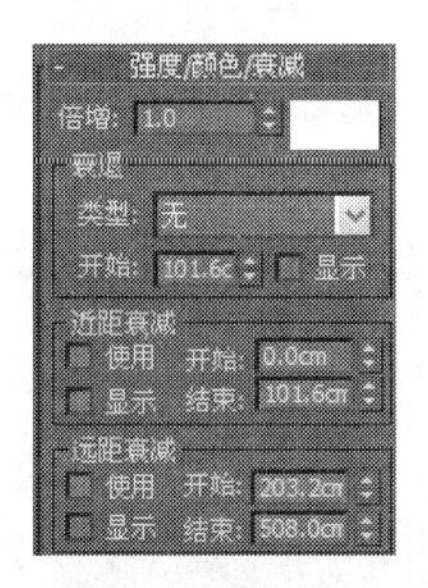

图 5-36 “强度/颜色/衰减”卷展栏

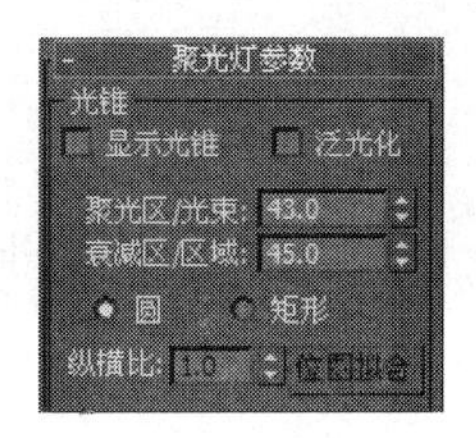

图 5-37 “聚光灯参数”卷展栏

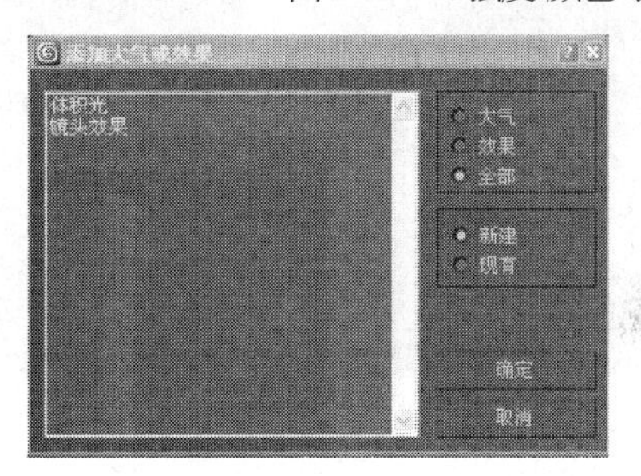

图 5-38 “体积光”设置

（9）单击“设置”按钮进入“环境和效果”设置面板，参数设置如图 5-39 所示。

（10）单击“目标”按钮，在透视视图中创建一架摄像机，效果如图 5-40 所示。

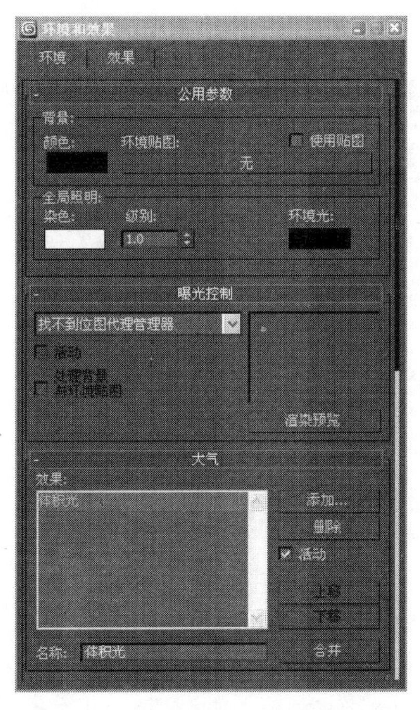

图 5-39 “环境和效果”参数设置

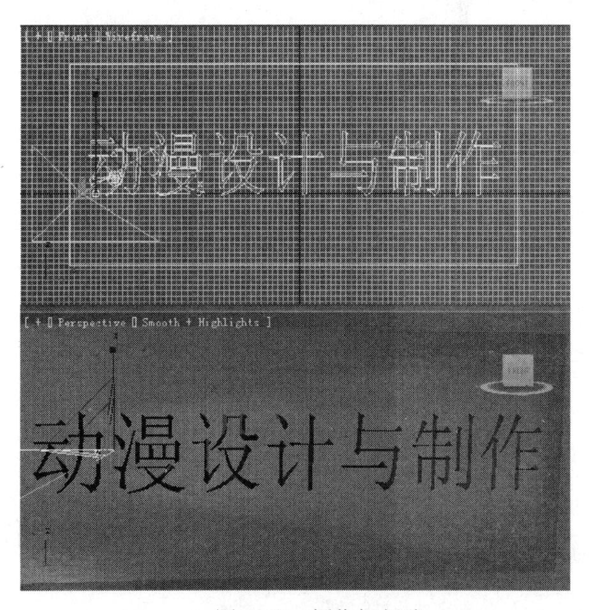

图 5-40 摄像机创建

（11）单击“时间设置”按钮，在弹出的“时间配置”对话框中设置“开始时间”为0，“结束时间”为 80，如图 5-41 所示。

（12）把创建的灯光沿 X 轴拖动到第一个文本的位置，如图 5-42 所示。

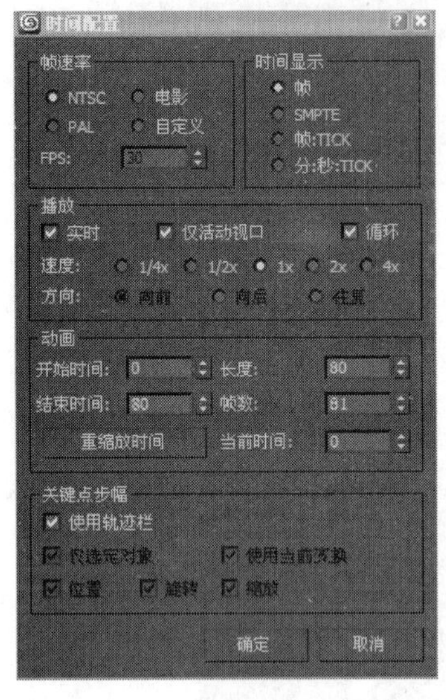

图 5-41　“时间配置”对话框

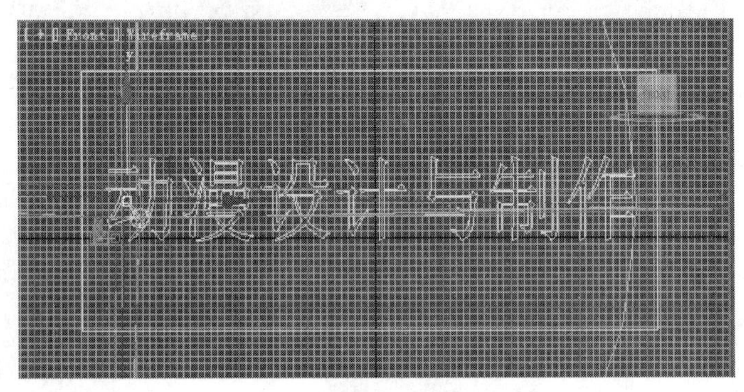

图 5-42　灯光位置设定

（13）此时，单击“自动记录关键点”按钮，进入动画记录状态，然后拖动滑块到第 80 帧，此时移动灯光到最后一个文本上，效果如图 5-43 所示。

（14）此时打开“渲染设置”窗口，在“时间输出”和“输出大小”栏中设置参数如图 5-44 所示。

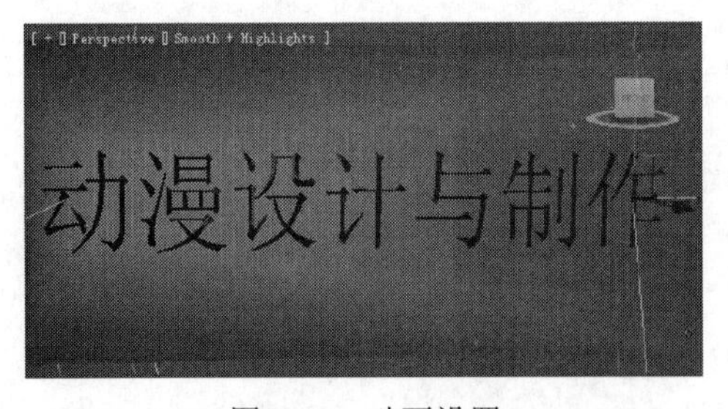

图 5-43　动画设置

图 5-44　渲染参数

（15）在“渲染输出”栏中设置路径和保存名称，效果如图 5-45 所示。

（16）单击“渲染”按钮执行渲染过程，最终效果如图 5-46 和图 5-47 所示。

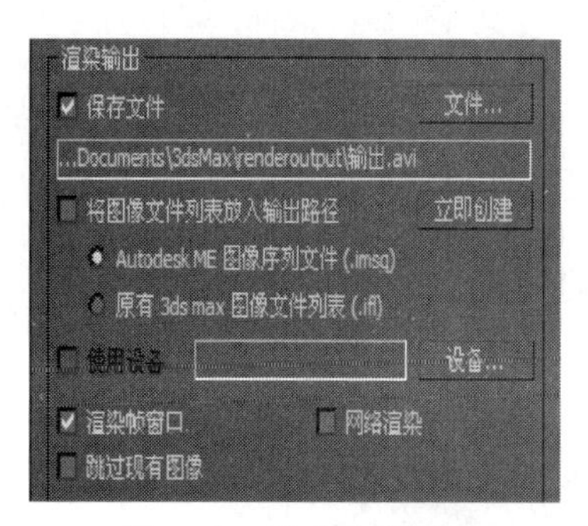

图 5-45　输出参数设置

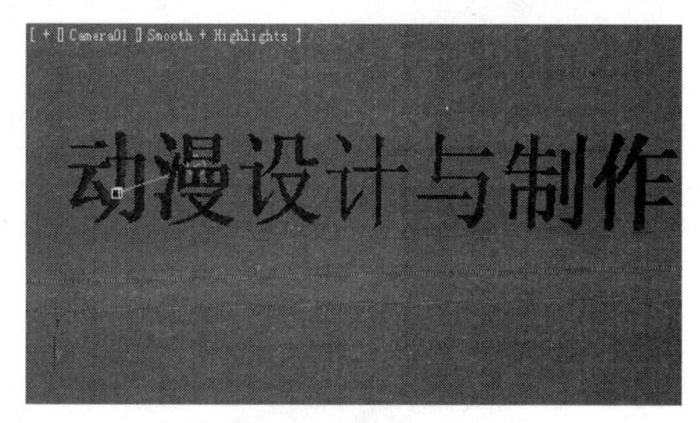

图 5-46　第 1 帧效果

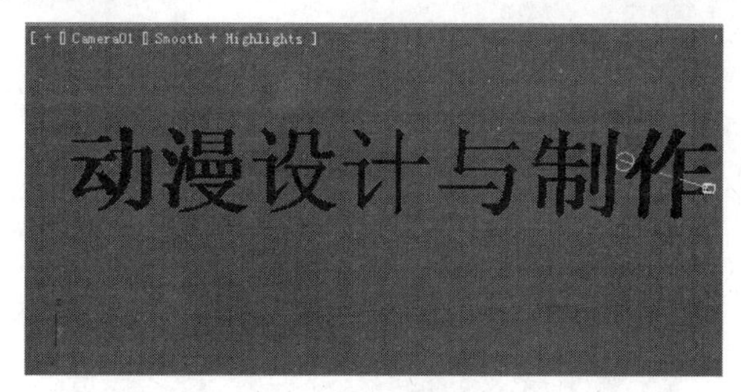

图 5-47　第 80 帧效果

本 章 小 结

通过本章的学习，让学生掌握 3ds Max 2012 中修改器命令面板的使用，熟练掌握“弯曲”修改器、“锥化”修改器、“扭曲”修改器、“噪波”修改器、“拉伸”修改器和 FFD（自由变形）修改器的参数设置和使用方法，以及如何使用修改器进一步对外观作出修正，进而为后续的学习奠定基础。

实训项目 5

【实训目的】

通过本实训项目使学生能较好地掌握各种修改器的使用方法和参数设置，理顺本章知识，达到综合运用，提高学生分析问题、解决实际问题的能力，进一步为后续的学习奠定基础。

【实训情景设置】

在物体的建模过程中，往往需要对物体外观进行修正和改变，形成一个完美的卡通、游戏模型。本实训结合动漫、游戏行业对修改器的使用，通过一系列流程完成物体的造型处理。

【实训内容】

通过修改器的使用和几何体的构建，完成对游戏模型“功夫足球”的制作。

（1）通过三维物体建模，创建“功夫足球”轮廓。

（2）利用常用的修改器，给“功夫足球”做出外观的调整。

（3）结合给定场景，创建灯光、摄像机。

（4）给“功夫足球”赋予材质和贴图。

（5）将作品以.jpg 格式渲染输出。最终效果如图 5-48 所示。

图 5-48 “功夫足球”最终效果

第6章 创建复合对象

本章要点

- 放样建模对于复合物体形成的作用
- 放样变形对于物体的形状影响
- 复合物体如何实现布尔运算
- 其他建模方式

教学目标

- 了解放样的功能和使用方法
- 认识放样变形对于模型外观的影响
- 掌握其他几种建模方式

教学情境设置

在3ds Max 2012建模过程中，通常需要利用二维线形通过一系列调整形成一个美观大方的三维模型，其中放样建模、放样变形、布尔运算、面片建模等几种方式可以有效地实现动漫、游戏角色创建时的实际需求。本章就如何实现放样、放样变形、布尔运算等几种常用的建模方式进行讲解，从而使学生在实际操作中灵活使用，达到创建美观、实用模型的目的。

任务 6.1 放样建模

放样造型起源于古代的造船技术，以龙骨为路径，在不同截面处放入木板，从而产生船体模型。

6.1.1 放样步骤

1. 放样的概念

放样是将两个或两个以上的二维图形结合，从而形成复杂的三维对象，满足条件为其中一个二维图形叫路径（Path），其他的二维图形叫截面（Shape）。

2. 放样的要求

对于路径，一个放样物体只允许有一条，封闭的、不封闭的或交错的都可以；而对于截面图形，则可以有一个或多个，可以是封闭的或是不封闭的。

3. 放样方法

从截面开始和从路径开始。如果先选择的图形作为路径，则称为从路径开始，路径原地不动，截面图形将被移动到路径上，且它的局部坐标系的 Z 轴与路径的起点相切；若先选择的图形作为截面，则称为从截面开始，路径将被移动到截面位置，且它的切线与截面图形局部坐标系的 Z 轴对齐。

4. 放样的具体操作

先在视图中选择路径或截面图形，切换到“创建”命令面板，在几何体类型下拉列表框中选择“复合物体”选项，进入复合物体创建面板，单击面板上的“放样”按钮进入放样参数面板，再单击“获取截面”或者“获取路径”按钮来选择截面图形或者路径。

（1）“建立方式”卷展栏。

☑ 获取路径：前提是先选择了截面图形，然后单击该按钮，选择将要作为路径的图形。

☑ 获取截面：前提是先选择了路径，然后单击该按钮，选择将要作为截面图形的图形。

在放样前，应选择放样路径或放样截面参与放样合成的方式。3ds Max 2012 系统提供了以下 3 种属性。

☑ 移动：将要获取的路径或截面不再保留。

☑ 复制：将要获取的路径或截面复制一个二维图形融入放样对象，而其本身与融入放样对象的复制对象是独立的。

☑ 关联：将要获取的路径或截面复制一个二维图形融入放样对象，而其本身与融入放样对象的复制对象是关联复制关系，修改图形本身将影响放样对象。

注意，首先选择的二维图形不论是截面还是路径，都以关联复制方式原地保留。

（2）“路径参数”卷展栏。

☑ 路径：通过调整微调器或输入一数值设置截面插入点在路径上的位置。

☑　捕捉：设置放样路径上截面图形固定的间隔距离。

☑　开启：选中该复选框，则激活“捕捉”选项组。

系统提供了下面 3 种路径定位方式。

☑　百分比：将全部放样路径设为 100%，以百分比形式来确定插入点的位置。

☑　距离：以放样路径的实际长度为总数，以绝对距离长度来确定插入点的位置。

☑　路径分段：以路径的分段形式来确定插入点的位置。

案例 6-1　通过单型放样制作圆柱体。

操作步骤如下：

单个截面造型参与的放样通常称为单型放样，通过圆与直线放样认识放样过程。

（1）在顶视图中，按住 Shift 键绘制一条垂直线作为路径，创建一个圆形作为截面。

（2）先选择直线，切换到“创建”命令面板，选择几何体类型下拉列表中的“复合物体”选项，单击面板上的“放样”按钮。

（3）单击“获取截面”按钮，在视图中拾取圆，路径原地不动，圆的一个关联复制的副本移动到路径位置参与放样。

（4）选择圆，单击按钮切换到“修改”命令面板，修改半径的值，可以发现放样圆柱体也随之变化。

（5）选择圆，切换到“放样”命令面板，单击“获取路径”按钮，在视图中拾取直线，同样放样对象为圆柱体。注意比较两个圆柱体的形态。

案例 6-2　通过多型放样制作台布。

操作步骤如下：

利用一条放样路径，路径上放置多个不同的截面，这叫做多型放样。

（1）在顶视图中，创建一个圆形作为台布的上截面，设置“半径”为 100。

（2）单击“星形”按钮，在顶视图中拖动鼠标首先确定星形的外圆半径，向内移动鼠标，单击鼠标确定内圆半径。设置“半径 1”为 110，“半径 2”为 90，“点”为 250，对外围顶点进行光滑处理，设置“圆角半径 1”为 10，将它作为台布的下截面。

（3）在前视图中按住 Shift 键自上而下绘制放样所需的直线路径，路径的起点位置对应路径的 0%位置。

（4）选择直线路径，切换到“创建”命令面板，选择几何体类型下拉列表中的“复合物体”选项，单击“放样”按钮，在弹出的卷展栏中单击“获取截面”按钮，然后在视图中拾取圆，获取台布上截面，这时放样形成圆柱。

（5）将“路径参数”卷展栏中的“路径”选项设定为 100，即 100%，表示路径的末端。

（6）再次单击“获取截面”按钮，在视图中单击拾取星形作为台布下截面。这样在路径的起始和结束位置分别放置了两个截面造型。

（7）如果路径长度不合适，可直接修改原直线。

6.1.2　控制放样物体表面特性

3ds Max 2012 主要通过“表面参数”和“表皮参数”卷展栏控制物体表面的特性。

1. “表面参数”卷展栏

☑ 光滑处理：该组参数用来指定放样对象表面的光滑方式。
☑ 贴图：该组参数用来控制贴图在路径上的重复次数。
☑ 指定贴图：用来指定贴图坐标。
☑ 长度循环次数：设置放样物体在路径长度方向上贴图重复的次数。

2. “表皮参数”卷展栏

其参数主要用于控制放样物体表皮复杂度。
☑ 端面：该组参数用来控制放样物体的两端是否封闭。
☑ 开始端面/结束端面：选中该复选框，封闭顶部/底部。
☑ 翻转法线：选中该复选框，将法线翻转 180°。

6.1.3 修改放样物体的次对象

选择放样物体，单击按钮切换到“修改”命令面板，可以对其次对象“截面”和“路径”进行编辑。

1. “截面”次对象的编辑

☑ 对齐：默认路径与截面的轴心点垂直，可调整路径与截面的相对位置。选择放样物体上的截面图形，可调整截面与路径的位置关系。
☑ 中心：将截面图形的中心对齐在路径上。
☑ 缺省：将截面图形的轴心点与路径对齐。系统默认对齐方式。
☑ 左：将截面图形 X 轴负方向的边界与路径对齐。
☑ 右：将截面图形 X 轴正方向的边界与路径对齐。
☑ 顶：将截面图形 Y 轴正方向的边界与路径对齐。
☑ 底：将截面图形 Y 轴负方向的边界与路径对齐。
注意，此处是在放样对象局部坐标系中。
☑ 输出：可以将当前截面图形输出成一个独立或关联的新图形，供其他图形或修改使用。

2. “路径”次对象的编辑

在路径次对象编辑状态，面板上只有一个“输出”按钮，可以将路径输出为独立或关联对象，进行编辑或供其他造型使用。

任务 6.2 放样变形

调整放样物体的一个重要工具是使用变形工具。选择放样物体，单击按钮切换到“修改”命令面板，展开面板最下方的“变形”卷展栏，系统提供了“缩放”、“扭曲”、“倾斜”、“倒角”和“拟合”5 种变形工具。其中“缩放变形”的窗口如图 6-1 所示。

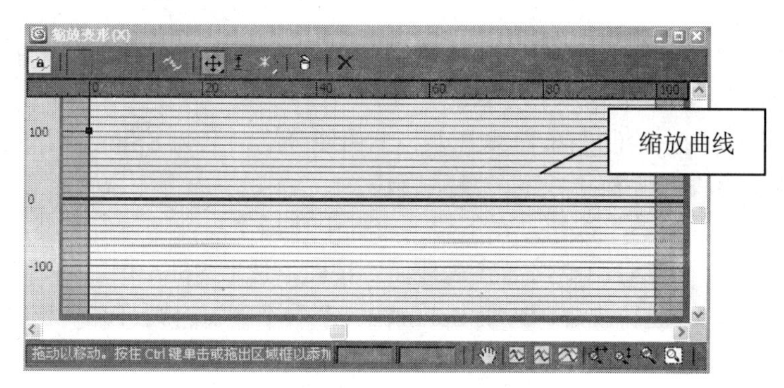

图 6-1　“缩放变形”窗口

这 5 种放样变形工具的功能介绍如下。

☑ 缩放：是对放样路径上的截面大小进行缩放，以获得同一造型的截面在路径的不同位置大小和不同的特殊效果（创建花瓶、柱子等对象）。

☑ 扭曲：是使放样物体的截面沿路径的所在轴旋转，以形成扭曲造型（创建钻头、镙丝等对象）。

☑ 倾斜：是把它的外边移近路径，通过围绕它的局部轴旋转横截面来实现。

☑ 倒角：是给横截面加入倾斜角，对横截面进行缩放，产生内外倒角。

☑ 拟合：首先利用三视图法绘制物体的顶视图、侧视图与前视图。

红线即缩放曲线，代表了放样物体的放样路径，始终以水平直线表示。

路径上的黑色小方框称为控制点，正是通过上下移动控制点的位置来实现变形效果。这条直线的左端为路径的起始节点，而上方标尺上的数字则是以百分比作为路径的计量单位。左方标尺上的数字同样以百分比来表示变形幅度。

在变形工具窗口的顶部是一系列工具按钮，它们的功能介绍如下。

☑ （制作对称）：激活此按钮表示在 X、Y 轴上同时应用变形效果。否则，只在指定的坐标轴方向上应用变形效果。

☑ （显示 X 轴）：激活此按钮显示 X 轴的变形曲线，若激活按钮则显示 Y 轴的变形曲线，激活按钮同时显示 X 轴和 Y 轴的变形曲线。单击按钮将 X 轴和 Y 轴的变形曲线进行交换。

☑ （移动控制点）：用于移动变形曲线的控制点或控制点上的调节手柄。还有水平移动、垂直移动控制点按钮。

☑ （缩放控制点）：用于在路径方向上缩放控制点。

☑ （插入控制点）：用于在变形曲线上插入一个 Corner 类型的控制点。此按钮为弹出式按钮，还可插入 Bezier 类型的控制点。

☑ （删除控点）：用于删除变形曲线上指定的控制点。

☑ （恢复曲线）：恢复变形曲线到进行变形操作以前的状态。

利用变形工具窗口右下方的调整工具，则可以自由地拉近、推远或平移整个网格窗口。

案例 6-3　通过缩放变形工具制作窗帘。

操作步骤如下：

（1）选择“文件”→“重置”命令，重置系统。

（2）单击“创建”命令面板中的按钮，再单击“线”按钮。在“建立方式”卷展栏分别选择“光滑”和“贝塞尔”方式。

（3）在顶视图中绘制两条曲线。上、下曲线分别命名为 Spline01、Spline02。

（4）在左视图由上而下绘制一条垂直线。

（5）单击“几何体”按钮，在下拉列表框中选择“复合物体”类型，单击“放样”按钮。设置“路径”为 0 时，单击“获取截面”按钮，选取 Spline01，将“路径”值设为 100 时，再单击“获取截面”按钮，选取 Spline02。若看不到窗帘则可在“表皮参数”卷展栏中选中“翻转法线”复选框。

（6）为窗帘赋予贴图。（有关贴图知识将在后面章节中详细讲述）

（7）单击按钮，在命令面板底部找到 + Deformations 面板。单击按钮，在弹出的窗口中单击按钮，为红线添加拐点，然后用工具往下拖动，单击鼠标右键，在弹出的快捷菜单中选择 Bezier-Smooth 命令，将控制曲线和窗帘通过调整达到预期效果。

（8）进入“修改”命令面板，在修改器堆栈中单击放样左端的“+”号，进入子对象“截面”级，鼠标放置在放样物体的下端，单击选中路径上截面 Spline02，然后按 Delete 键删除；向上移动鼠标，在路径的最上端选中 Spline01，单击下方面板中的“左”按钮，调整效果。

（9）复制一个窗帘，在窗口中，将两端的控制点移到 0 位，适当插入一些控制点，将其调整光滑。

（10）单击工具栏中的（镜像）按钮，在对话框中选择 X 轴作为镜像轴，将第（8）步制作的窗帘对称复制到另一边。

（11）将帘幔旋转至适当位置，将镜像后的窗帘移至另一侧，窗帘制作完成。

任务 6.3　布尔运算

在 3ds Max 2012 中，布尔运算包括“并集”、“交集”、“差集”和“剪切”四项。

布尔运算为复合物体类型的一种，切换到“创建”命令面板，单击（几何体）按钮，在下拉列表框中选择“复合对象”类型，面板中的“布尔”按钮显示为灰色，只有选中一个对象后“布尔”按钮才可用。

布尔运算的参数面板主要包含“拾取运算对象”卷展栏、“参数”卷展栏和“显示/更新”卷展栏 3 个部分。

1. “拾取运算对象”卷展栏

布尔运算中有两个运算对象，即运算对象 A 和运算对象 B。

在建立布尔运算前，首先选择一个对象，然后进入“布尔运算”命令面板，单击“拾取运算对象 B”按钮选择第二个运算对象。

下面的 4 个选项用来控制运算对象 B 的属性，它们要在拾取对象 B 之前确定。

☑　参考：将原始对象作为运算对象 B 的参考，以后改变原始对象，也会同时改变布尔物体中的运算对象 B，但改变运算对象 B，不会改变原始对象。两者之间是一种单向的参考关系。

☑ 复制：复制原始对象作为运算对象 B，而不改变原始对象。

☑ 移动：将原始对象直接作为运算对象 B，它本身将消失。该方式为默认方式。

☑ 关联：关联原始对象和运算对象 B，以后对两者任何一个进行修改时都会同时影响另一个。

2. “参数”卷展栏

（1）“操作对象”选项组用来显示所有的运算对象的名称，并可对它们作相关的操作。

（2）“运算方式”选项组提供了 5 种运算方式。

☑ 并集：用来将两个造型合并，运算完成后两个物体将合并为一个物体。

☑ 交集：用来将两个造型相交的部分保留下来。

☑ A-B 部分：A 物体减去 B 物体，最后剩余的结果。

☑ B-A 部分：B 物体减去 A 物体，最后剩余的结果。

☑ 剪切：差集操作的一个变形，A 物体上不保留对象 B 的任何网格。

3. “显示/更新”卷展栏

该卷展栏用来控制是否在视图中显示运算结果，以及每次修改后何时进行重新计算，更新视图。其参数面板如图 6-2 所示。

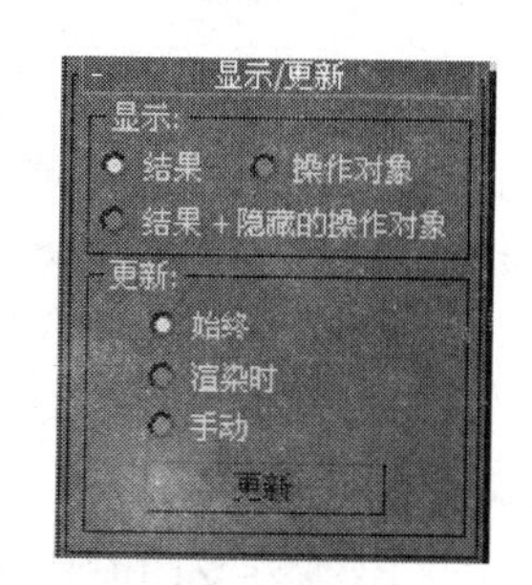

图 6-2　“显示/更新”卷展栏

（1）“显示”选项组用来决定是否在视图中显示布尔运算的结果，包含 3 个选项。

☑ 结果：显示每项布尔运算的计算结果。

☑ 操作对象：只显示布尔合成物体而不显示运算结果。

☑ 结果+隐藏的操作对象：在实体着色的实体内以线框方式显示出隐藏的运算对象。

（2）“更新”选项组用来决定何时进行重新计算并显示布尔效果。

☑ 始终：每一次操作后都立即显示布尔结果。

☑ 渲染时：只有在最后渲染时才重新计算更新效果。

☑ 手动：它提供手动的更新控制。

☑ 更新：需要观看更新效果时，单击此按钮，系统进行重新计算。

注意如下问题：

（1）完成一次布尔运算后，必须将“布尔”按钮弹起，退出本次布尔运算，选择对象，再次单击“布尔”按钮进行下一次布尔运算。

（2）要想成功地使用布尔运算，两个布尔运算的对象必须充分相交。所谓的充分相交是相对于边对齐情况而言的，若两对象有共边，该边的计算归属就成了问题，极易使布尔运算失败。

（3）经布尔运算后的对象点面分布非常混乱，出错的几率很大，这是由于经布尔运算之后的对象会新增加很多面片，而这些面是由若干点相互连接构成的，这样连接具有一定的随机性。因此现在流行的渲染软件 Lightscape 中的建模已不提倡使用布尔运算建模。

任务 6.4 面片建模和 NURBS 建模

1. 面片网格

在 3ds Max 2012 中，面片建模是一项弥补传统网格建模技术的曲面造型技术。面片建模是对网格模型的一个补充，它可以使用贝塞尔曲线来编辑表面，以完成复杂不规则曲面模型的建造。

用户可以打开“创建”命令面板下的“几何体”造型按钮下方的卷展栏，从中选定“面片网格”选项，系统将进入“面片网格”命令面板。

在 3ds Max 2012 中提供了“方形面片”和“三角形面片”两种类型的面片。

2. NURBS 曲线

在 3ds Max 2012 中提供了网格、面片和 NURBS 3 类建模方式。

所谓 NURBS 是 Non-Uniform Rational B-Spines（非均匀有理 B 样条）的缩写。具体来说，非均匀（Non-Uniform）是指一个控制点的影响力的范围能够改变，当创建一个不规则的曲面时这一条非常有用；有理（Rational）是指每个 NURBS 造型都可以用数学表达式来定义；B 样条（B-Spines）是指用路线来构建一条曲线，在一个或更多的点之间以内插值来替换。

NURBS 是专门制作曲面物体的一种造型方法。NURBS 总是由曲线和曲面来定义的。

NURBS 曲线与 Splines 曲线相似，同样可以用于挤压、旋转放样造型，它最大的优点在于可以进入 NURBS 造型系统，从而作为 NURBS 系统的组成部分。

单击“创建”命令面板，选中“图形”，从下拉列表框中选择“NURBS 曲线”，系统将进入 NURBS 曲线的创建命令面板。NURBS 曲线包括“点曲线”和“可控曲线”两种类型。

任务 6.5 案例：卡通动物和静物制作

案例 6-4 制作卡通动物。

操作步骤如下：

（1）启动 3ds Max 2012，创建一个新场景，将其命名为“卡通动物.max”，保存文件。

（2）单击 （创建）→ （几何体）→“标准基本体”→“球体”按钮，在前视图中绘制一个球体。

（3）为球体添加 FFD 4×4×4 自由变形修改器，调整形状，如图 6-3 所示。

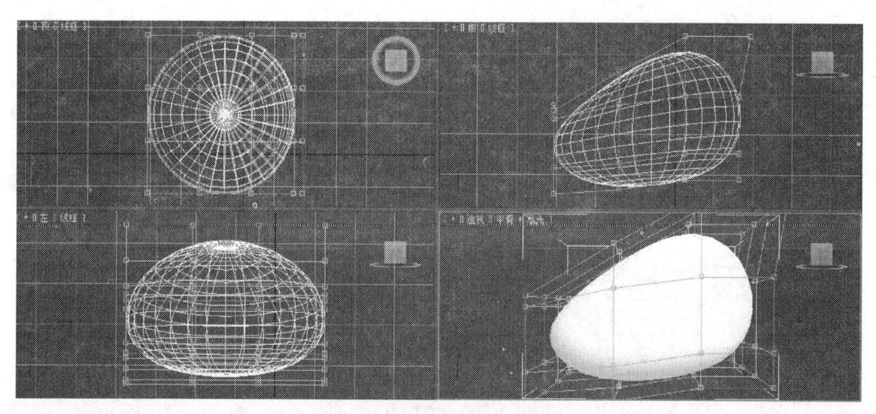

图 6-3　FFD 修改器使用

（4）创建眼睑，参数设置如图 6-4 所示。

（5）创建两个球体，分别作为眼球、眼瞳，进行组合，并命名为眼睛，如图 6-5 所示。

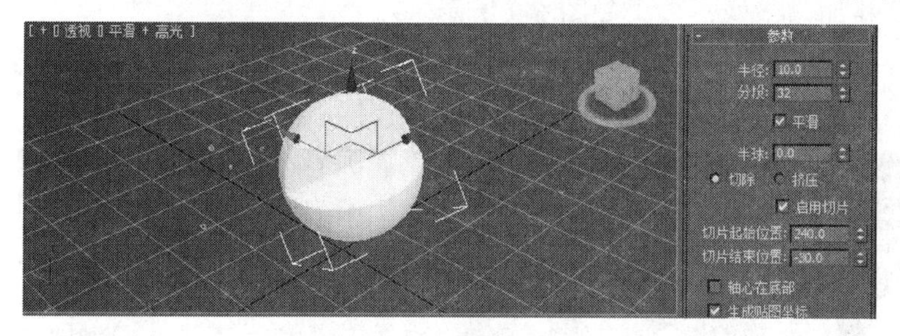

图 6-4　眼睑参数

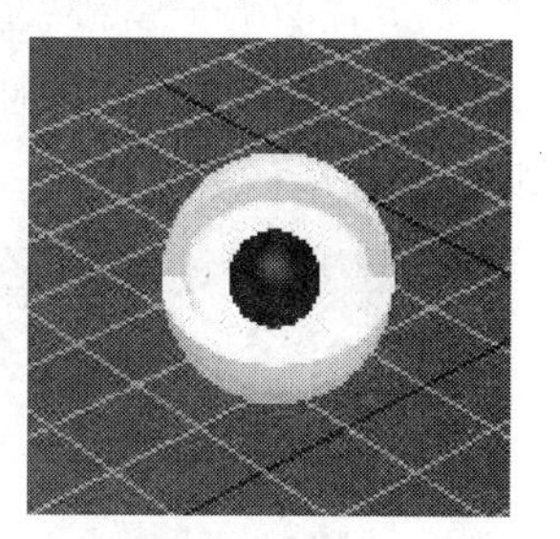

图 6-5　眼睛

（6）绘制螺旋线，调整形状，如图 6-6 所示。

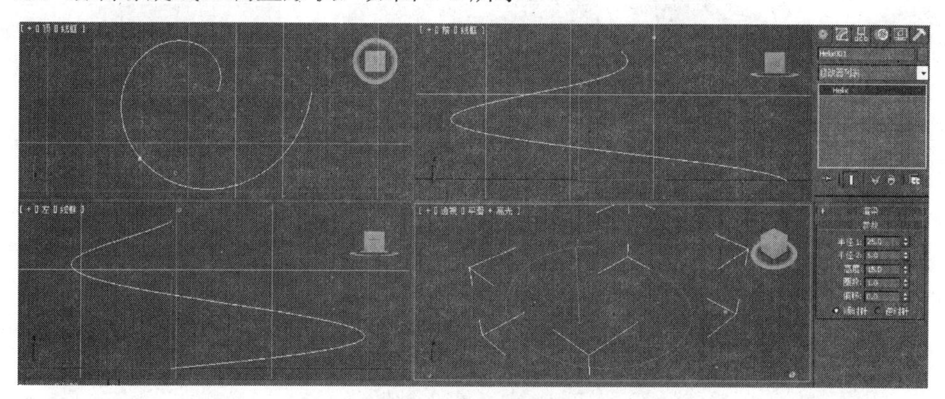

图 6-6　绘制螺旋线

（7）选中螺旋线，单击鼠标右键并在弹出的快捷菜单中选择“转换为”→“转换为可编辑样条线”命令。然后在“修改”命令面板中单击■（顶点）按钮，进入顶点子对象编辑状态，如图 6-7 所示。

（8）创建 3 个半径分别为 8、5 和 0.5 的圆，选中螺旋线，单击■（创建）→■（几何体）→“复合对象”→“放样”按钮。单击“获取图形”按钮，再单击半径为 8 的圆，然后将“百分比”设置为 80；再次单击“获取图形”按钮，单击半径为 5 的圆；再次单击

“获取图形”按钮，单击半径为 0.5 的圆，制作出羊角，效果如图 6-8 所示。

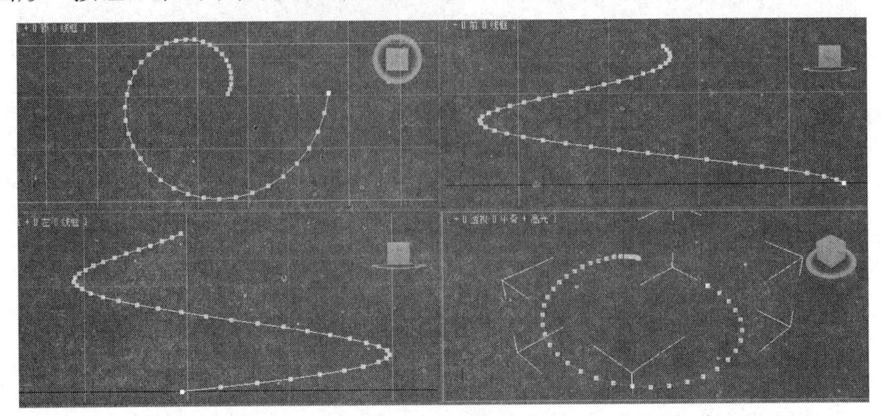

图 6-7　调整螺旋线

（9）调整羊角位置，并加以镜像，效果如图 6-9 所示。

（10）创建一个球体，作为羊的鼻子。再次创建一个球体，并将其压缩，作为舌头，效果如图 6-10 所示。

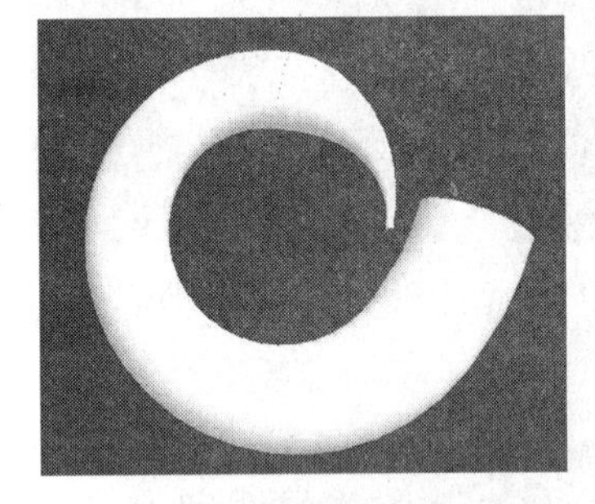

图 6-8　羊角制作

图 6-9　镜像效果

图 6-10　舌头制作

（11）创建一个切角圆柱体，并为其添加 FFD 4×4×4 自由变形修改器，进入控制点编辑模式，效果如图 6-11 所示。

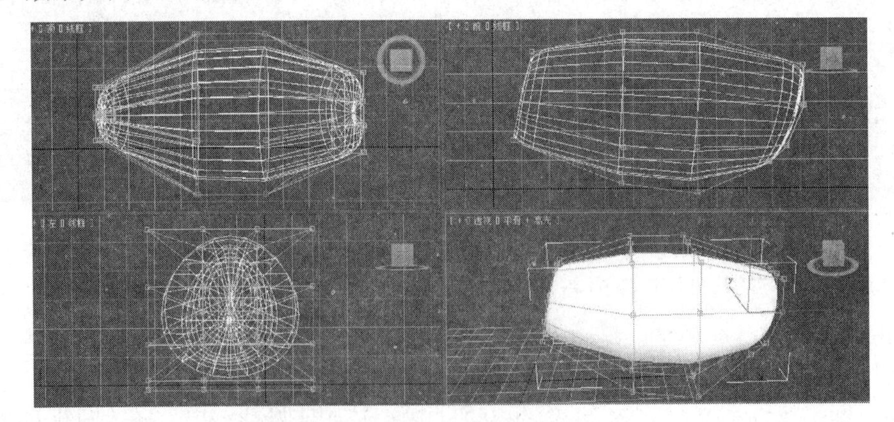

图 6-11　创建并修改切角圆柱

（12）创建羊头和羊尾巴，效果如图 6-12 所示。

（13）在扩展基本体中单击“环形波”按钮，在顶视图中创建一个环形波，将其移动到羊头上，然后选择（缩放工具），按住 Shift 键复制出两个较小的环形波，效果如图 6-13 所示。

图 6-12　羊头和羊尾巴效果

图 6-13　环形波创建

（14）绘制样条线和圆，并进行放样，效果如图 6-14 和图 6-15 所示。

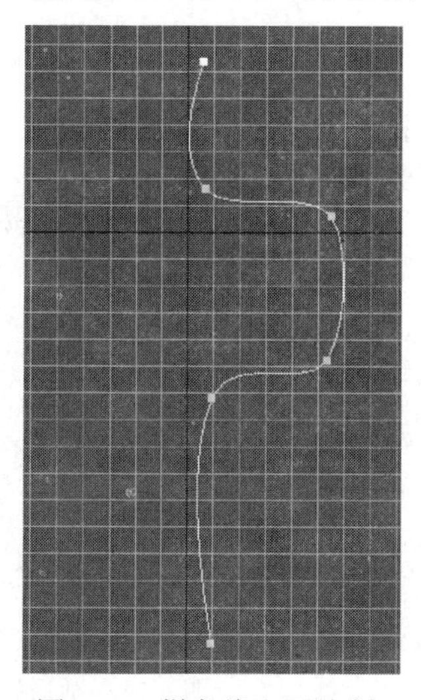

图 6-14　样条线和圆绘制

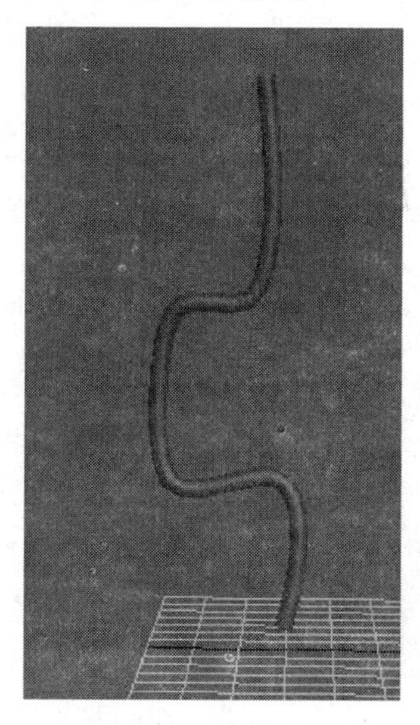

图 6-15　放样效果

（15）创建障碍物，效果如图 6-16 所示。

（16）整合障碍物，最终效果如图 6-17 所示。

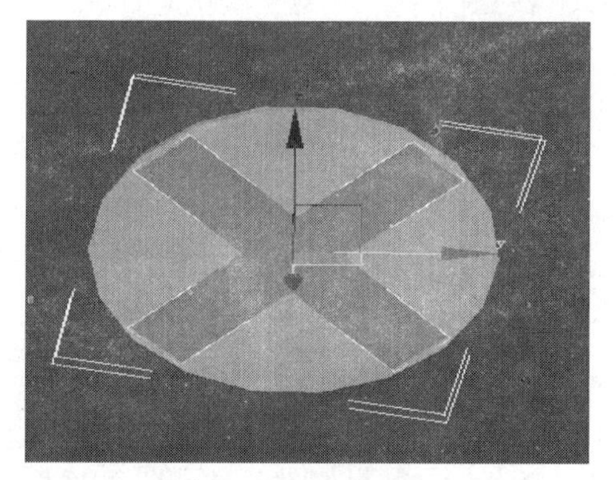

图 6-16　障碍物绘制

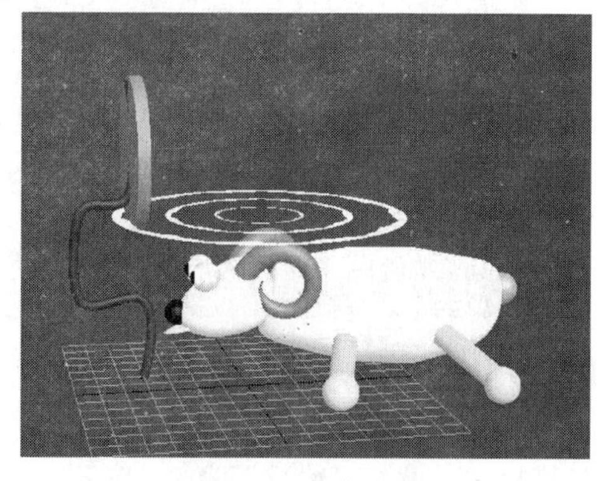

图 6-17　最终效果

案例 6-5 制作卡通静物，本案例主要讲解放样运算。

操作步骤如下：

（1）启动 3ds Max 2012，新建一个场景，将其命名为“卡通静物.max”，保存文件。

（2）在顶视图中创建一个圆形，圆形效果及参数设置如图 6-18 和图 6-19 所示。

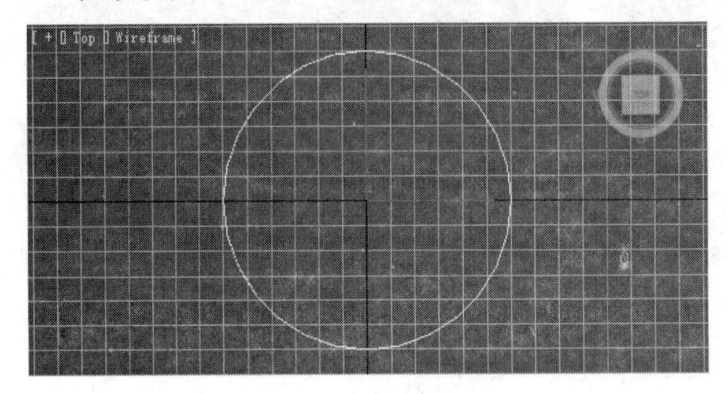

图 6-18 创建圆形

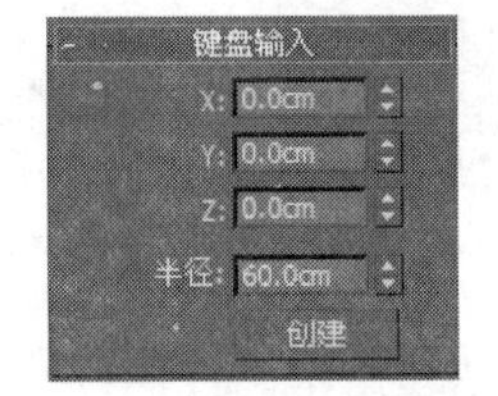

图 6-19 圆形的参数设置

（3）为圆形添加“编辑样条线”修改器，在修改器堆栈中选取“样条线”类型，在几何体堆栈中，设置“轮廓”为 2，效果如图 6-20 和图 6-21 所示。

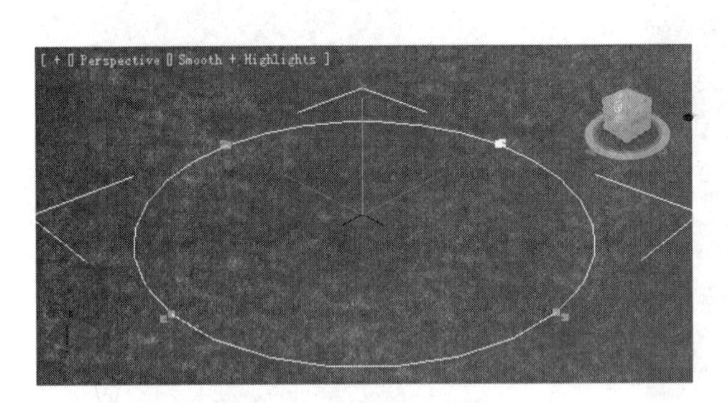

图 6-20 圆形轮廓效果

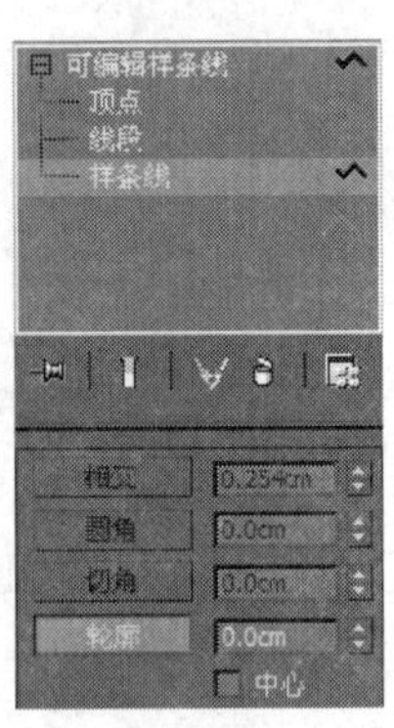

图 6-21 圆形轮廓参数

（4）继续在顶视图中创建一个星形，星形效果及参数设置如图 6-22 和图 6-23 所示。

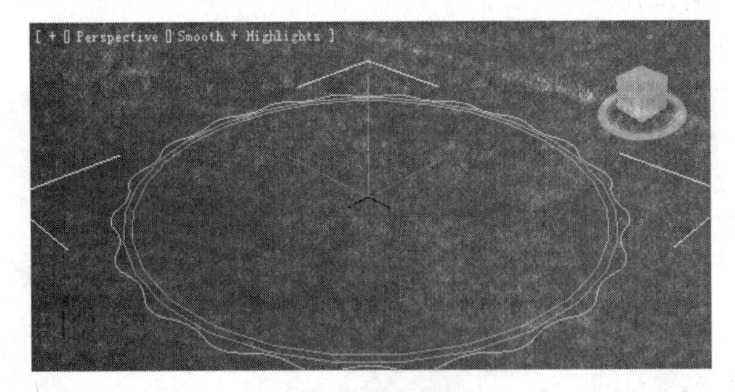

图 6-22 星形效果

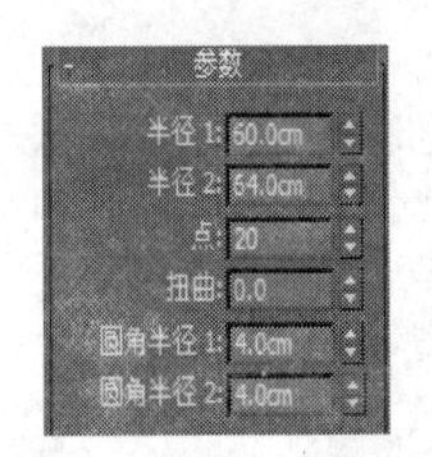

图 6-23 星形创建参数

（5）为星形添加“编辑样条线”修改器，在修改器堆栈中选取“样条线”类型，在几何体堆栈中，设置“轮廓”为 2（按 Enter 键后自动变为 0），效果如图 6-24 和图 6-25 所示。

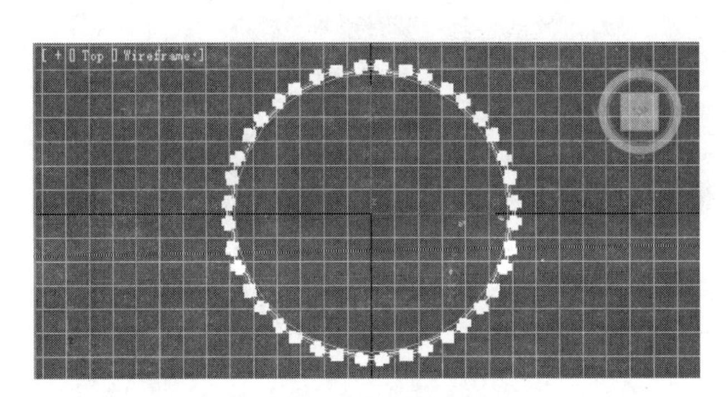

图 6-24　星形轮廓效果

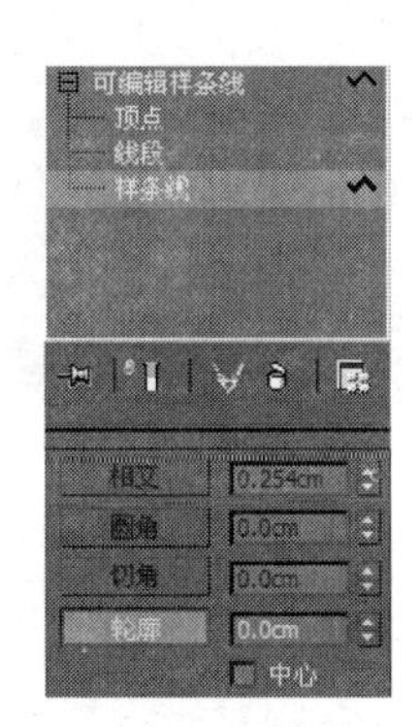

图 6-25　星形轮廓参数

（6）在顶视图中再创建一个星形 2，星形效果及参数设置如图 6-26 和图 6-27 所示。

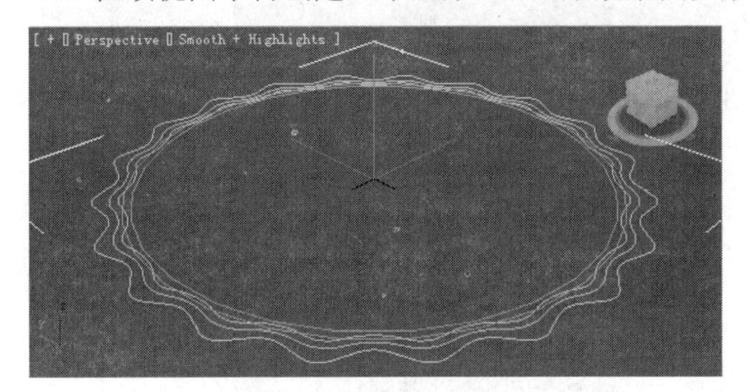

图 6-26　星形 2 效果

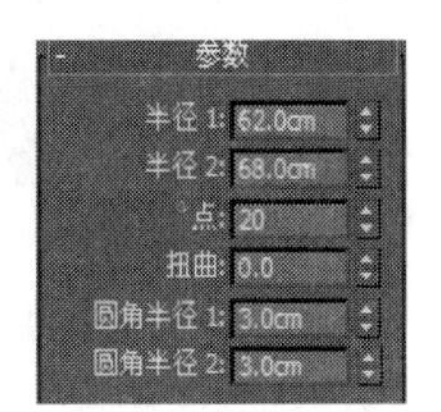

图 6-27　星形 2 参数

（7）此时，继续为星形 2 添加“编辑样条线”修改器，在修改器堆栈中选取“样条线”类型，在几何体堆栈中，设置“轮廓”为 1（按 Enter 键后自动变为 0），效果如图 6-28 和图 6-29 所示。

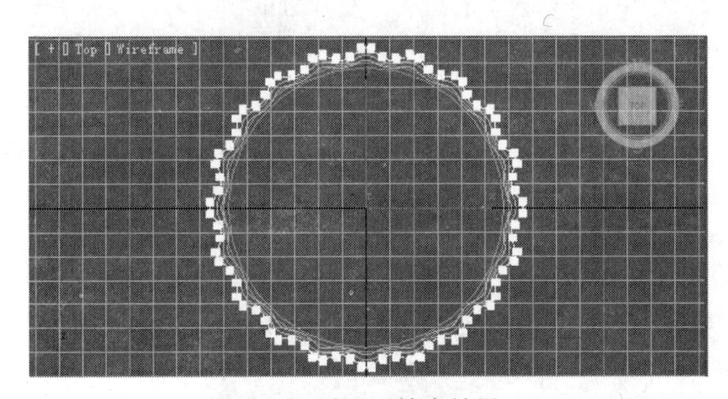

图 6-28　星形 2 轮廓效果

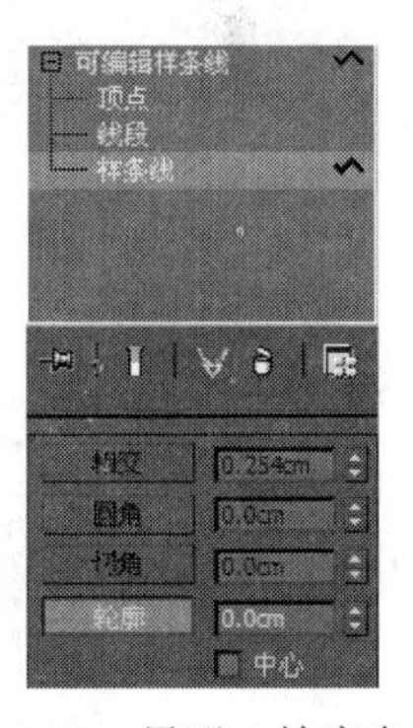

图 6-29　星形 2 轮廓参数

（8）在左视图中按住 Shift 键创建一条垂直的直线，作为放样的路径，效果如图 6-30 所示。

（9）此时，选取路径，单击复合对象中的“放样”按钮，在“路径参数”卷展栏中设置路径为 38，然后单击“拾取图形”按钮，在场景中选取圆形，效果如图 6-31 所示。

（10）继续在“路径参数”卷展栏中设置路径为 56，然后单击“拾取图形”按钮，在场景中选取星形，效果如图 6-32 所示。

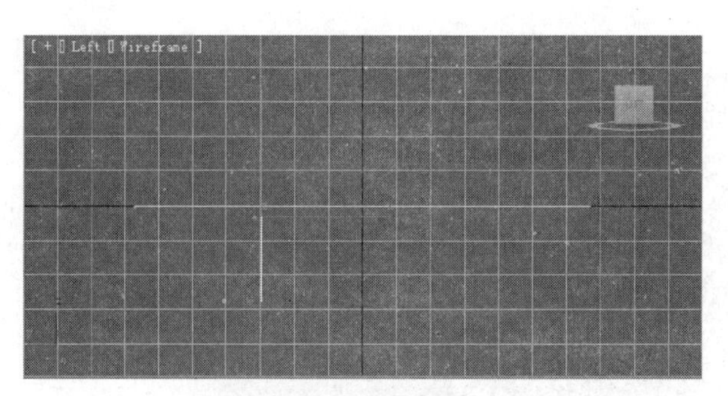

图 6-30　绘制直线

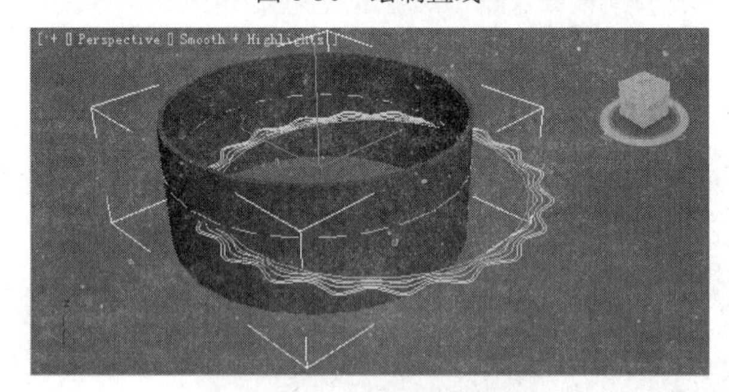

图 6-31　拾取圆形效果

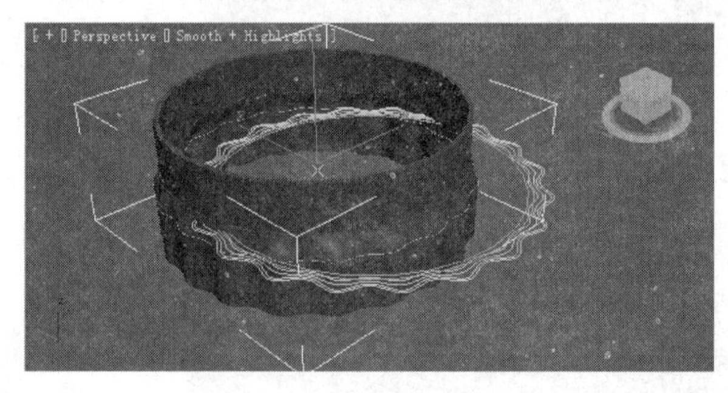

图 6-32　拾取星形效果

（11）继续在“路径参数”卷展栏中设置路径为 100，然后单击“拾取图形”按钮，在场景中选取星形 2，效果如图 6-33 所示。

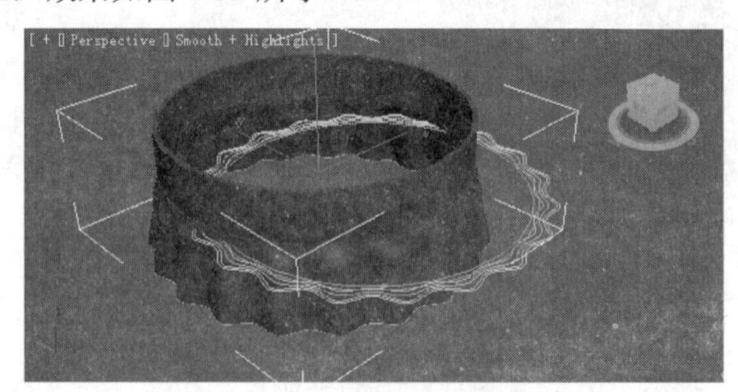

图 6-33　拾取星形 2 效果

（12）选取放样对象，切换到“修改器”命令面板，在“变形”卷展栏中单击“缩放”按钮，在弹出的窗口中单击“添加控制点”按钮，在曲线上添加和调整控制点。效果如

图 6-34 和图 6-35 所示。

图 6-34　变形窗口

图 6-35　曲线点的调整

（13）调整曲线后，静物效果如图 6-36 所示。

（14）按 M 键打开“材质编辑器”窗口，为静物赋予贴图和材质，如图 6-37 和图 6-38 所示。

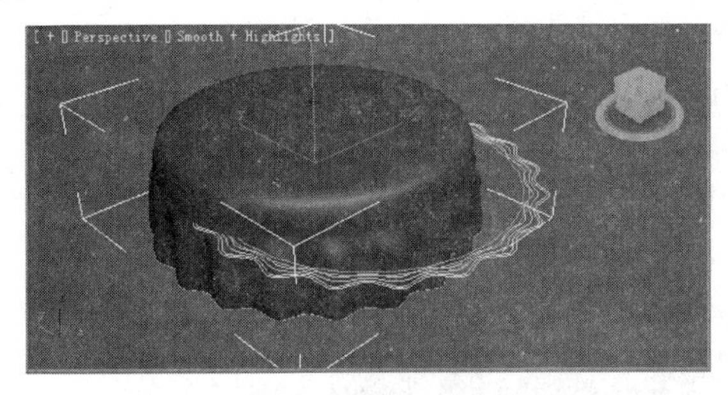

图 6-36　静物效果

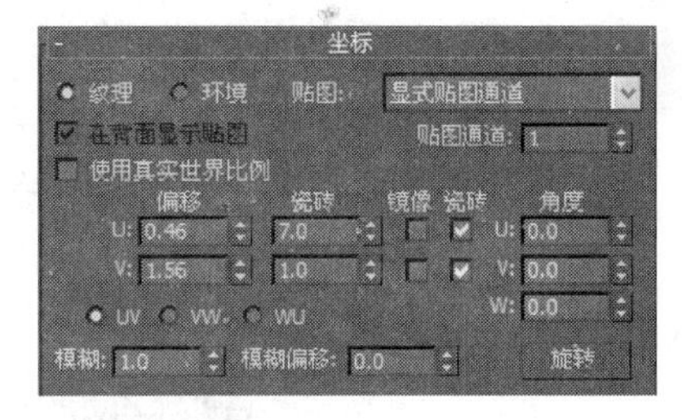

图 6-37　贴图选取及参数设置

（15）在透视图中执行“渲染”命令，最终效果如图 6-39 所示。

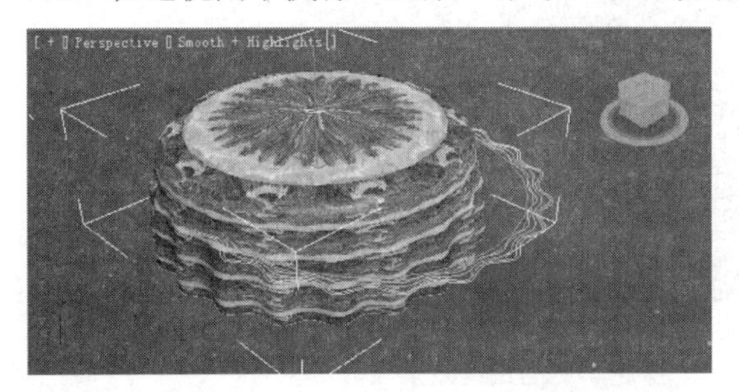

图 6-38　贴图效果

图 6-39　静物最终效果

本 章 小 结

通过本章的学习，让学生掌握利用 3ds Max 2012 进行符合建模的思路和方法，特别是熟练运用放样、放样变形和布尔运算，灵活处理动漫设计和游戏场景制作中的模型，并结合现实生活中简单的造型，运用放样、放样变性和布尔运算进行创新性地模拟和设计，从而制作出逼真形象的动漫卡通形象和富有表现力的游戏场景。

实训项目 6

【实训目的】

通过本实训项目使学生能较好地掌握二维图形和三维物体的转换技巧和方法，理顺本章知识，达到综合运用，能提高学生分析问题、解决实际问题的能力，进一步为后续的学习奠定基础。

【实训情景设置】

复合对象的创建在角色模型和游戏场景的制作中是一个非常重要的环节。本实训结合动漫、游戏行业卡通模型和相关场景的创建，使用放样等方法，进一步熟悉其工作流程。

【实训内容】

利用复合建模，完成动漫场景中 “穿越羊”的制作。

（1）通过熟悉的几何体，创建“穿越羊”的头部轮廓。

（2）利用空间几何体，创建“穿越羊”的身体和四肢。

（3）结合给定场景，创建灯光、摄像机。

（4）给“穿越羊”赋予材质和贴图，使其富有穿越效果。

（5）将作品以.jpg 格式渲染输出。最终效果如图 6-40 所示。

图 6-40 “穿越羊”的最终效果

第 7 章 灯光与摄像机

本章要点

- 灯光在空间物体模型构建过程中的方法
- 摄像机的使用方法
- 利用灯光对空间模型和场景进行美化
- 使用摄像机制作相应动画

教学目标

- 了解灯光和摄像机的使用方法
- 认识灯光使用前后对于空间模型的影响
- 掌握灯光和摄像机的功能和作用

教学情境设置

在 3ds Max 2012 建模过程中，基本模型创建完成后，随时需要对模型的各个部位做出光照效果和使用摄像机制作相应的摄像机动画。本章主要掌握灯光和摄像机的功能和使用方法，以及不同的灯光对物体外观的美化作用和使用摄像机对于动画制作前后的影响及作用。

任务 7.1　3ds Max 2012 中建立光源

灯光和摄像机的设置是构成动漫、游戏场景的重要组成部分，在动漫、游戏场景中，当确定了造型及材质的情况下，灯光和摄像机效果的好坏直接影响整体效果。如果说灯光、材质是创建美的话，那么摄像机就是发现美。3ds Max 2012 中的摄像机不仅提供了不同的视角，还可以使用摄像机制作出环游效果图等动画。

在某种意义上，3ds Max 2012 场景中的建模只是为光源提供了某种形式的反射、透射、折射光源或场景图案的合适面片，以此产生相应的明暗、色调、光感及构图方面的变化，以表现建筑效果图中丰富的光影层次、光线的强弱、色调的深浅等要素，使效果图显得更加生动逼真。从这个意义上说，场景中的光源实际上是一种“作画”工具，光源就是带有明暗颜色的“画笔”，所建模型的表面就是作画的“画布”，用户可以通过合适的光源布局，利用光来为每个模型的面片涂上各种色彩和明暗变化。

灯光在场景中是一套照明模拟系统，可用于模拟现实生活中的太阳光、日光灯和霓虹灯等光源的照明，还可以模拟舞台和电影中的灯光设备。只有使用了灯光效果，通过模拟的照明系统，才能表现场景中物体的层次和质感特性，使场景产生色彩斑斓的效果。

在没有创建灯光之前，场景中有默认灯光，虽然可以照亮物体，但是根本达不到要求，所以要利用 3ds Max 2012 中的灯光来设计理想的照明系统。当创建新的灯光后，系统默认的灯光将自动关闭（即使关闭了创建的灯光）。当删除了场景中创建的灯光时，默认的灯光又会出现。所以总要确保使用某种灯光渲染对象。默认的灯光实际上由两种灯光组成：第一和灯放在左上方，第二和灯放在右下方。

3ds Max 2012 中的灯光分为标准灯光、光度学和日光三大类，其中光度学灯光能模拟出真实的灯光效果。无论使用哪一种类型来设置，最终目的是得到一个真实而生动的灯光效果。一幅出色的效果图需要恰到好处的灯光效果，3ds Max 中的灯光比现实中的灯光优越得多，用户可以随意调节亮度、颜色，设置它能否穿透物体或是投射阴影，还能控制灯光要照亮哪些物体不照亮哪些物体。

在“创建”命令面板上单击（灯光）按钮，展开灯光创建命令面板，如图 7-1 所示。

3ds Max 2012 提供了 8 种标准灯光，它们分别是目标聚光灯、Free Spot（自由聚光灯）、目标平行光、自由平行光、泛光灯、天光、区域泛光灯和区域聚光灯。

图 7-1　灯光

7.1.1　泛光灯

3ds Max 2012 中的泛光灯为点光源，光线从一点向四面八方放射，作用范围是以光源为中心的球体。泛光灯没有明确的照射目标，常用来模拟环境光，通常作为补充光使用。它的照射范围可以任意调整，可以对物体产生投影阴影。场景中可以用多盏泛光灯协调作用，以产生较好的效果，但要注意的是泛光灯也不能建立得过多，否则效果就会显得平淡而呆板。因此，掌握好灯光的搭配技巧是十分重要的。

单击“创建”命令面板上的“泛光灯”按钮，在视图中单击鼠标即可创建泛光灯。

创建泛光灯对象后，可以使用对象变换工具对灯光进行移动、旋转和缩放操作，以达到场景的需求。若要对泛光灯对象进行修改，可以通过“修改”命令面板来访问泛光灯的参数。以泛光灯为例，对光源的各类参数进行简单介绍。

1. “常规参数”卷展栏

灯光的“常规参数”卷展栏适用于各种灯光（天空光除外），这些参数用于控制灯光的开启，排除一些不需要照明的物体等，如图 7-2 所示。

图 7-2　“常规参数”卷展栏

（1）“灯光类型”选项组用于设置灯光类型参数。

☑ 启用：打开或关闭灯光。

☑ 泛光灯 ：改变当前选择灯光的类型。

☑ 目标：该复选框只针对有目标的灯光，激活它就可以显示该灯的目标。

（2）“阴影”选项组用于设置灯光是否产生阴影及阴影类型。

☑ 启用：用来开启和关闭灯光产生阴影。

☑ 使用全局设置：该复选框用来指定阴影是使用局部参数还是全局参数。如果选中该复选框，那么全局参数将影响所有使用全局参数设置的灯光。当用户希望使用一组参数控制场景中的所有灯光时，该选项非常有用。如果不选中该复选框，灯光只受其本身参数的影响。

☑ 阴影贴图 阴影类型下拉列表框：在 3ds Max 2012 中产生的阴影有 5 种类型，即高级光线跟踪阴影、mental ray 阴影贴图、区域阴影、阴影贴图和光线跟踪阴影。

“阴影贴图”为默认阴影类型，经常使用的还有“光线跟踪阴影”。这两种阴影的属性和生成方法是不同的，“阴影贴图”产生一个假的阴影，它从灯光的角度计算产生阴影对象的投影，然后将它投影到后面的对象上。“阴影贴图”的优点是渲染速度较快，阴影的边界较为柔和，缺点是阴影不真实，不能反映透明效果。与“阴影贴图”不同，“光线跟踪阴影”可以产生真实的阴影，它在计算阴影时考虑对象的材质和物理属性，缺点是计算量很大。如图 7-3（a）所示为使用“阴影贴图”生成的阴影，图 7-3（b）为使用“光线跟踪阴影”生成的阴影。

（a）

（b）

图 7-3　“阴影贴图”与“光线跟踪阴影”对比

☑ 排除：该按钮用来设置灯光是否照射某个对象，或者是否使某个对象产生阴影。有时为了实现某些特殊效果，某个对象不需要当前灯光来照明或投射阴影，就需要用此按钮来设定。单击该按钮后出现“排除/包含”对话框，选择“排除”选项，可以设置要排除的对象；选择“包含”选项，可以设置要包含的对象。

注意

排除照明或投射阴影的对象仍然会在视图中出现，只是在进行渲染时才会产生效果。

2. “强度/颜色/衰减”卷展栏

“强度/颜色/衰减”卷展栏如图 7-4 所示，用来设定灯光的强弱、颜色及衰减参数。在现实世界中，不管灯光的亮度如何，灯光的光源区域最亮，离光源越远则会变得越暗，远到一定距离就没有了照明效果，这种物理现象叫做灯光的衰减（Attenuation）。衰减是用于确定灯光如何随着距离减弱的属性。在自然界中，灯光的衰减遵守一个物理定律，称之为反平方（Inverse Square）定律，该定律使灯光的强度随着距离平方的反比衰减。这就意味着如果要创建真实的灯光效果，就需要某种形式的衰减。有几种因素决定了灯光的照射距离，一是光源的亮度，二是灯光的大小。灯光越亮、越大，照射的距离就越远；灯光越小、越暗，照射的距离就越近。

图 7-4 “强度/颜色/衰减”卷展栏

默认灯光是不使用衰减的。当进行照明时，除了最暗的辅光，所有其他光都应使用衰减。

（1）倍增器：类似于灯的调光器。对灯光的照射强度进行倍增控制，标准值为 1。如果设为 2，则光倍增加一倍；如果设为负值，则将产生吸收光的效果。例如，负泛光灯的一般用途是放在内部的角落，使其变暗，在场景中产生用一般光很难获得的效果。

倍增器的用途非常广泛，最常见的是保证场景中一系列光使用相同的颜色。每一种光可以给定相同的颜色，但是其强度可以由倍增器来控制。小的倍增器可以将颜色样本中的明亮颜色变暗。例如，如果要创建一个暗红色，不是将样本的 RGB 值设置为（10,0,0），这时样本颜色太黑，不容易辨别。通常的方法是将 RGB 值设置为（200,0,0），并将倍增器的值设置为 0.05。

（2）色块：显示灯光的颜色，单击色块，弹出“颜色选择器：光颜色”对话框，用来调整灯光的颜色。

（3）“衰减”选项组是光线衰减的一种附加方式。

类型：衰减方式，包含 3 个衰减选项，分别是“无”、“倒数关系”和“反平方比”。默认为“无”，它不会产生衰减，除非开启“远距衰减”及其参数设置。其他两个选项用来自动设定灯光的衰减。

（4）“近距衰减”选项组设定灯光亮度从弱到强开始增强的距离。

☑ “开始”和“结束”：在光源到“开始”之间，灯光的亮度为 0。从“开始”到“结束”之间灯光亮度逐渐增强到设定的亮度。在“结束”以外，灯光保持设定的亮度和颜色。在“开始”位置用一个深蓝色线框表示，在“结束”位置用一个浅蓝色线框表示。

☑ 使用：开启或关闭衰减效果，默认不选为关闭。

☑ 显示：选中该复选框则不论光源是否选中都显示衰减线框。

（5）“远距衰减”选项组用于设定灯光亮度减弱为 0 的距离。

☑ “开始”和“结束”：在光源到“开始”之间，灯光的亮度设定为初始亮度和颜色。从“开始”到“结束”灯光亮度逐渐减弱到 0。在“结束”以外，灯光亮度为 0。

如图 7-5 所示，设置泛光灯的衰减参数，图 7-5（a）所示为在前视图中看到的衰减线框，图 7-5（c）所示为对泛光灯添加体积光效果后看到的衰减。

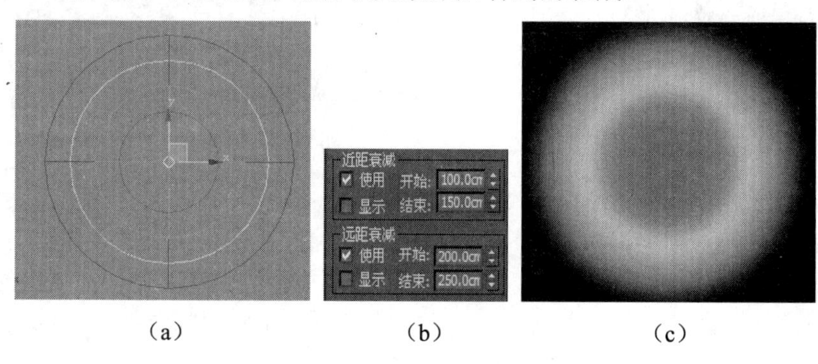

（a） （b） （c）

图 7-5 泛光灯衰减效果

3. “高级效果”卷展栏

“高级效果”卷展栏用来控制灯光影响表面区域的方式，并提供了对投影灯光的调整和设置，如图 7-6 所示。

（1）“影响曲面”选项组用来设置灯光在场景中的工作方式。

☑ 对比度：调节物体高光区与过渡区之间表面的对比度，取值范围为 0～100。默认值为 0，是正常的对比度。

☑ 柔化漫反射边：柔化过度区与阴影区表面之间的边缘，避免产生清晰的明暗分界，取值范围为 0～100。数值越小，边界越柔和。默认值为 50。

☑ 漫反射/高光反射/仅环境光：这几个选项一般不需要调整。

（2）“投影贴图”选项组可以将其想象成一个幻灯机或者一个电影放映机。当在这里放置一个图像后，就沿着灯光的方向投影图像。这个功能有广泛的用处，如可以模拟电影投影机投射的光、通过彩色玻璃的光、迪斯科舞厅的灯光或者霓虹灯灯管的灯光等。

☑ 贴图：开启或关闭所选图像的投影。

☑ 无：单击此按钮将打开“材质/贴图浏览器”对话框，用来指定进行投影的贴图。也可以从材质编辑器中拖动贴图到按钮上，选择复制或实例，这时可以利用材质编辑器对贴图进行编辑。与此相反的，还可以拖动此贴图到材质编辑器中的样本球上，也可以拖动其他贴图到此按钮上进行贴图复制，例如，从“环境”对话框中拖动贴图按钮。

使用灯光贴图的步骤如下：

（1）在前视图中创建一个立方体，并创建一盏泛光灯，选择泛光灯，在（对齐）按钮上单击鼠标拖动并单击（放置高光）按钮，在立方体上单击鼠标，将立方体的一面照亮，如图 7-7 所示。

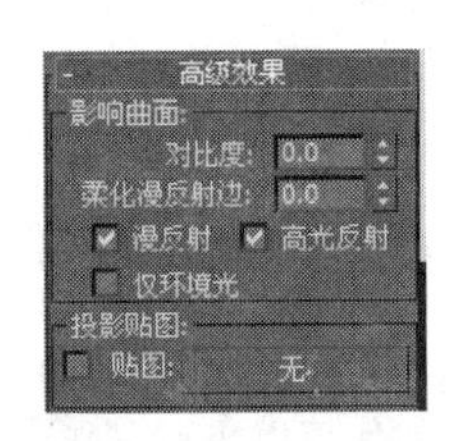

图 7-6 “高级效果”卷展栏

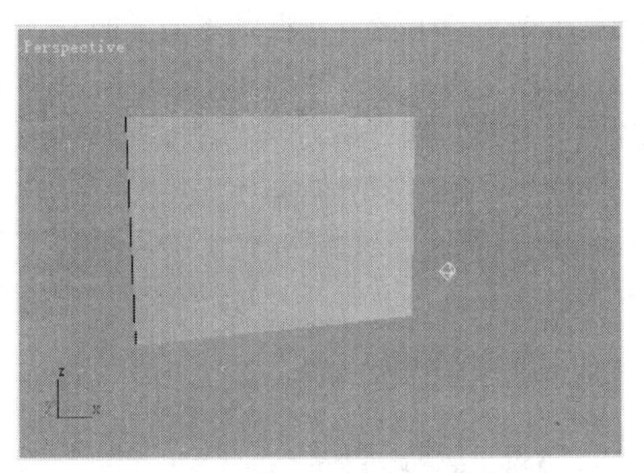

图 7-7 泛光灯与立方体对齐栏

（2）选择泛光灯，切换到“修改”命令面板。

（3）在“高级效果”卷展栏的“投影贴图”选项组中选中“贴图”复选框。单击“无”按钮，在弹出的“材质/贴图浏览器”对话框中双击“位图”贴图类型，在弹出的对话框中选择一幅图片。

（4）渲染透视图即可看到贴图的效果，如图 7-8 所示。

4. “阴影参数”卷展栏

场景中的阴影可以描述许多重要信息，例如可以描述灯光和对象之间的关系，对象和投射面的相对关系，描述透明对象的透明度和颜色等。“阴影参数”卷展栏如图 7-9 所示。

图 7-8 投射贴图效果

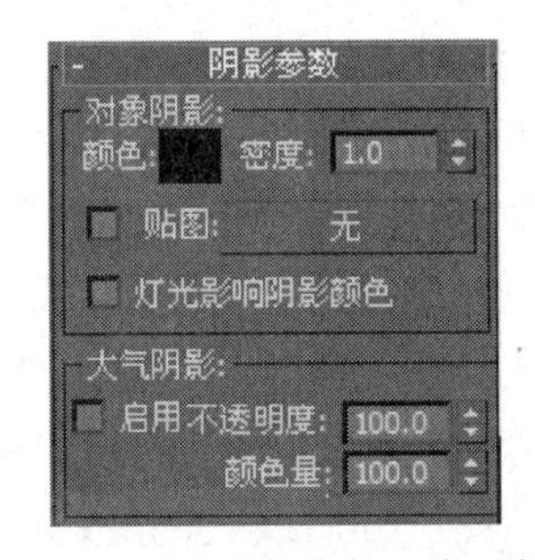

图 7-9 “阴影参数”卷展栏

（1）“对象阴影”选项组用来调整阴影的颜色和密度以及增加阴影贴图等。

☑ 颜色：设置阴影的颜色，默认设置为黑色。

☑ 密度：调整阴影的浓度。增加阴影浓度的值可使阴影更重或更亮，减小阴影浓度的值可使影子变淡。默认值为 1.0。

☑ 贴图：为阴影指定贴图。选中该复选框后，贴图的颜色将与阴影色混合。

☑ 灯光影响阴影颜色：选中该复选框后，光将影响阴影的颜色。

（2）“大气阴影”选项组用来控制大气效果是否产生阴影，一般大气效果是不产生阴影的。

- ☑ 启用：当选中该复选框后，大气效果将投射阴影。
- ☑ 不透明度：用于设置大气阴影的不透明度，默认值为 100。
- ☑ 颜色量：用于调整大气色和阴影色的混合程度，默认值为 100。

5. “阴影贴图参数”卷展栏

“阴影贴图参数”卷展栏如图 7-10 所示。

阴影贴图方式渲染速度较快，投射阴影时，不考虑材质的透明度变化，场景过大时，阴影变得很粗糙，这时需要增加“大小”的值来改善阴影。这种方式可以产生模糊的阴影，这是光线跟踪方式无法实现的。在制作室内效果图时，通常使用阴影贴图方式。

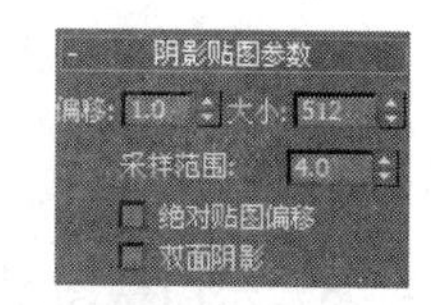

图 7-10　“阴影贴图参数”卷展栏

- ☑ 偏离：用来设置阴影与物体之间的距离。值越小，阴影越接近物体，如果发现阴影离物体太远而产生悬空现象时，可减小它的数值进行调整。
- ☑ 大小：设定阴影贴图的大小，如果阴影面积较大，应提高此值，否则阴影会显得很粗糙。虽然提高它的值可以优化阴影的质量，但也大大增加了渲染时间。有时需要多次试验才能在阴影质量和内存消耗中寻求一个合适的平衡点。如图 7-11 所示分别是该参数设置为 100（左图）和 500（右图）的情况。

图 7-11　阴影贴图大小对比

- ☑ 采样范围：设置阴影中边缘区域的柔和程度。值越高，边缘越柔和，可以产生比较模糊的阴影。注意在制作室内效果图时要经常使用阴影模糊。
- ☑ 绝对贴图偏移：以绝对值方式计算贴图偏移的值。
- ☑ 双面阴影：选中该复选框时，在计算阴影时同时考虑背面阴影，此时对象内部并不被外部灯光照亮；未选中时，将忽略背面阴影，外部灯光也可照亮对象内部。

案例 7-1　动漫场景灯光制作，如图 7-12 所示。

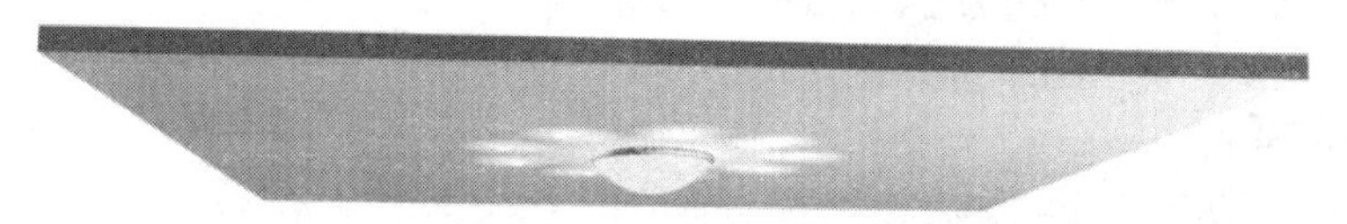

图 7-12　动漫场景灯光

造型制作，操作步骤如下：

（1）选择“文件”→“重置”命令，重置系统。

（2）在顶视图创建一个长宽为 500，高为 10 个单位的立方体，并命名为“顶”。

（3）在顶视图中创建一个圆环，设置半径 1 为 32，半径为 2 为 2，并命名为“灯架”。

（4）在顶视图中创建一个球体，设置半径为 40，半球为 0.7，并命名为“吸顶灯”。

（5）使用对齐工具调整灯架与吸顶灯的关系，在前视图中同时选择两个对象，单击工具栏中的按钮，单击鼠标右键，在弹出对话框的右侧 X 位置输入“170”，使其翻转 170 度。利用对齐工具调整与“顶”的关系。

（6）在场景左上角和右下角创建两盏泛光灯，作为环境光源。

（7）在吸顶灯位置创建一个泛光灯，使用远距衰减，设置“开始”为 60，“结束”为 70，制作吸顶灯在顶上的圆形光照效果。

（8）在顶视图创建一个圆柱体，设置半径为 3，高度为 1，并命名为“筒灯”。

（9）在筒灯位置创始一盏泛光灯，设置“倍增”为 0.5，使用远距衰减，设置“开始”为 20，“结束”为 30，制作筒灯在顶上的圆形光照效果。

（10）同时选择筒灯和筒灯上的泛光灯，以吸顶灯为中心，环形阵列 9 个对象。注意，环形阵列之前，切换主工具栏中的坐标系为“拾取”，在视图中拾取吸顶灯，切换变换中心为坐标系中心。再选择“工具”→“阵列”命令，设置旋转间距为 40，1D 数量为 9。顶视图中的效果如图 7-13 所示。

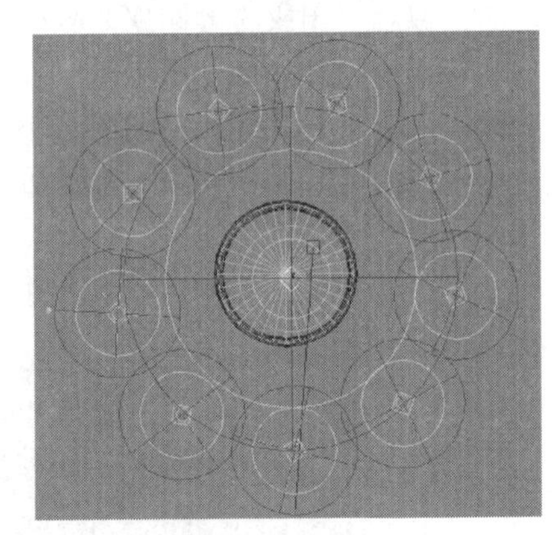

图 7-13　筒灯分布

编辑材质，操作步骤如下：

（1）在材质编辑器中，选择一个未用的示例小球，命名为“墙面”，颜色环境光与漫反射为“255,250,243”，高光为“纯白色”，自发光为 20。赋给“顶”。

（2）选择一个未用示例小球，命名为“发光”，颜色环境光为“150,205,237”，漫反射为“223,229,231”，高光为“232,236,237”，自发光为 100，高光级别为 16，柔化为 24。赋给“吸顶灯”。

（3）选择一个未用的示例小球，命名为“黄铜”，渲染方式为金属，高光级别为 75，柔化为 50。颜色环境光为“纯黑色”，漫反射为“255,294,29”。在反射贴图通道上设置为“Paper030.jpg”。赋给“灯架”。

（4）选择一个未用的示例小球，命名为“自发光”，将颜色设置为“纯白色”，自发光为 100，高光级别为 16，柔化为 24。赋给“筒灯”。

7.1.2　聚光灯

聚光灯是一种有方向的光源，类似于舞台上的强光灯。它可以准确地控制光束大小，它的光线来自一点，沿着锥形延伸。聚光灯与泛光灯的区别是，前者有照射范围的约束和目标点，光线在一个方向上传播，并形成照明光锥。

聚光灯分为目标聚光灯和自由聚光灯两种类型。目标聚光灯可以向一个移动的目标点投射光。它就像在聚光灯和目标点之间有一条绳，目标点到哪里，聚光灯就照到哪里。目标只是聚光灯定位的辅助参考点，它到光源的距离对灯光的亮度和衰减没有影响。自由聚光灯的功能与目标聚光灯一样，只是视线不是定位在目标点上，而是沿一个固定的方向。目标聚光灯常用来作为主灯为场景照明，而自由聚光灯则应用在汽车前灯、手电筒等对象上。

单击“目标聚光灯”按钮，在视图中单击拖动鼠标即可创建一个目标聚光灯。它由光源和目标点两部分组成，如 Spot01 和 Spot01.target。可分别选择移动这两部分，也可单击光源和目标点之间的连线同时选中二者进行移动。注意，只有单击光源才能显示目标聚光灯的创建参数。“聚光灯参数”卷展栏用来控制聚光灯的聚光区和衰减区等参数，如图 7-14 所示。其他聚光灯参数与泛光灯参数基本相同。

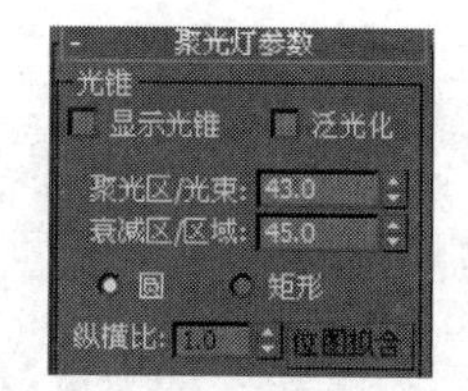

图 7-14　“聚光灯参数”卷展栏

对于聚光灯和有方向的光源来说，聚光区和衰减区是最常用的调整参数。聚光区和散光区的差值控制最后光照区域边界的清晰度。聚光区和衰减区参数的作用与泛光灯衰减参数相似。聚光区定义光以最大亮度照明的范围，即设定光线完全照射的范围，它并不增加光的亮度。衰减区定义结束照明的范围，它的衰减是非线性的，大部分衰减是在靠近边界处完成的。聚光区和衰减区大小的差值定义了光照区边界的柔和度或模糊程度。小的聚光区和大的衰减区将产生一个非常柔和的边界，而当聚光区和衰减区的大小相同时，则会产生一个十分鲜明的边界。

“光锥”选项组用来对聚光灯照明的锥形区域进行设定。

☑　显示光锥：在对象灯光没有被选定的情况下是否显示代表灯光照射范围的锥形线框。当灯光被选定时都会显示其照射范围的锥形线框。

☑　泛光化：当选中此复选框时，可以将聚光灯作为泛光灯使用。

☑　聚光区/光束：调整灯光聚光区光锥的角度大小。它是以角度为测量单位的，默认是 43°，并且聚光区光锥用亮蓝色的锥线表示。

☑　衰减区/区域：调整灯光衰减区光锥的角度大小。默认值是 45°，用暗蓝色的锥线来表示衰减区光锥。在默认情况下，衰减区的大小总是比聚光区的大 2°或 2 个单位。

☑　圆/矩形：决定聚光区和衰减区是圆形的还是方形的。默认为圆形，当用户要模拟光从窗户中照射进来时就需要使用方形的照射区域。

☑　纵横比、位图拟合：当设定为矩形照射区域时，使用“纵横比”来调整方形照射区域的长宽比，或者使用“位图拟合”按钮为照射区域指定一个位图，使灯光的照射区域同位图的长宽比相匹配，当把灯光作为放映机时这将是有用的。

案例 7-2　动漫场景聚光灯创建。

操作步骤如下：

（1）在顶视图中创建一个立方体，设置长度为 500，宽度为 500，高度为 300。

（2）在立方体上单击鼠标右键，在弹出的快捷菜单中选择“转换”→“转换为可编辑多边形”命令，按 6 键进入元素次对象编辑状态，选择立方体，单击面板上的“翻转”法线，形成六个面封闭的墙体效果，内部面可见。

（3）在前视图中，从上向下单击拖动鼠标创建一个目标聚光灯，这时场景整体变暗，渲染透视图，地面上出现一个圆形光照区域，如图 7-15 所示。

（4）在场景的左上角和右下角创建两个泛光灯作为辅助光源，整个场景变亮，如图 7-16 所示。

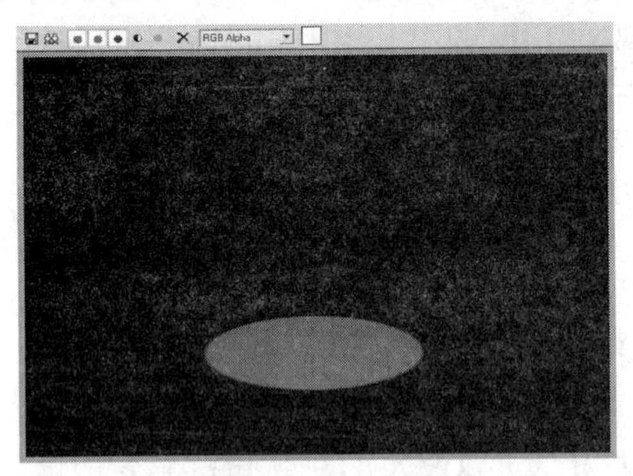

图 7-15　单个聚光灯

图 7-16　聚光灯与辅助光源

（5）单击光源与目标点之间的连线，按住 Shift 键，移动复制一个目标聚光灯。设置复制聚光灯的聚光区和衰减区分别为 20 和 50。如图 7-17 所示，聚光灯照射区域减小，同时光照区域边缘出现显示的过渡。

（6）移动聚光灯光源和目标点的位置，使其射向左侧墙面，选择矩形光照区域，设置“纵横比”为 1.7（500/300），效果如图 7-18 所示。

图 7-17　衰减区效果

图 7-18　矩形光照区域

（7）删除向左侧照射的聚光灯。执行“渲染”→“环境”命令，在弹出对话框的“大气”卷展栏中单击“添加”按钮，选择“体积光”类型。在下方的“体积光参数”卷展栏中单击“拾取灯光”按钮，在视图中单击光源位置。渲染观察效果，如图 7-19 所示，可以发现，聚光灯可以从光源位置向下无限照射，任何物体挡不住光线。因此在聚光灯参数中经常需要修改远距离衰减，限制光线的照射范围。

（8）移动光源和目标点位置，使用光线射向左侧的墙面，设置聚光灯的“远距衰减”起作用，设置“开始”和“结束”分别为 120 和 150。这种方法经常用来模拟筒灯、壁灯、台灯等在墙壁上的弧光效果。

（9）复制形成其他聚光灯，左右两侧聚光灯可镜像复制，效果如图 7-20 所示。

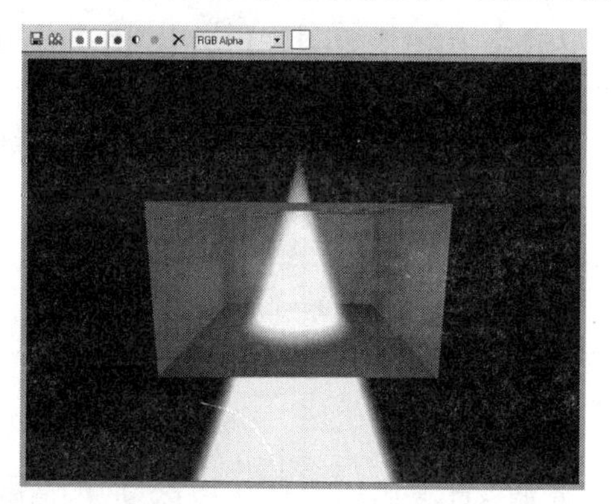

图 7-19 聚光灯体积光效果

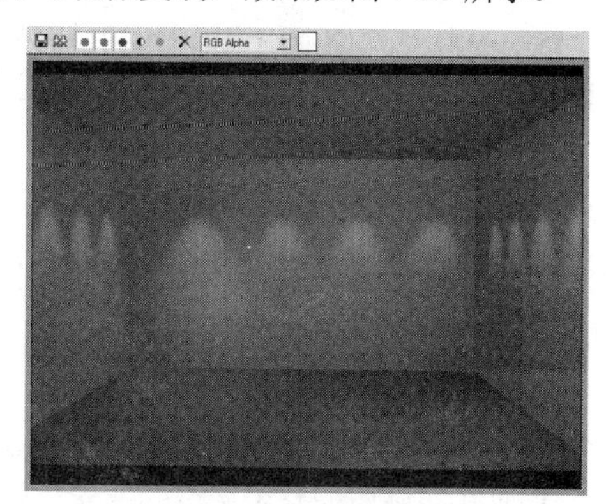

图 7-20 弧光效果

7.1.3 平行光

平行光是在一个方向上传播平行的光线，如太阳，在视图中显示为圆柱体。像聚光灯一样，平行光由目标平行光和自由平行光两种类型组成。在平行光的参数面板中，只有“有向参数”卷展栏代替了聚光灯中的“聚光灯参数”卷展栏，平行光的参数作用和使用方法与聚光灯相同。

7.1.4 标准光源的布置方法

1. 光源的分类

场景中的光源依照其功用可分为主光源、辅助光源和背景光源 3 大类。

什么是主光源呢？影响整个场景光照效果的光源都可以作为主光源。在一般情况下，主光源的数目应根据实际照亮整个场景的发光点的数目来决定。但也有例外，如果一幅室内效果图中有许多主灯，这些主灯都是主光源，但不能在每个主灯的位置都设置灯光，如果灯的数目太多，就会降低系统的运算速度。

在室内日景效果图中，从窗户透射进来的太阳光并不是主光源，因为它只照亮了地面，真正影响室内光照的是窗外的漫射光线和被照亮的地面。对于室外日景效果图，太阳光是唯一的主光源，而夜景效果图中的灯光和射灯都可作为主光源。

辅助光源用于改善局部的光照效果，辅助光源可以分为 3 类。

第一类是由实际发光点发出的，如客厅中的壁灯、卧室中的台灯。

第二类是模拟光的反射时确定的光源。如台灯下的桌面会被台灯照得很亮，因此被照亮的桌面可以认为是发光点，可以设置一盏泛光灯照亮局部场景。这就要用到光源设置中的“排除”功能，在许多情况下，还要使用光源的衰减功能，以控制每盏辅助光源的光照范围。

第三类是吸光灯。因为有时场景中会出现很严重的大光斑，一般出现在顶棚和墙面，

会严重影响渲染效果，这时需要通过设置“倍增器”值为负值的灯光来吸收局部过强的光照。

背景光源用于提供场景的背景光照效果，可以突出场景物体的边缘轮廓，层次分明。背景光源数目的多少应根据具体情况来定，不可强求一致。

在实践中用光照效果构图“作画”，最初起源于摄影和舞台光效果。3ds Max 中的灯光设置就非常接近于摄影或舞台上的灯光布置。建议读者在学习灯光设置相关内容时应特别留心一下照相馆、摄影棚和舞台灯光的布局方式，以便在制作效果图时加以借鉴。

2. 设置灯光的一般步骤

在制作效果图时，一般可以按照下面的步骤进行灯光设置。

（1）确认场景中的所有物体都已创建完成。

（2）在实际照亮整个场景的发光点处创建主光源，如果实际发光点太多，应酌情减少主光源的数目。一般情况下需要将主光源的“阴影”选项选中，使物体投射阴影。如果是室内效果图，主光源一般使用“泛光灯”或“目标聚光灯”；如果是室外效果图，大都使用“目标平行光”。

（3）在实际局部发光点处（如筒灯、壁灯和台灯）创建第一类辅助光源，一般需要设置投射阴影。

（4）进行光的传递分析，设置第二类辅助光源。这类辅助光源的位置位于光照很明显的物体表面附近，因为这些位置会对场景的光效产生影响，光源类型一般为泛光灯。

（5）如果有“大光斑”出现，就需要设置第三类辅助光源，吸掉过强的光照。

（6）有些物体的阴暗部分未被照亮，就需要设置背景光源。

在布置灯光的过程中，经常需要渲染视图以观察效果。一般主光源和第一类辅助光源创建完成后就要进行渲染。如果对渲染结果不够满意，就要分析原因，找到问题所在，然后有针对性地进行修改，调整光源的分布及相关光源的亮度和颜色等参数，逐步达到满意的效果。

任务 7.2　光度学灯光

前面介绍的聚光灯、泛光灯等都是 3ds Max 2012 以前版本中原有的灯光系统。从 3ds Max 5 开始增加了模拟真实的 Photometric 灯光类型。用户可根据光度学灯光的光度值来精确定义灯光，并创建具有不同分布和颜色特征的灯光，也可直接下载真实的光量参数来模拟真实世界的灯光效果。光度学灯光使用平方倒数衰减方式，其亮度可以在特定距离处用 Candela（烛光）、Lumen（流明）或 Lux（勒克斯）单位表示。需要注意的是，灯光的亮度与距离、空间大小有关，因此在建模时单位设置非常重要。

1. 点光源

点光源分为目标点光源和自由点光源两种类型。目标点光源可用来向一个目标点投射光线，其光线的分布属性有各向同性、聚光灯和网状 3 种。自由点光源的功能与目标点光源一样，只是没有目标点，用户可自行变换灯光的方向。

光线的分布属性用来描述灯光在其周围的空间发射的强度。其中“各向同性”是新建灯的默认分布类型，对于点光源来说，它表示灯光在所有方向上强度相同。对于线光源和面光源来说，即表示在灯的发射方向上光度最强，随着角度的增加光度减少，在 90° 方向光度为 0。聚光灯分布类型仅适用于点光源，它就像一个闪光灯被聚焦的光束，可以像设置标准聚光灯那样来设置热点（Beam 光束）和落点（Field 照射范围场）的角度。网状分布类型允许用户自定义灯光的发射强度。在这里，用户需要一个由灯的制造商为每一种灯所提供的参数定义文件即光域网文件（*.ies）。

当创建了点光源后，可以通过“修改”命令面板访问灯光的参数。不管创建哪类灯光，其灯光参数与前面所介绍过的聚光灯相应参数基本一致，下面仅介绍光度控制光点光源所特有的“强度/颜色/衰减”卷展栏。

“强度/颜色/衰减”卷展栏如图 7-21 所示，用来设定灯光的强弱、颜色及分布类型。

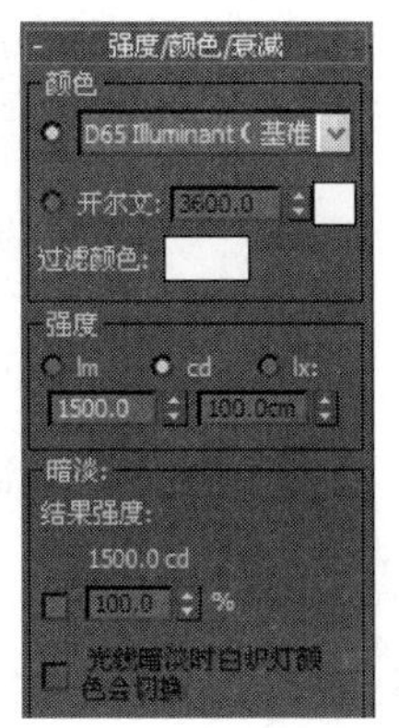

图 7-21 “强度/颜色/衰减”卷展栏

（1）可在“分布类型”列表中选择和改变灯光的分布类型。根据不同的灯光分布类型，仅列出可用的分布选项。当选中网状分布时，将会增加一个“网状参数”卷展栏，用来让用户导入 IES 文件。

（2）“颜色”选项组。

☑ 灯光下拉列表框：可从中选择预定义的标准灯光来设定灯光的颜色，如荧光灯、水银灯或氙灯等。通过改变色温参数旁的颜色样本值也可影响所选择的灯光颜色。

☑ 开尔文：通过调整色温参数来设置灯光颜色。调节该值，相应的灯光颜色将显示在右侧的颜色样本中。

☑ 过滤颜色：使用颜色过滤器来模拟放在灯前的彩色滤光纸的效果，通过改变旁边颜色样本值来调节。默认为白色。

（3）“强度”选项组用来设置光度以控制灯光的强度和亮度。

☑ lm/cd/lx：光的亮度可以在特定距离处用 Lumen（流明）单位、Candela（烛光）单位或 Lux（勒克斯）单位表示。这些值可从灯的制造商处获得。一个 100 瓦的灯泡大约等于 1750 流明，或 139 烛光。

☑ 倍增器：用来设置灯光的强度。前面的复选框用来开启或关闭倍增器。

2. 线光源

线光源也分为目标线光源和自由线光源两种类型。目标线光源可用来向一个目标物体投射光线，其光线的分布属性有漫射和网状两种。其中光线的漫射分布将在某个角度以最大的强度向表面投射光线，随着角度的倾斜光线强度渐减。网状分布类型允许用户自定义灯光的发射强度。在这里，用户需要一个由灯的制造商为每一种灯所提供的参数定义文件（*.ies）。

自由线光源的功能与目标线光源一样，只是没有目标物体，用户可自行变换灯光的方向。

3. 面光源

面光源也分为目标面光源和自由面光源两种类型。目标面光源可用来向一个目标物体投射光线，其光线的分布属性有漫射和网状两种。自由面光源的功能与目标面光源一样，只是没有目标物体，用户可自行变换灯光的方向。同样，自由面光源也具有上述两种光度控制光线分布的属性，其中光线的漫射分布将在某个角度以最大的强度向表面投射光线，随着角度的倾斜光线强度渐减。网状分布类型允许用户自定义灯光的发射强度。在这里，用户需要一个由灯的制造商为每一种灯所提供的参数定义文件（*.ies）。

任务 7.3 摄像机的设置

摄像机主要用来调整场景的视角和透视关系，通常创建效果图的最终效果都要在摄像机视图中表现。

7.3.1 摄像机的类型

单击“创建”命令面板上的按钮，摄像机创建面板如图 7-22 所示。

图 7-22 摄像机创建面板

3ds Max 2012 系统中共提供了两种摄像机，即目标摄像机和自由摄像机。在视图中创建的各种摄像机的显示形态如图 7-23 所示。

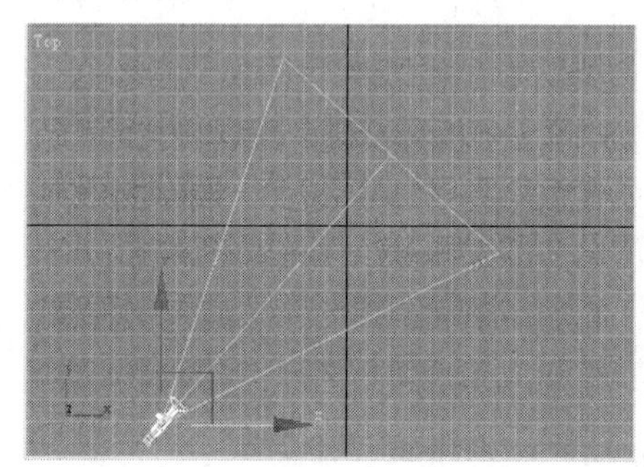

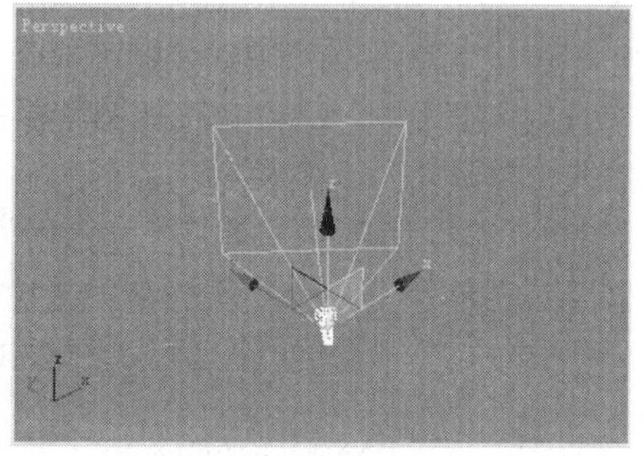

图 7-23 摄像机在视图中的形态

1. 目标摄像机

单击摄像机创建面板上的“目标”按钮，在视图中拖曳鼠标即可创建一个目标摄像机。其中，立方体图形是目标摄像机的“目标点”，另一个像一架小摄像机的图形是目标摄像机的“投影点”。它是制作效果图中最常用的一种摄像机，可以通过调整“目标点”与出发点的位置来得到合适的视图。可单独选择“投影点”或“目标点”进行移动，也可以单击两者之间的连线同时选中“投影点”和“目标点”进行移动。当然同时选择“投影点”和“目标点”的另一种方法是按 H 键，在打开的物体名称对话框中选择。

目标摄像机适用于拍摄静止画面、漫游画面、追踪跟随画面或从空中拍摄的画面等。为了创建特殊的效果，也可以沿着路径动画目标摄像机和它的目标点，这时最好创建一个虚拟对象，把目标摄像机和目标点连接到虚拟对象上，然后对虚拟对象进行动画。

2. 自由摄像机

自由摄像机的参数设置与目标摄像机的完全相同，但自由摄像机不能对“投影点”和“目标点”进行单独调整。自由摄像机是动画制作中经常用到的一种摄像机，主要用于摄像机的轨迹动画拍摄。

将一个视图切换到摄像机视图的方法有：（1）在视图左上角的视图标签处单击鼠标右键，在弹出的快捷菜单中选择“视图”菜单下的摄像机名称即可。（2）如果场景中只有一个摄像机，按 C 键来切换。当调整好摄像机视图以后，就可以对摄像机视图进行渲染。

7.3.2 摄像机参数

摄像机创建后就被指定了默认的参数，但是在实际中我们经常需要改变这些参数。可以在“修改”面板的“参数”卷展栏中改变摄像机的参数，如图 7-24 所示。

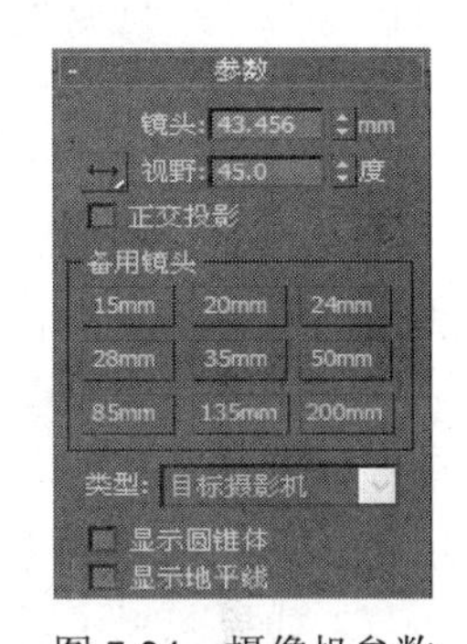

图 7-24 摄像机参数

- ☑ 镜头：设置摄像机的焦距长度，47mm 为标准人眼的焦距，近焦造成鱼眼镜头的夸张效果，长焦用来观测较远的景色，保证物体不变形。
- ☑ 视野：设定摄像机的视野角度。系统默认值为 45°，接近人眼的聚焦角度。
- ☑ ↔、↕、⤢：用来控制视野角度值的显示方式，包括水平、垂直和对角 3 种。
- ☑ 正交投影：选中此复选框，摄像机视图就好像用户视图一样，将去掉摄像机的透视效果；未选中此复选框，摄像机视图好像透视视图一样。
- ☑ 备用镜头：提供了 9 种常用镜头供快速选择。只要单击某个按钮就可以选择要使用的镜头。

7.3.3 摄像机视图控制

摄像机视图显示的是从摄像机观察其目标点的视图。3ds Max 2012 提供了一系列设定和调节摄像机观察其目标点的视图的方法，如图 7-25 所示。

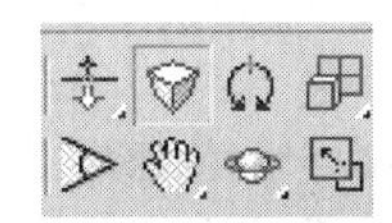

图 7-25 摄像机视图控制参数

- ☑ （透视）：移动摄像机使其靠近目标点，同时改变摄像机的透视效果，从而导致镜头长度的变化。35mm～50mm 的镜头长度可以很好地匹配人类的视觉系统。镜头长度越短，透视变形就越夸张，从而产生非常有趣的艺术效果；镜头长度越长，透视的效果就越弱，图形的效果就越类似于正交投影。

☑ （滚动摄像机）：使摄像机绕着它的视线旋转。
☑ （视野）按钮：作用效果类似于“透视”按钮，只是摄像机的位置不发生改变。
☑ （滑动摄像机）：使摄像机沿着垂直于它的视线的平面移动，只改变摄像机的位置，而不改变摄像机的参数。当为该功能设置动画效果后，可以模拟行进汽车的效果，场景中的对象可能跑到视野之外。当滑动摄像机时，按住 Shift 键将把摄像机的运动约束到视图平面的水平或者垂直平面。
☑ （绕轨道旋转摄像机）：绕摄像机的目标点旋转摄像机。
☑ （平移摄像机）：使摄像机的目标点绕摄像机旋转。

任务 7.4　环境

由于真实性和一些特殊效果的制作要求，在 3ds Max 2012 中，通常使用环境来增加三维作品场景的效果和气氛。选择“渲染”→“环境”命令可打开如图 7-26 所示的“环境和效果”对话框。3ds Max 2012 的环境设置对话框功能十分强大，能够创建各种增加场景真实感的气氛，如向场景中增加标准雾、分层雾、体积雾，以及体积光和燃烧效果，还可以设置背景贴图。众多的选择对象提供了丰富多彩的环境效果。环境设置在动画制作中是很重要的一个环节。如果忽视了场景的环境设置，动画作品就会缺乏艺术表现力、没有真实感或缺少足够的气氛。

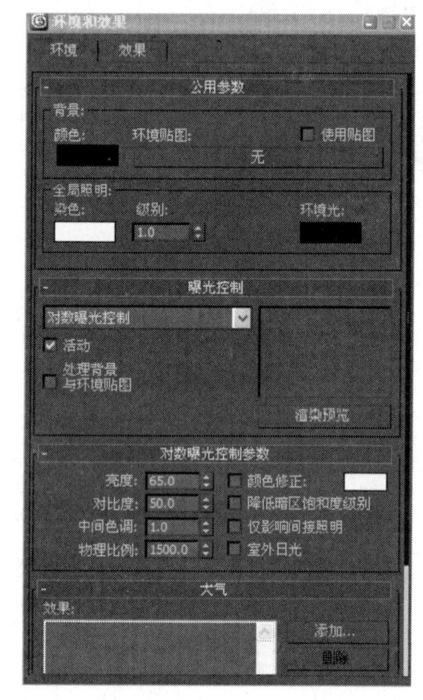

图 7-26　“环境和效果”对话框

7.4.1　设置背景

“环境和效果”对话框的“公用参数”卷展栏的“背景”栏中的颜色样本用来为场景背景设置颜色。如果还没有设置环境贴图或者未选中“使用贴图”复选框，则渲染器将这个颜色作为背景。默认背景是黑色的，还可以在动画中改变背景的颜色。

用户也可以使用贴图使场景产生逼真的效果，为了指定一个环境贴图，可以拖动材质编辑器中的样本球或其他贴图按钮到“环境贴图”按钮上，这时弹出一个对话框，选择是作为一个备份复制贴图还是关联复制贴图。这时还可以单击“环境贴图”按钮，显示“材质/贴图浏览器”对话框，从列表中选择贴图类型。为了调整环境贴图的参数，例如指定一个位图或改变贴图坐标设置，需打开材质编辑器，然后拖动环境贴图按钮到材质器中一个没有使用的样本球上。

“颜色”样本用来设置场景的背景颜色，可以对背景颜色设置动画。

“环境贴图”用来设置一个环境贴图。当指定了一个环境贴图后，它的名称会显示在按钮上，否则会显示“无”。贴图必须使用环境贴图坐标（Spherical，Cylindrical，Shrink Wrap 或 Screen）。

当选中“使用贴图”复选框时，表示使用环境贴图作为场景背景；未选中时，表示不使用环境贴图作为背景。

通过“环境”对话框的“公用参数”卷展栏可以给场景设置背景及环境光。在“大气”卷展栏中单击“添加”按钮，会弹出“添加大气效果”对话框，如图 7-27 所示。通过该对话框可以增加各种光、雾和燃烧效果，以得到理想的效果。

图 7-27　“添加大气效果”对话框

在本章中可以制作一个充满想象力的场景动画：在一个流动着星云雾和各个星球的太空场景中，星球朦胧，各种各样的宇宙光线笼罩着星球，像梦幻一样，突然，远处出现了一个闪光的星球，发出一道激光，击中了一个星球，这个星球接着发生了燃烧爆炸，消失在浩瀚的宇宙中。

在制作 3ds Max 2012 场景动画时，如果不给场景增加一幅背景图片，渲染出的场景背景就是黑色的，在很多场合下缺乏真实感。由此就需要给场景指定一幅背景，可以使用环境设置对话框给场景增加背景，背景可以是单一的颜色，也可以是一张贴图或是一个材质。使用环境贴图可以很方便地给背景增加一幅图片，以增加场景的真实感。

注意

环境贴图并不是指定到一个物体对象中，而是指定在场景中。如果从摄像机视图和透视图来看就是背景，在不同的视图中从不同的角度和不同的方位进行渲染，得到的场景可能发生变化，但背景贴图的大小方位不同。

案例 7-3　使用太空背景。

操作步骤如下：

（1）在前视图的水平线上创建 3 个球体，使它们位于一条直线上，调节它们的位置和大小，并对它们进行贴图，可以使用各种星球的贴图。为了方便起见，依次将这 3 个星球称为火星、地球和月球，如图 7-28 所示。

（2）选择“渲染”→“环境”命令，打开“环境和效果”对话框，单击“环境贴图”下的“无”按钮，会弹出“材质/贴图浏览器”对话框，选择“位图”并单击“确定”按钮，将弹出选择位图文件对话框，选择一幅星空背景的贴图。

（3）单击主工具栏中的“渲染设置”按钮，在弹出的“渲染设置”对话框中单击“渲染”按钮进行渲染，得到的太空场景如图 7-29 所示，对得到的太空场景进行保存。

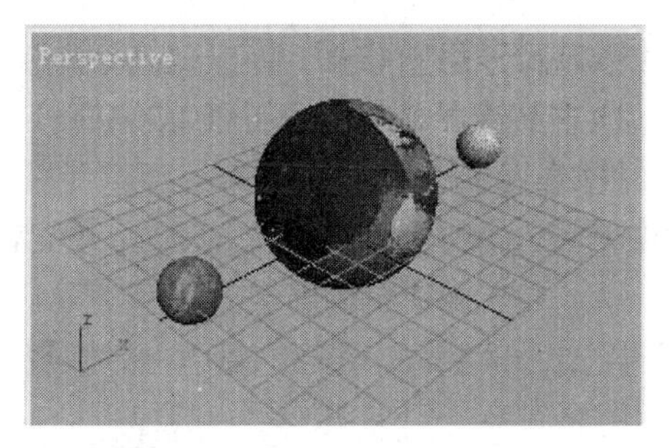

图 7-28　3 个球体

图 7-29　太空场景效果

7.4.2　燃烧

燃烧效果常用来产生真实的火焰、烟、爆炸火光等，具体来说包括篝火、火把（蜡烛）、火球、烟云和星云等。与现实世界不同，燃烧效果在场景中不会投射出光线，如果要模拟燃烧效果的照明效果，必须在燃烧对象中创建灯光。可以为场景增加多个燃烧效果，同样它们在对话框列表中的顺序是重要的。每一个燃烧效果都有自己的参数，当在效果列表中选择了一个燃烧效果后，其参数卷展栏将出现在“环境和效果”对话框中。

注意

只有渲染摄像机视图或透视视图才能显示出燃烧效果，渲染正交视图或用户视图不会显示出设置的燃烧效果。另外，燃烧效果不支持完全透明的对象，因此，为了使燃烧对象不可见，要使用可见度而不能使用透明度。

使用“环境和效果”对话框的燃烧效果时，必须结合辅助对象使用。在创建面板中，单击帮助按钮，在下拉列表框中选择“大气设置”选项，弹出环境辅助对象命令面板，燃烧多半使用球形或半球辅助对象，如图 7-30 所示。

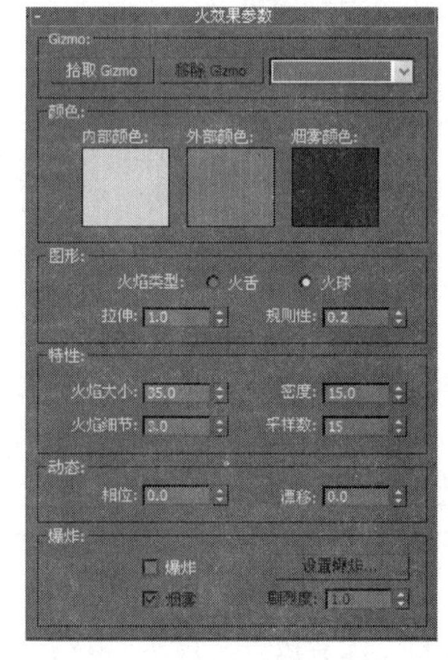

图 7-30　燃烧设置对话框

下面来介绍各个参数的意义和使用方法。

（1）“线框”选项组。

☑ 捡取大气线框：单击此按钮，在场景中捡取燃烧效果所使用的大气线框。可以为燃烧效果设置多个大气线框，捡取的线框会显示在后面的下拉列表框中。

☑ 移去大气线框：单击此按钮，将移去燃烧效果使用的大气线框。

（2）“颜色”选项组。通过 3 种属性来设置火焰，单击每个颜色样本来设置火焰颜色。

☑ 内部颜色：用来设置内焰的颜色，它是火焰密集的部分，代表火焰最热的部分，通常设为浅黄色。

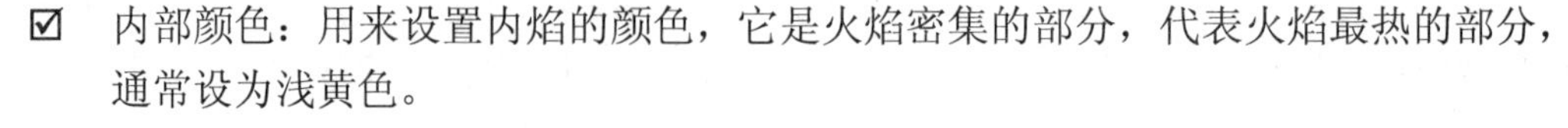

☑ 外部颜色：用来设置外焰的颜色，它是火焰外部相对稀薄的部分，代表火焰的边缘部分，通常设为亮红色。燃烧颜色表现为从内焰到外焰颜色的过渡。

☑ 烟雾颜色：设置燃烧产生的烟的颜色，通常设为灰黑色。如果选中“爆炸”和“烟雾”复选框，将会产生烟效果；如果未选中“爆炸”或“烟雾”复选框，烟的颜色设置将被忽略。

这样就可以产生通红、逼真的火焰，如果需要彩色火焰效果，通过设置上面 3 种颜色可以产生所需要的彩焰。当然还要配合调节“图形”和“特性”选项组中的参数才能设置出令人满意的火焰来。

（3）“图形”选项组用于设置燃烧火焰的形状和模式。

☑ 火焰类型：有火舌和火球两种类型可以选择。火舌类型的火焰方向沿着大气线框的 Z 轴方向燃烧，用来生成篝火似的火焰。火球类型是向四周膨胀的火焰，用来模拟爆炸生成的火焰。

☑ 拉伸：设置沿着大气线框 Z 轴方向拉伸火焰，一般用来拉伸火舌类型的火焰，也可以拉伸火球类型的火焰。值小于 1 时，表示压缩火焰；值大于 1 时，表示拉伸火焰。

☑ 规则性：设置火焰填充大气线框的程度，取值范围为 0～1。值为 1 时表示火焰完全填满大气线框，在大气线框的边缘火焰效果逐渐减弱；值为 0 时表示火焰填充大气线框是没有规律的。

（4）“特性”选项组。

☑ 火焰大小：设置每个单独火焰的大小，它也与大气线框的大小有关。

☑ 火焰细节：控制每个火焰的边缘精细度，取值范围是 0～10。较小的值产生模糊但较为光滑的效果，较大的值会产生更为精细、边缘尖锐的效果。

☑ 密度：设置火焰的亮度和不透明度，它也受大气线框大小的影响，值越大，火焰中心亮度越高。

☑ 采样数：设置火焰的样本数。样本值高火焰效果更清楚，但也会增加渲染时间。

7.4.3 体积光

体积光是光源与大气环境相互作用产生的发光效果，能够产生光线透过灰尘和雾的自然效果。利用体积光可以模拟灯光被物体阻挡，形成光芒透过缝隙的效果。例如可以利用它来模拟大雾中汽车前灯照射路面的场景。体积光必须与灯光相结合，用于烘托环境氛围。除环境灯光外，体积光可以指定给其他任何类型的光源。

1. 添加体积光的方法

要使用体积光效果，首先在场景中创建灯光光源，然后再给光源添加体积光。添加体积光的方法有两种。

（1）在“大气和效果”卷展栏中添加体积光。

选择创建的灯光光源后，单击“修改”按钮，打开“修改”命令面板，在灯光光源的“大气”卷展栏中（如图 7-31 所示）单击“添加”按钮，在弹出对话框的列表框中选择“体积光”选项，再单击“确定”按钮，关闭该对话框，即可给选定的光源添加体积光效果，并将“体积光”选项添加到大气与效果卷展栏的列表框中。

（2）在“环境和效果”对话框中添加体积光。

2. 体积光参数的设置

将光源添加了体积光效果后，在“大气和效果”卷展栏的列表框中选择“体积光”选项，再单击“设置”按钮；或者选择“渲染”→“环境”命令，均可弹出“环境和效果”对话框。在“大气”卷展栏中选择“效果”列表框中的“体积光”选项，即可显示出“体积光参数”卷展栏，如图 7-32 所示。在该卷展栏中，可以对体积光的参数进行设置操作。

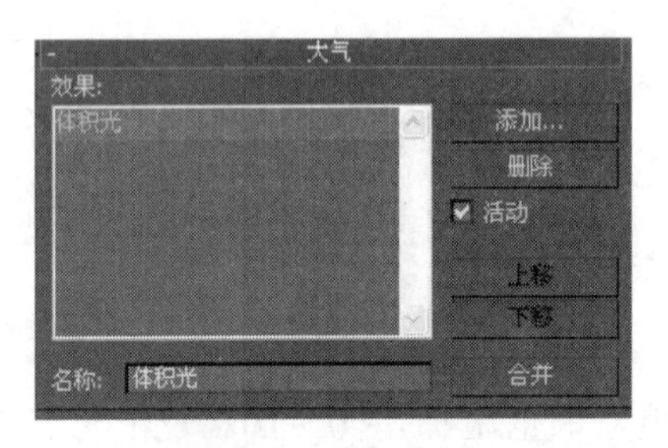

图 7-31 大气效果

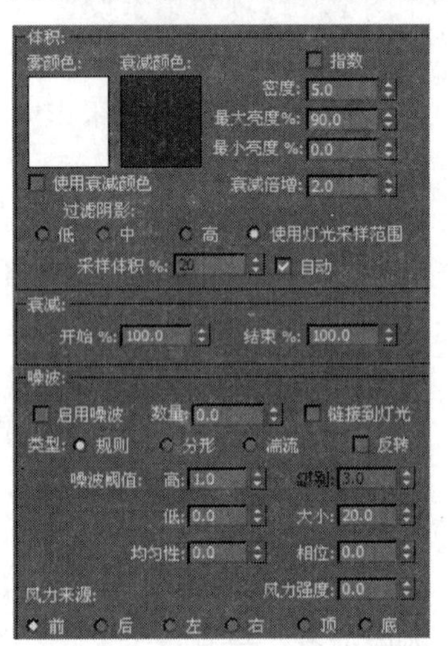

图 7-32 体积光参数

（1）“灯光”选项组用于设置使用体积光的光源，可以给体积光拾取或删除灯光。

☑ 拾取灯光：用于选择使用体积光的光源。单击该按钮，再单击视图中的灯光光源，即可给这个灯光添加上体积光效果，并在其右边的灯光下拉列表框中显示出所选择的灯光光源。

☑ 移去灯光：单击该按钮，将从列表中移去应用体积光效果的灯光。

（2）“体积”选项组用于设置体积光的特性，可以调整体积光的颜色、密度、亮度及质量等参数。

☑ 雾颜色：设置体积光烟雾的颜色。

☑ 衰减颜色：设置体积光在离开光源一定距离上的颜色。

☑ 指数：选中该复选框时，烟雾的密度与距离成指数增加；未选中该复选框时，烟雾的密度与距离成线性增加。当想在体积光中渲染透明对象时，应选中此复选框。

☑ 使用衰减颜色：选中该复选框时，衰减颜色生效。

☑ 密度：设置体积光烟雾的密度，数值越大，整个光变得越不透明。

☑ 最大亮度%/最小亮度%：用来控制光的消散。“最大亮度%”控制光最白的光辉，“最小亮度%”控制最小的光辉。注意，如果“最小亮度%”大于 0，那么将在整个场景中产生光辉，这类似于环境光对场景的控制。“最大亮度%”的值为 100，是“密度”参数允许的最大亮度。

☑ 衰减倍增：用来调整衰减颜色的效果。

☑ 过滤阴影：通过增加采样率来决定体积光中对象的阴影质量。有“低”、“中”、“高”和“使用灯光采样范围”选项可以使用。

- ➢ 低：快速渲染阴影，但是它是非常准确的，适用于 7 位图像和 AVI 文件等。
- ➢ 中：对相邻的像素采样，取平均值。它渲染的阴影比“低”要准确。
- ➢ 高：对相邻和对角的像素使用不同的权重进行采样，渲染的时间增加，生成最高质量的阴影。
- ➢ 使用灯光采样范围：使用基于灯光阴影参数中的采样范围来模糊体积光的阴影。它在“采样体积%”值的基础上来过滤阴影。

☑ 采样体积%：控制在采样范围内采样的速率。取值范围为 1～10000，最高的采样有最高的阴影质量。

（3）“衰减”选项组。

开始%/结束%：设置灯光衰减的开始和结束范围，它们都是百分比值，只有对灯光的衰减参数进行设置时才能使用。

（4）“噪波”选项组用于设置体积光的随机性，给体积光加入噪波，从而给人一种环境中灰尘很多的印象。

☑ 启用噪波：用来打开或关闭噪波效果。

☑ 数量：设置对体积光应用噪波的数量，这是一个百分比值。

☑ 链接到灯光：选中该复选框时，噪波将与灯光连接，使噪波与光源一起移动，否则噪波将与世界坐标相连。当创建一个无序旋转的移动光源时，可选中此复选框。

☑ 类型：选择所使用的噪波的类型，有 Regular（规则）、Fractal（分形）和 Turbulence（湍流）3 项可以选择。

☑ 反转：选中该复选框时，反转噪波效果。密度大的烟雾变得半透明，密度小的烟雾变得不透明。

☑ 噪波阈值：用来显示噪波的效果。可以通过“高”和“低”数值框分别设置噪波阈值的上限和下限。

☑ 均匀性：用于设置体积光噪波的均匀性。

☑ 级别：设置应用噪波迭代的次数，取值范围为 1～6，只对分形或湍流类型的噪波有效。

☑ 大小/相位：分别用于设置体积光噪波的大小和相位。

☑ 风力强度：设置雾沿着风的方向移动的快慢。

☑ 风力来源：设置风吹来的方向。

案例 7-4　制作游戏。

利用泛光灯创建烛光效果，操作步骤如下：

（1）在顶视图中创建一个立方体作为桌面和一个圆柱体作为蜡烛。

（2）在蜡烛的正上方创建一个泛光灯作为主光源。在前视图的左上角和右下角创建两个泛光灯作为辅助光源。

（3）选择“渲染”→“环境”命令，弹出“环境和效果”对话框，单击“大气”卷展栏中的“添加”按钮，在弹出的对话框中选择“体积光”选项，单击“体积光参数”卷展栏中的“拾取灯光”按钮，在视图中拾取泛光灯。单击“雾颜色”中的颜色块将其改为黄色，设置“密度”为 1，渲染透视图。

（4）选择泛光灯，选中“近距衰减”选项组中的“使用”复选框，设置“开始”为 50，“结束”为 70，表示从光源位置到 50 之间无光线，50～70 之间光线逐渐增强；选中“远距衰减”选项组中的“使用”复选框，设置“开始”为 100，“结束”为 120，表示从 100 位置光线开始衰减到 120 时光线变为无。

（5）单击创建面板下的辅助对象 Helpers 下的按钮，在其下的下拉列表中选择“大气设置”选项，单击“球形线框”按钮。在顶视图中拉出一个球框，在命令面板上选中“半球”复选框（表示制作半球）。在工具栏中选择缩放按钮，在前视图中沿着 Y 向上拖动，将火焰线框调整为火焰形状，如图 7-33 所示。

（6）选择“渲染”→“渲染”命令，在弹出对话框的“大气”卷展栏中单击“添加”按钮，在弹出的对话框中选择“火效果”选项，单击“燃烧参数”卷展栏中的“拾取线框”按钮，在透视视图中单击火焰线框，此时在右侧的窗口中出现了火焰线框的名字（SphereGizmo01）。

（7）在“火效果参数”卷展栏的“颜色”选项组中单击“内部颜色”下的颜色按钮，该颜色按钮代表火焰内部颜色，将颜色调为浅黄色；单击“外部颜色”下的颜色按钮，将颜色调为火红色。选择火焰的类型为“火舌”，渲染后效果如图 7-34 所示。

用聚光灯模拟筒灯在墙壁上投射的弧光效果，操作步骤如下：

（1）在前视图中创建一个方体作为正对着的墙体。

（2）在场景中创建一盏泛光灯，照亮墙壁，调整透视图的观察角度。

（3）在左视图中从上向下创建一盏聚光灯，使用移动工具将该灯射向墙壁，如图 7-35 所示。渲染透视图，观察效果，聚光灯在墙壁上投射一圆形区域。

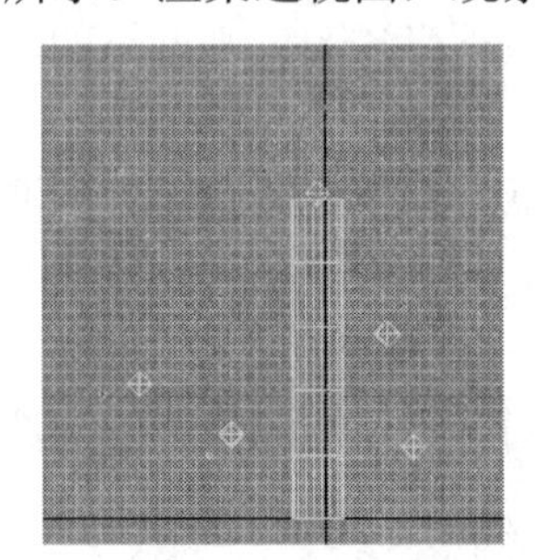

图 7-33　火焰线框与蜡烛

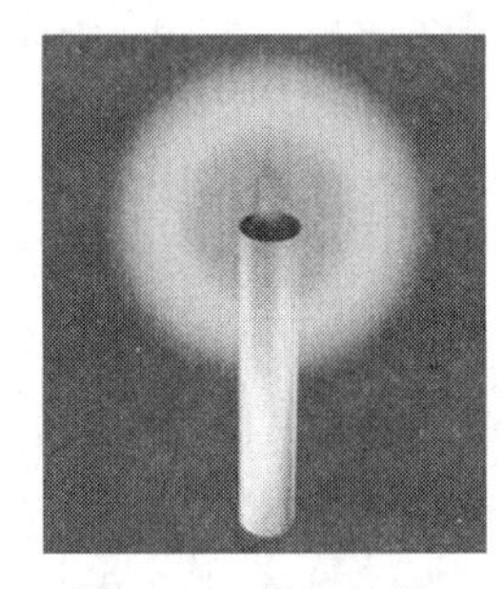

图 7-34　蜡烛效果

图 7-35　聚光灯位置

（4）下面要修改聚光灯的照射范围和形状。选中该聚光灯，在“修改”命令面板中设置聚光灯的衰减范围，聚光区和衰减区的大小，如图 7-36 所示。渲染透视图，观察墙壁被一盏射灯照射的效果，调整聚光灯的照射角度，达到满意效果。

3. 用标准灯光对卧室进行灯光设置

用标准灯光对卧室进行灯光设置的最后效果如图 7-37 所示，具体操作步骤如下：

（1）在顶视图中创建一个泛光灯，设置“倍增”为 0.7。选中“远距衰减”选项组中的“使用”复选框，设置“开始”和“结束”分别为 4500 和 5000，使光线能覆盖整个房间。这样就设置好了全局光源效果，接下来再对局部灯光设置效果。

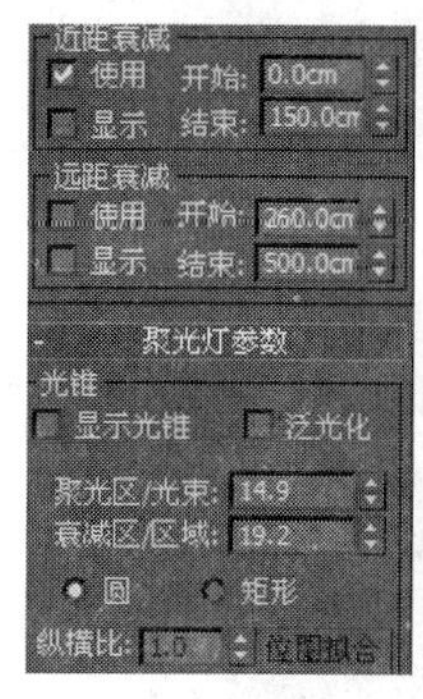

图 7-36　聚光灯效果

图 7-37　标准灯光效果

（2）创建右侧筒灯照射在墙壁上的弧光效果。在前视图中从上向下拖动创建一个目标聚光灯，调整目标聚光灯与目标点之间的位置，让目标聚光灯斜向下射向右侧墙面。选中“近距衰减”选项组中的“使用”复选框，设置“开始”为 400，“结束”为 1000；选中“远距衰减”选项组中的“使用”复选框，设置“开始”为 1100，“结束”为 1500。设置“聚光灯参数”卷展栏中的“聚光区/光束”和“衰减区/区域”分别为 45 和 55。当然这些参数并不是固定不变的，根据目标聚光灯的位置与方向随时调整。

（3）在顶视图向上移动复制 3 个聚光灯，选择“关联复制”方式。

（4）选择右侧的 4 盏目标聚光灯，镜像复制到右侧。效果如图 7-38 所示。

（5）在床头位置创建 3 盏目标聚光灯射向墙体。

（6）在门口上方和两个柜门之间分别创建一盏目标聚光灯，在视图中调整聚光灯的位置和方向，设置聚光灯衰减参数、聚光区和衰减区参数，设置弧光效果。

4. 用光度学灯光对卧室进行灯光设置

用光度学灯光对卧室进行灯光设置的最后效果如图 7-39 所示，具体的操作步骤如下：

图 7-38　左右墙面上的弧光效果

图 7-39　光度学灯光效果

（1）在创建灯光命令面板的下拉列表框中选择“光度学”类型，单击“目标点”按钮，在前视图中从上向下单击拖动创建点光源。在“强度/颜色/衰减”卷展栏下，从“分布类型”下拉列表框中选择“光度学 Web”分布方式，在“Web 参数”卷展栏下单击 Web 文件右侧的“选择光度学文件”按钮，选择光域网文件“圈灯 02.ies”。设置过滤色的颜色 RGB 为

（137,154,194）。

（2）在“强度”选项组中选择单位为 cd，强度值为 200。

（3）选择点光源和目标点，在顶视图中复制 3 个点光源。选择“关联”复制方式，这样修改其中的一个点光源，其他复制对象也同时修改，如图 7-40 所示。

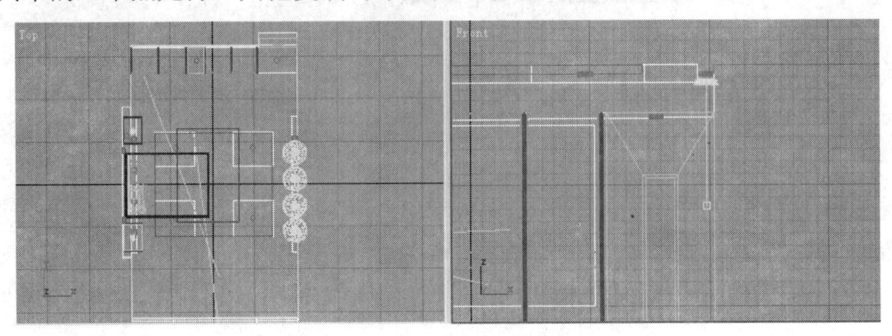

图 7-40　右墙上的 4 个点光源

（4）创建床头位置的点光源。在前视图中，装饰墙筒灯位置从上向下创建一个目标点光源，从“分布类型”下拉列表框中选择 Web 分布方式，在“Web 参数”卷展栏下单击 Web 文件右侧的“无”按钮，选择光域网文件“圈灯 02.ies”。设置过滤色的颜色 RGB 为（230,193,220）。在“强度”选项组中选择单位为 cd，强度值为 573。

（5）创建吊顶上的 4 个点光源。在前视图中，从上向下创建一个目标点光源，从“分布类型”下拉列表框中选择 Web 分布方式，在“Web 参数”卷展栏下单击 Web 文件右侧的“无”按钮，选择光域网文件“圈灯 01.ies”。在“强度”选项组中选择单位为 cd，强度值为 1017。按住 Shift 键，复制形成其他 3 个点光源，如图 7-41 所示。

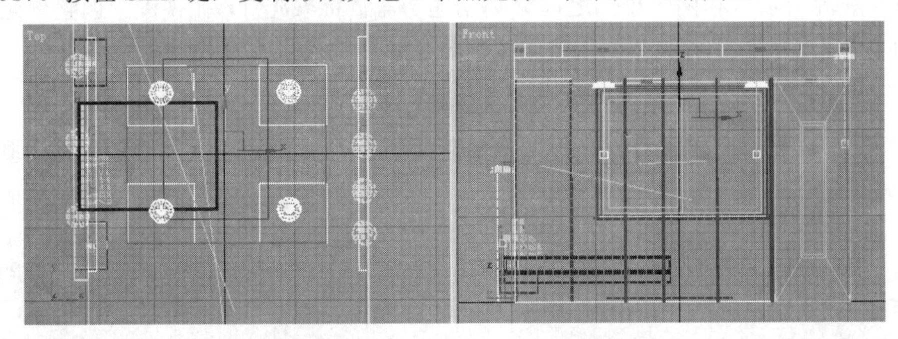

图 7-41　吊顶上的 4 个点光光源

（6）创建柜门之间和门口上方的光源。在前视图中创建一个目标点光源，在顶视图中将其移动到两个柜门之间。从“分布类型”下拉列表框中选择 Web 分布方式，在“Web 参数”卷展栏下单击 Web 文件右侧的“无”按钮，选择光域网文件“射灯 07.ies”。在“强度”选项组中选择单位为 cd，强度值为 2366.77。按住 Shift 键，复制形成门口上方的光源。

（7）创建左侧墙面上的光源。在前视图中从上向下拖动创建一个目标面光源，从“分布类型”下拉列表框中选择“漫反射”分布方式，在“强度”选项组中选择单位为 cd，强度值为 2000。在“区域光参数”卷展栏中设置“长度”为 250，“宽度”为 3150。灯光设置完毕，如图 7-42 所示。

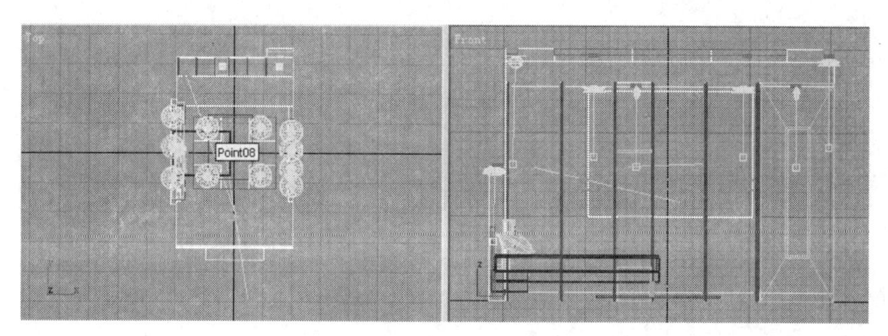

图 7-42　灯光创建效果

使用光度学灯光在渲染时必须进行光能传递。下面在 3ds Max 2012 系统中进行光能传递设置。

（8）单击主工具栏中的（渲染场景）按钮，打开渲染场景对话框。选择“高级照明”选项卡，在“光能传递处理参数”卷展栏中选择“光能传递”选项，选中“启用”复选框，设置“初始质量”的值为 75，“间接灯光过滤”为 4，在“光能传递网格参数”卷展栏中选中“启用”复选框，设置“最大网格大小”为 500cm，如图 7-43 所示。

（9）在“交互工具”选项组中单击“设置”按钮，对曝光参数进行控制。

（10）在打开的对话框的“曝光控制”卷展栏中选择“对数曝光控制”选项。在“对数曝光控制参数”卷展栏中设置“亮度”为 54.7，“对比度”为 56.1，“中间色调”为 1.33，“物理比例”为 1720，如图 7-44 所示。关闭当前对话框返回“高级照明”对话框，在“光能传递处理参数”卷展栏中单击“开始”按钮进行光能传递，这时需要等待一段时间。

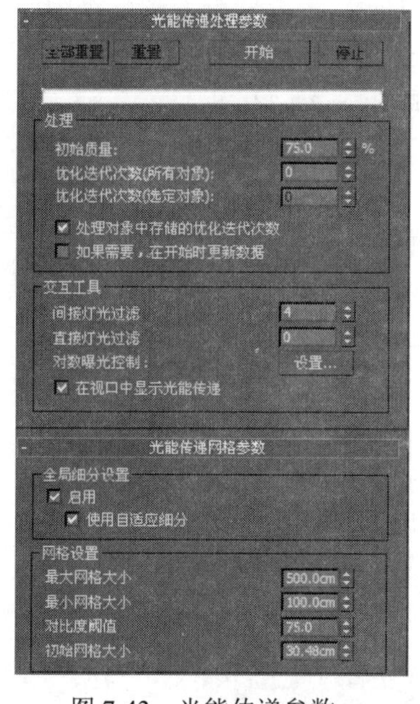

图 7-43　光能传递参数

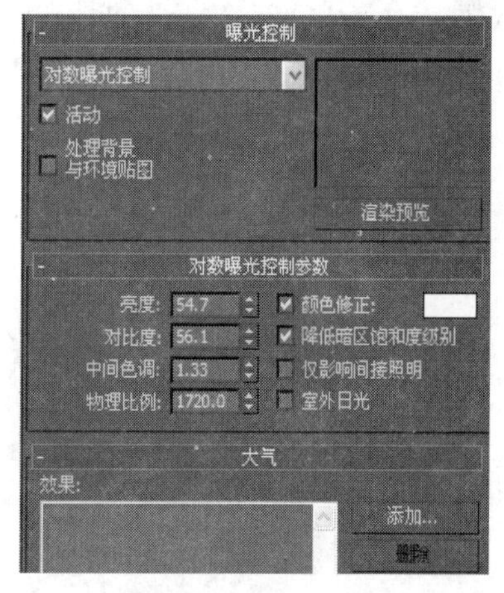

图 7-44　设置曝光参数

（11）在渲染场景对话框中单击“公用”标签，选择时间输出为“单帧”，在下方的渲染输出区域单击“文件”按钮，在弹出的对话框中选择文件类型为 gif，输入文件名称为“卧室光度学灯光效果”。单击“渲染”按钮，渲染摄像机视图。

本 章 小 结

通过本章的学习，学生应掌握 3ds Max 2012 中光源的种类和建立布置方法，掌握光度学灯光的设置，掌握摄像机的设置、类型和参数设定，熟悉环境的作用和意义，特别是体积光的使用和参数设置，进一步为后续的学习奠定基础。

实训项目 7

【实训目的】

通过本实训项目使学生能较好地掌握灯光和摄像机的作用和参数设置，理顺本章知识，达到综合运用，能提高学生分析问题、解决实际问题的能力。

【实训情景设置】

在动漫游戏的制作中，灯光和摄像机的使用会给卡通造型和场景进一步烘托，对动画和游戏的全方位运行起一个非常突出的作用。本实训结合动漫、游戏行业灯光和摄像机的使用，烘托物体和场景，为后续动画的制作做铺垫。

【实训内容】

结合本章实例，完成对卡通形象的创建和灯光与摄像机的赋予。

（1）通过熟悉的几何体，创建卡通的整体轮廓。

（2）利用修改器，对卡通形象进行整体修改。

（3）结合给定场景，添加灯光、摄像机。

（4）给卡通赋予材质和贴图，使其富有动漫效果。

（5）将作品以.jpg 格式渲染输出。最终效果如图 7-45 所示。

图 7-45　卡通最终效果

第8章 材质与贴图

本章要点

- 材质和贴图在模型创建时的作用
- 材质和贴图的使用方法
- 材质和贴图的分类

教学目标

- 了解材质和贴图的作用
- 认识材质和贴图的使用方法
- 掌握材质和贴图的变化对于模型的影响

教学情境设置

在 3ds Max 2012 建模过程中，基本模型的创建过程随时需要对模型的各个部位做表面材质的赋予和贴图的添加。本章主要掌握材质和贴图的使用方法，各个不同的材质贴图对物体外观的美化作用和影响，以及综合使用多种材质和贴图完成复杂模型的创建。

任务 8.1　3ds Max 2012 材质编辑器

世界上任何物体都有各自的表面特征，当创建好模型后，怎样准确、清楚地表现和描述它们不同的质感、颜色、属性等，仅靠简单的颜色设置是不够的，如玻璃、木头、大理石、花草、水或云，这些复杂效果的表现必须依赖于材质编辑器。

所谓材质，就是指定物体的表面或数个面的特性。被指定了材质的对象在渲染后，将表现特定的质感、颜色、属性等外表特性，这样对象看起来就比较真实、多姿多彩，其表面具有光泽或暗淡，能够反射或折射光及透明或半透明等特征。就像刚盖好的大楼是泥灰色的，这就好像 3ds Max 2012 中默认材质的颜色。如果要使大楼有漂亮的外观，就需要调整材质的颜色、纹理、反射度等参数。

只有指定到材质上的图形称为贴图(Maps)。使用贴图能把最简单的模型变成丰富的场景画面。一般认为贴图是材质的次级，这是材质与贴图的关系。

材质编辑器（Material Editor）是一个专门进行材质与贴图应用的编辑器，它可以使用户很方便地给物体赋予材质并贴上图案。在 3ds Max 2012 中，有 3 种方法可以进入材质编辑器。

单击主工具栏中的“材质编辑器”按钮或按 M 键可以打开“材质编辑器”窗口，如图 8-1 所示。

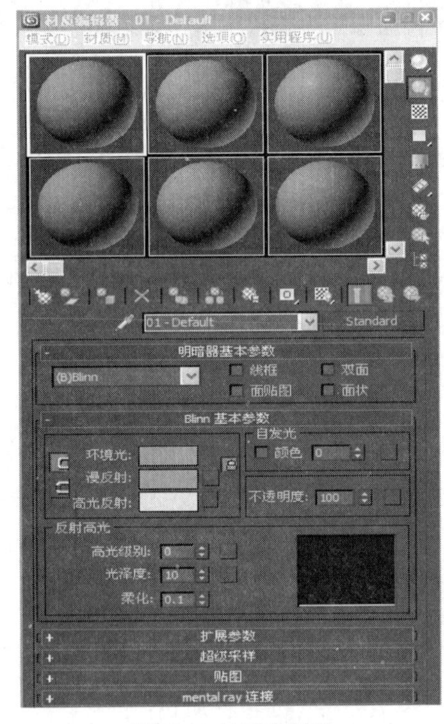

图 8-1　材质编辑器

8.1.1　材质编辑器界面

材质编辑器分两部分，上部分为固定不变区，包括示例窗、垂直的工具栏、水平的工具栏及名称栏，下半部分为可变区，从基本参数卷展栏开始，包括各种参数卷展栏，这些卷展栏随着材质和贴图类型的变化而变化。

1. 菜单栏

菜单栏出现在“材质编辑器”窗口的顶部，各下拉菜单内包含了所有控制材质编辑器的命令，与工具栏中的各工具按钮是相对应的。

☑　材质：提供了最常用的“材质编辑器”工具。

☑　导航：提供了导航材质的层次的工具。

☑　选项：提供了一些附加的工具和显示选项。

☑　实用程序：提供了贴图渲染和按材质选择对象。

2. 示例窗

在“材质编辑器”窗口上方的区域为示例窗，在示例窗中可以预览材质和贴图，每个窗口显示一个材质。可以使用材质编辑器的控制器改变材质，并将它赋予场景中的物体。单击一个示例框可以激活它，被激活的示例窗被一个白色框包围着。

在选定的示例窗内单击鼠标右键，弹出显示属性菜单，可以从中选择排放方式，如在示例窗内显示 6 个、15 个或 24 个示例框。

3. 垂直工具栏

☑　（样品类型）：控制示例窗中示例材质的显示形式。用鼠标左键单击该按钮会弹出示例球显示方式选择框，系统提供了球形显示、圆柱形显示及立方体显示 3 种选择。

☑　（背部光源）：为示例窗增加一个背光效果，当创建 Metal 或 Strauss 明暗类型的材质时很有用，可以方便地观察和调整背光所产生的高光。

☑　（背景）：为示例窗增加背景。通常制作透明、折射与反射材质时开启方格背景。

☑　（UV 向平铺数量）：可选择 2×2、3×3、4×4，允许改变编辑器中材质的重复次数而不影响应用于对象的重复次数。用鼠标左键单击此按钮会弹出工具条，可将示例球上的贴图重复 4 倍、9 倍、16 倍的效果。它只改变示例球中的显示，方便观看材质重复的效果，对场景中指定材质的对象本身没有影响。

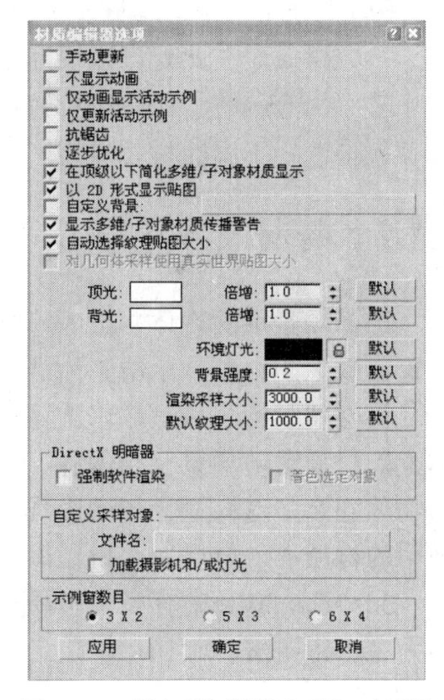

图 8-2　“材质编辑器选项”对话框

☑　（视频颜色检查）：可检查样品上材质的颜色是否超出 NTSC 或 PAL 制式的颜色范围。

☑　（创建材质预览）：主要是观看材质的动画效果。

☑　（选项）：用来设置材质编辑器的各个选项，单击该按钮会弹出如图 8-2 所示的对话框。

4. 水平工具栏

☑　（获取材质）：单击此按钮后会弹出“材质/贴图浏览器”窗口，从中可以进行材质选择。

☑　（把材质放置到场景中）：在对材质编辑之后，单击此按钮将更新场景中对象的材质。只有在下列情况下此按钮才可用：在场景中使用的材质与当前编辑的材质必须同名。

☑　（为选中对象指定材质）：将激活的材质指定给场景中的一个或多个选中的对象。

☑　（恢复材质到默认值）：将示例窗中的材质恢复到初始状态。

☑ （复制材质）：用来对当前材质进行复制，以便在编辑时不影响到场景中的物体。

☑ （使唯一）：确保次材质的名称是唯一的。

☑ （保存到材质库）：将选定的材质放到材质库中。单击该按钮将弹出名称输入对话框，输入名称后，将把当前材质存储到材质库中，在“材质/贴图浏览器”窗口中可以看到保存的材质。

☑ （材质效果通道）：用来为 Video Post 指定一个渲染效果通道，使材质产生特殊效果。

☑ （贴图显示）：将材质的贴图在视图中显现出来。

☑ （显示最后结果）：单击此按钮后，材质示例球将显示材质的最终效果；该按钮弹起时，只显示当前层级的材质效果，该按钮对于带有多个层级的嵌套材质很有用。

☑ （回到父层级）：转到当前层级的上一级。

☑ （到兄弟层级）：在当前层级内快速跳到下一个贴图或材质。

☑ （从对象拾取材质）：将对象的材质复制到示例球上。先在材质示例窗中选择一个示例球，单击该按钮，在场景中的某个物体上单击鼠标，可将该物体的材质汲取到材质球上。

☑ 1 - Default （材质名称）：为当前材质命名。材质的命名很重要，对于多层级的材质，在此处可以快速地进入其他层级的材质中。

☑ Standard （标准材质）：单击该按钮，可以打开“材质/贴图浏览器”窗口，从而选择不同的材质类型。

8.1.2 将材质赋予物体

选择场景中的物体，按 M 键打开“材质编辑器”窗口，选择示例窗中的一个示例球，设置面板上的参数，单击“为选中对象指定材质”按钮将编辑好的材质指定给选择物体。

将材质赋给物体后，修改示例球上的材质效果，场景中物体上的材质将随之变化。物体上的材质跟随场景一起保存。需要注意的是，要养成良好的给材质命名的习惯，一般不与物体同名，这样避免在两个场景合并时出现材质重名现象。在后面的学习可以将场景中使用的材质存入材质库，材质库以“.mat”文件形式存在于磁盘上，可重复使用。

3ds Max 2012 中有多种材质类型，本章节主要以标准材质、多维/次物体材质和混合材质为主进行讲解。

任务 8.2 标准材质

标准材质是 3ds Max 2012 材质编辑器示例窗中默认的材质类型，它提供了比较直观的设定模型表面的方法。在现实世界中，物体的表面决定了它的反射效果，在 3ds Max 2012 中，标准材质模拟对象表面反射的性质。如果不使用贴图，它将给对象一个单一、均匀的颜色。

8.2.1　标准材质的基本参数

1. “明暗器基本参数”卷展栏

标准类型材质的“明暗器基本参数”卷展栏如图 8-3 所示。

图 8-3　“明暗器基本参数”卷展栏

在标准材质中，可以从下拉列表框中选择明暗器类型。明暗器是一种根据给出的参数来计算材质外观的算法。3ds Max 2012 提供了以下 8 种不同的明暗器类型。

（1）Blinn（布林）：是默认的明暗器类型，可渲染简单的圆形高光区并平滑相邻的面。

（2）Anisotropic（非圆形高光）：它能在物体的表面产生不对称、闪亮的高光，非常适合做头发、车轮、玻璃或闪亮的金属等光滑物体的反光效果。

（3）Metal（金属）：主要用于制作闪亮的金属材质。Metal 明暗方式的高光曲线非常显著，金属表面的高光效果也更为强烈。

（4）Multi-Layer（多层）：它有两组高光控制选项，可以分别调整，能产生更复杂、有趣的高光效果，适合做抛光的表面、特殊效果等，如缎纹、丝绸和光芒四射的油漆等。

（5）Oren-Nayar-Blinn（布料）：与 Blinn 明暗方式类似，但它看起来更柔和，更适合做表面较为粗糙的物体，如织物（地毯等）和陶器等。

（6）Phong（平滑）：呈现柔和的反光，主要用于表现类似玻璃或塑料等光滑的表面。

（7）Strauss（金属加强）：用于快速创建金属或者非金属表面（如光泽的油漆、光亮的金属和铬合金等），它比 Metal（金属）明暗器的质感要好。

（8）Translucent Shader（半透明）：用于获得光穿透一个物体的效果，可应用于薄的物体上，包括窗帘、投影屏幕或者蚀刻了图案的玻璃。

在明暗器类型旁边有 4 个复选框，对于所有明暗器类型，这些参数是不变的。

☑　线框：使对象以线框的方式来渲染。许多对象由网格组成，要显示其网格特性，可以用“线框”渲染制作线框效果。对于线框的粗细，由“扩展参数”卷展栏中“线框”选项组的“大小”来设置，如图 8-4 所示。

☑　双面：选中该复选框后，既渲染对象法线正方向的表面即可视的外表面，也渲染法线相反的面。可用于模拟透明的塑料瓶、布料等，也用于没有厚度的物体，如放样生成的窗帘，放样完成后经常看不到，这时可以选择面板上的“翻转法线”或者赋予窗帘材质时选中“双面”复选框来解决。如图 8-5 所示为选中“线框”和“双面”复选框后的效果。

☑　面贴图：对对象的每个面上应用材质，如果是一个贴图材质，则物体本身的贴图坐标将失效，贴图会均匀分布在物体的每一个表面上，如图 8-6 所示。

☑　面状：把对象的每个面作为平面渲染，可用于制作加工过的钻石、宝石或有硬边的表面，如图 8-7 所示。

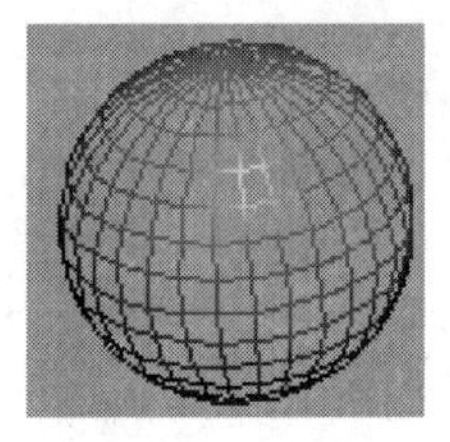
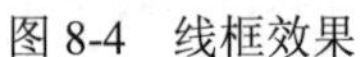
图 8-4　线框效果

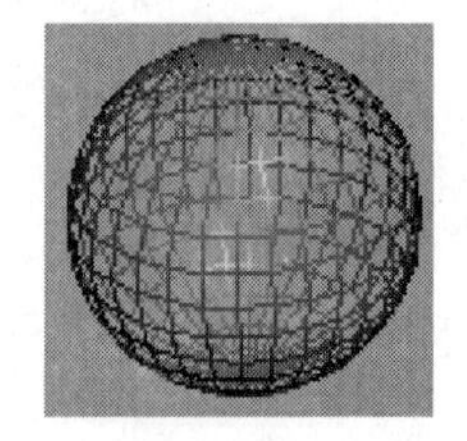
图 8-5　线框和双面

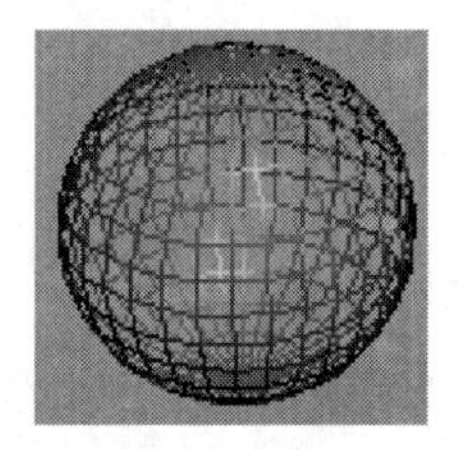
图 8-6　面贴图效果

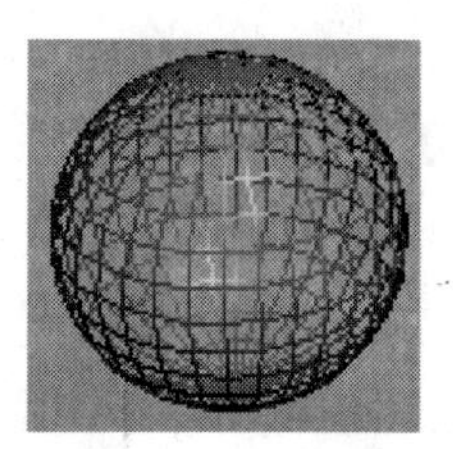
图 8-7　面状效果

2. 明暗模式基本参数

Blinn（布林）明暗器的基本参数如图 8-8 所示。

物体最后渲染的色彩是通过其表面材质和受光影响共同决定的，通常物体的受光区域是由环境光、漫反射和高光反射 3 部分组成的，如图 8-9 所示。

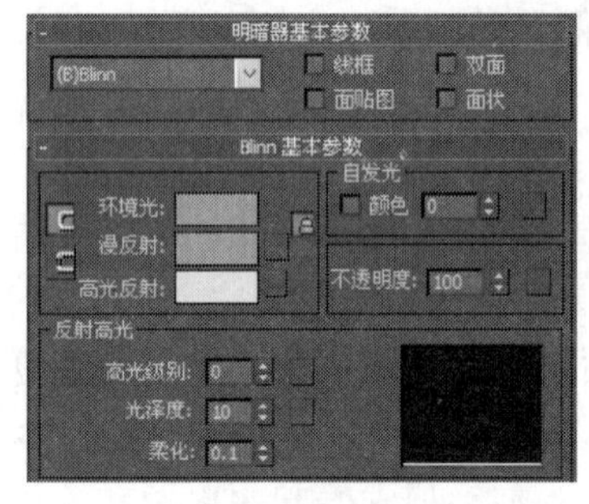

图 8-8　Blinn 明暗器基本参数

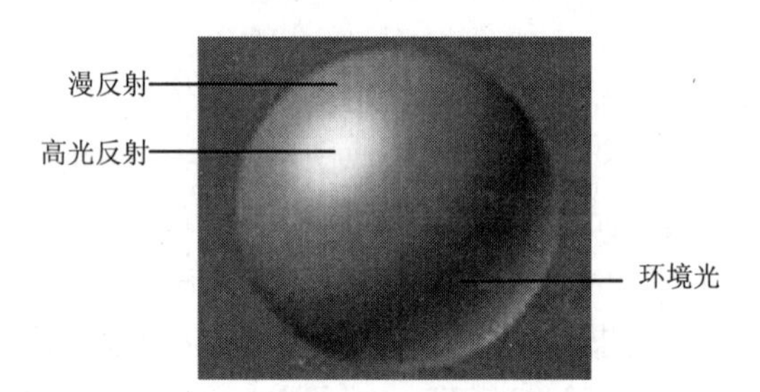

图 8-9　物体受光区

☑ 环境光：用来设置环境光的颜色，与漫反射光区颜色相同，只是饱和度更强烈一些。

☑ 漫反射：用来设置表面反射的颜色，代表了对象表面的基本颜色。单击右侧的小按钮，可以为其设置贴图。

☑ 高光反射：用来设置高光区域的颜色，单击右侧的小按钮，可以为高光部分设置贴图。

（1）“反射高光”选项组可对高光效果作进一步设置。

☑ 高光级别：取值范围是 0～100，值越大材质表面反光的强度越高。

☑ 光泽度：设置材质表面反光面积的大小。

☑ 柔化：柔化高光的效果，取值范围是 0～1.0。

用鼠标单击它们右侧的颜色块就可以打开“颜色选择器”对话框，进行颜色调配，如图 8-10 所示。左侧两个锁定钮是用来锁定 3 种受光区的颜色，被锁定的区域将保持相同颜色。

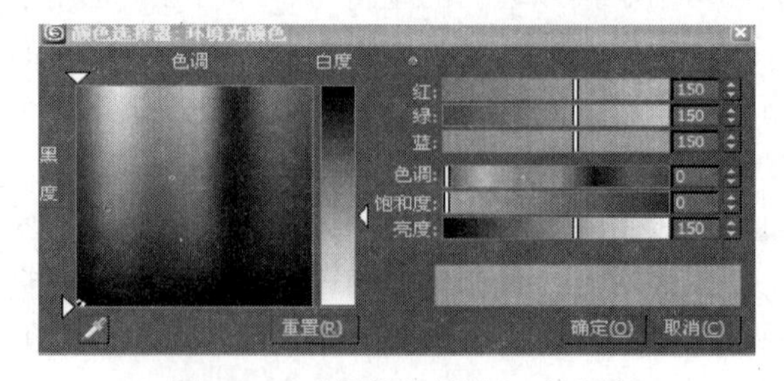

图 8-10　“颜色选择器”对话框

可以有 3 种模式选择颜色，分别是红、绿、蓝模式，色调、白度、黑度模式，色调、饱和度、亮度模式。一般初学者用红、绿、蓝即 RGB 3 种颜色调配，但还是用色调、饱和度、亮度即 HSV 方式能更科学和方便地调色，HSV 也是学习美术的人常用的颜色模式，在确定基本颜色即色调接近理想效果时，通过饱和度的值调整颜色的纯度，通过亮度的值调整颜色的明亮度。

（2）“自发光”选项组：使材质从自身发光。常用于制作灯管、太阳等光源物体。默认在微调器中输入数值设置自发光强度，最大值为 100，这时物体不受灯光影响，只表现出漫射光区的颜色。如果选中“颜色”复选框，可以用颜色表示发光强度。

（3）“不透明度”选项组用于控制材质是不透明还是透明的。值为 100 时表示贴图完全不透明，值为 0 时表示完全透明。

案例 8-1　双面材质的使用。

操作步骤如下：

（1）在视图中绘制一条不闭合的曲线作为花瓶的旋转截面，如图 8-11 所示。

（2）切换到“修改”命令面板，选择旋转编辑修改器，将曲线进行旋转生成花瓶的面片物体。单击“对齐”选项组中的“最小”按钮，对齐轴与截面左侧对齐。这个对象比较特殊，是由单面组成，有法线方向的面能看到，没有法线的那面看不到。

（3）按 M 键打开“材质编辑器”窗口，激活一个示例球。单击按钮将材质赋予花瓶。

（4）单击环境光区和漫反射光区之间的锁定按钮将其弹起，使两种颜色独立。设置环境光区的 RGB 值为（18,0,90），漫反射光区的 RGB 值为（50,60,150），高光区的 RGB 值为（218,255,255）。

（5）在“反射高光”选项组中设置“高光级别”为 96，“光泽度”为 52，“柔化”为 0.1。

（6）单击主工具栏中的（快速渲染）按钮，瓶子物体的表面没有被完全显示出来。

（7）回到“材质编辑器”窗口，在“明暗器基本参数”卷展栏中选中“双面”复选框，渲染场景效果如图 8-12 所示。将文件保存为“花瓶.max”。

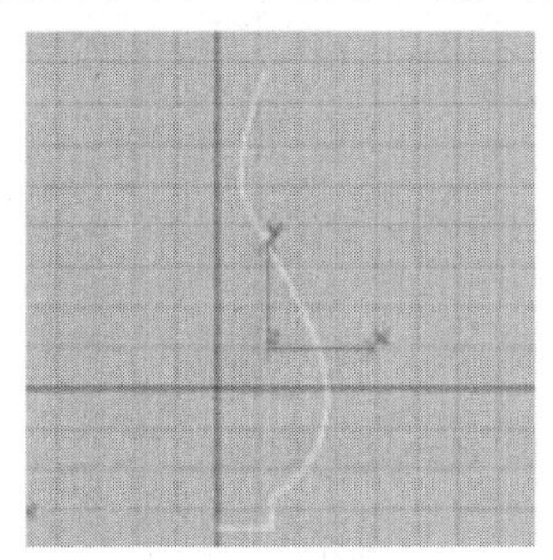

图 8-11　花瓶剖面

图 8-12　花瓶

8.2.2　标准材质的“扩展参数”卷展栏

“扩展参数”卷展栏对于标准材质的所有明暗器类型都是相同的，用来设置透明度、反射度及线框等内容，如图 8-13 所示。

（1）“高级透明”选项组用于调节透明材质的透明度。

☑ 衰减：设置透明材质的衰减方向，“内”是由边缘向中心增加透明度，像玻璃瓶的效果；“外”是由中心向边缘增加透明的强度类似烟雾等效果。

☑ 数量：设置衰减程度。

☑ 类型：产生透明效果的方式，即过滤、相减和相加。过滤类型以过滤色或贴图来决定透明的色彩；相减和相加类型是减去和添加透明对象后面的颜色。

☑ 折射率：用来控制灯光穿过透明对象时，折射贴图和光线的折射率。空气的折射率是 1.0，玻璃的折射率为 1.5。为达到逼真的效果，通常将折射率设置比实际的数值要大一些。

在“材质编辑器”窗口中，单击右侧工具栏中的按钮，打开背景，设置不透明度为 50，在“扩展参数”卷展栏中进一步设置衰减参数，依次为：“衰减”为“内”，“数量”为 100；“衰减”为“外”，“数量”为 100；“衰减”为“外”，“数量”为 100，“类型”为“相减”；“衰减”为“外”，“数量”为 100，“类型”为“相加”，各种透明效果如图 8-14 所示。

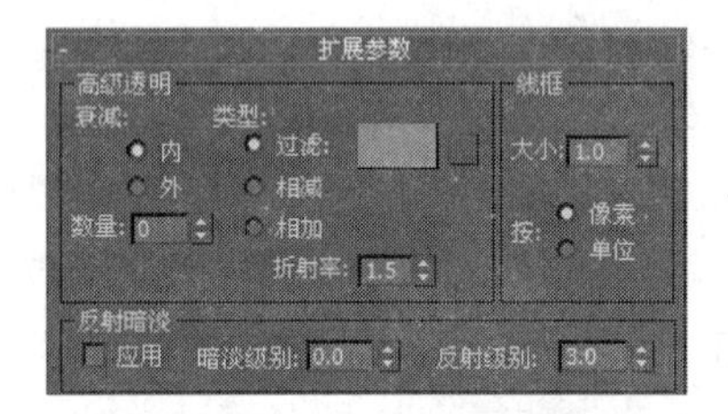

图 8-13 标准材质的“扩展参数”卷展栏

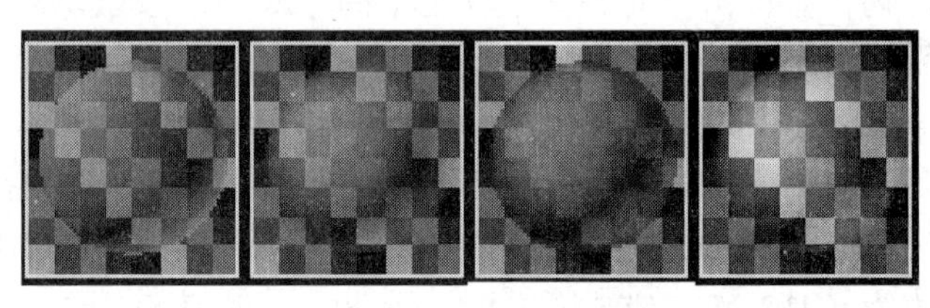
图 8-14 各种透明效果

（2）“线框”选项组用于调节线框效果（必须与基本参数区中的线框选项结合使用）。

大小：用来设置线框的粗细，可以选择“像素”和“单位”两种单位。如果选择“像素”单位，那么物体无论远近，线框的精细都将保持一致；如果选择“单位”，则会根据物体离镜头远近的变化而发生粗细变化。

（3）“反射暗淡”选项组作用于反射贴图材质的对象。

☑ 应用：选中此复选框，阴影反射即可起作用。

☑ 暗淡级别：设置阴影反射的强度。值越小，阴影越明显。

☑ 反射级别：设置阴影外的所有反射的强度。

任务 8.3 贴图与贴图通道

一个材质可以由多个贴图组成，这些贴图的调配是通过材质自身的结构和贴图通道来实现的。贴图通道的作用就是在物体不同的区域产生不同的贴图效果，也就是说贴图通道是材质调用和展示贴图效果的手段。在“贴图”卷展栏中，包含着 12 种贴图通道，如图 8-15 所示，最左边一列复选框，可以选择该贴图是否应用，复选框后面显示了贴图通道的类型。“数量”值控制使用贴图的强度，大部分取值范围是 0～100，但是“高光级别”、“凹凸”

和“置换”贴图的取值范围是 0～999。单击“贴图类型”列的 None 按钮，就可以进入贴图通道，对贴图进行控制。

1. “环境光颜色”贴图通道

该通道用于控制对象环境光的量和颜色。默认状态中呈灰色显示，通常不单独使用，经常把它与“漫反射颜色”锁定，单击解锁按钮可将锁定打开。

2. “漫反射颜色”贴图通道

该通道将物体的固有色转换为所选择的贴图，主要表现材质纹理效果，也就是给物体穿上花衣。这是最常用的贴图通道之一，经常与之配合使用的贴图类型为位图。

案例 8-2 “漫反射颜色”贴图通道的使用。

操作步骤如下：

（1）选择“文件”→“重置”命令，重置系统。

（2）在场景中任意创建一个立方体和一个茶壶。

（3）按 M 键打开“材质编辑器”窗口，第一个示例球处于激活状态，选择立方体和茶壶，单击按钮，把材质指定给被选择的物体。

（4）单击“Blinn 基本参数”卷展栏中“漫反射”右侧的小按钮或单击面板下方“贴图”卷展栏中“漫反射颜色”右侧的 None 按钮，打开“材质/贴图浏览器”窗口，双击“位图”贴图类型，在打开的对话框中选择一种木地板图片文件“23864062.jpg”。

（5）这时在材质编辑器中显示出标准材质的下一层级位图贴图的参数面板。单击水平工具栏中的（回到父层级）按钮，再单击（贴图显示）按钮，在场景中显示出贴图效果。立方体的 6 个面都贴上了木板图片，这是贴图的默认效果，可以进一步调整贴图效果，如图 8-16 所示。

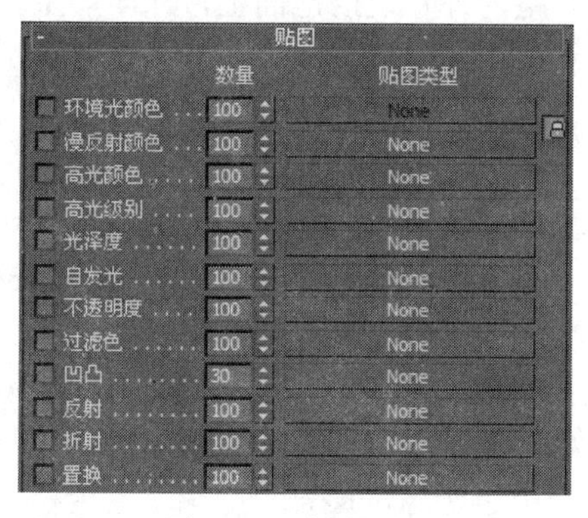

图 8-15 贴图通道

图 8-16 默认贴图效果

（6）激活透视视图，单击主工具栏中的“快速渲染”按钮，观察渲染效果。

3. “高光颜色”贴图通道

该贴图通道可用来控制在物体的最明亮部分加入贴图。它使用贴图改变光颜色，受到的反射度越强烈，贴图越清晰。但如果物体表面没有强烈的光反射区域，则不会显示出贴图。

4. “高光级别”贴图通道

该通道基于贴图灰度值改变贴图的高光亮度区域。该通道贴图在物体表面生成一个明暗通道，颜色较深的地方能够基本反映“漫反射”贴图的效果，颜色越浅的地方越明亮。

5. “光泽度”贴图通道

该通道控制物体高光处的位置，通道上图片的亮部还原，将暗部变为高光区域。并且与“高光级别”贴图通道的高光值有关，高光处贴图的光泽度，数值越小，区域越大；数值越大，区域越小，但很亮。

6. “自发光”贴图通道

使用这个贴图通道时同样在物体表面按照所用图片的明暗生成一个通道。在图片中偏白的部分会产生自发光效果，它不受光线的影响，不管在物体的暗部或者亮部，都不会受影响。如图 8-17 所示球体的渲染效果，“漫反射”的颜色为绿色，在“自发光”贴图通道上指定一幅图片，效果中发亮的区域对应图片发白的部分。

图 8-17 “自发光”贴图通道

7. “不透明度”贴图通道

该通道用于控制物体的透明程度，依据贴图的明暗度在物体表面产生透明效果。贴图颜色越深的地方越透明，纯白色的区域完全不透明，纯黑色的区域完全透明。

配合“漫反射颜色”贴图通道，可以产生镂空的纹理。例如将一个人物的彩色图片转换为黑白剪影图（可以通过 Photoshop 处理得到），将彩色图片用于“漫反射颜色”贴图通道，而黑白剪影图用作“不透明度”贴图通道，将材质指定给一个没有厚度的物体上，从而产生一个立体的镂空人像。将贴了图的物体放置在室内外建筑的地面上，从而产生真实的反射与投影及透视效果，经常用于效果图制作中人物、汽车、花盆等效果的表现。

案例 8-3 镂空效果的制作。

操作步骤如下：

（1）准备如图 8-18 所示两张图片，一张为彩图，背景最好为纯色，将彩图在 Photoshop 中编辑成黑白剪影图，两张图片一样大小。查看彩图的图像大小为 568×398 像素。在 3ds Max 中创建物体时它的长宽比与彩图的长宽比相同，否则会出现贴图比例失调的现象。

（2）在顶视图中创建一个平面作为地面，设置长宽为 500×500 像素；在前视图中创建一个平面，设置长宽为 568×398 像素，厚度为 0 的物体上放置人物贴图。

（3）按 M 键打开“材质编辑器”窗口，激活一个示例球，展开“贴图”卷展栏，单击“漫反射颜色”贴图通道右侧的 None 按钮，在打开的对话框中双击“位图”贴图类型，选择“两人正面.jpg”文件，单击（回到父层级）按钮，回到“贴图”卷展栏，在“不透明度”贴图通道上选择“两人正面黑白.jpg”文件。

（4）单击（回到父层级）按钮，再单击（贴图显示）按钮，在平面物体上只留下人物的轮廓，对应“不透明度”贴图通道上图片中黑色的区域完全透明，白色的区域完全不透明。

（5）激活透视视图，单击主工具栏中的（快速渲染）按钮，观察渲染效果。

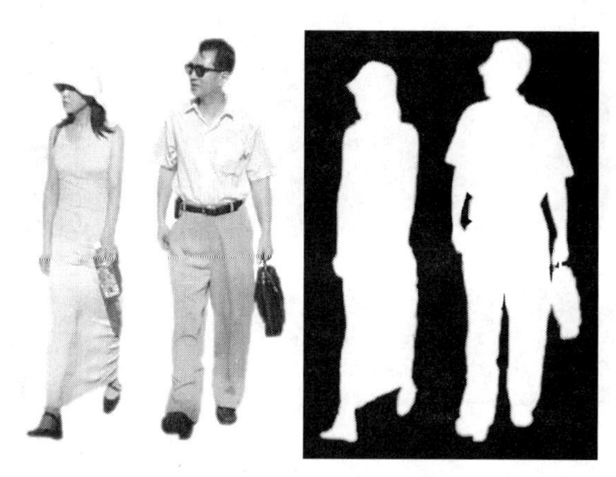

图 8-18　彩图与黑白剪影图

8. “过滤色”贴图通道

该贴图通道专用于过滤方式的透明材质，通过贴图在过滤色表面进行染色，形成具有彩色花纹的玻璃材质。例如，为了做出透过玻璃看到大厅内部的装修效果，可以用此通道贴上一张装修好的图片，这样透过玻璃能看到已装修好的效果。

案例 8-4　“过滤色”贴图通道的使用。

操作步骤如下：

（1）选择“文件”→“重置”命令，重置系统。

（2）在前视图中创建一个立方体。

（3）按 M 键打开“材质编辑器”窗口，激活第一个示例球，单击（为选中对象指定材质）按钮。设置“不透明度”的值为 50。

（4）打开“贴图”卷展栏，单击“过滤色”贴图通道右侧的 None 按钮，在打开的对话框中双击“位图”贴图类型，选择一幅效果图“大厅效果.jpg”文件。

（5）选择“渲染”→“环境”命令，打开“环境和效果”对话框，单击“背景”选项组中的颜色色块，设置浅蓝色作为背景。

（6）单击主工具栏中的（快速渲染）按钮，观察渲染效果。效果如图 8-19 所示。

9. “凹凸”贴图通道

该通道控制材质表现的凹凸效果，贴图颜色浅的部分产生凸起效果，颜色深的部分产生凹陷效果，可以塑造真实材质效果。这也是最常用的贴图通道之一，常用于表现桔子表面、泥灰色墙壁等。

案例 8-5　桔子的制作。

操作步骤如下：

（1）制作一个球体作为桔子。

（2）选择一个未用的示例球，设置漫反射区的颜色为桔红色。

（3）打开“贴图”卷展栏，单击“凹凸”贴图通道右侧的 None 按钮，在弹出的对话框中选择“噪波”贴图类型，在“噪波参数”卷展栏中调整“大小”的值为 2，渲染观察效果，如图 8-20 所示。

图 8-19 “过滤色”贴图通道效果

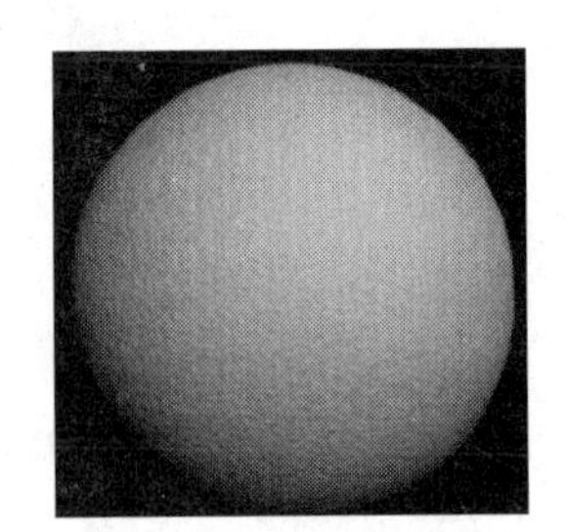

图 8-20 桔子表面

10. “反射”贴图通道

该通道控制反射贴图，可以表现反光的质感。使用该贴图通道可创建诸如镜子、铬合金、发亮的塑料和地板等反射材质。

“反射”贴图通道与不同的贴图类型结合可以表现出不同的效果，常用方法有 4 种。

（1）与“位图”贴图类型结合使用，这种反射不真实，常用于表现抛了光的木纹材质等。

（2）与“反射/折射”贴图类型结合使用，只对曲面物体有效，可以提供较真实的反射。

（3）与“光线跟踪”贴图类型结合使用，对任何形状的物体都有效，产生的反射效果最逼真，但缺点是渲染速度太慢，常用于表现地板等表面光亮的反射效果。

（4）与“镜面反射”贴图类型结合使用，表现镜面反射效果，但要求只应用于平面次对象，根据材质的 ID 号指定，因此必须在“多维/次物体”材质类型中应用。

如图 8-21 所示地面的反射效果，设置“反射”贴图通道上使用“光线跟踪”贴图类型，左侧“数量”值由 100 改为 50，值为 100 时反射效果太强烈。

11. “折射”贴图通道

该通道控制折射贴图，用于制作水、玻璃、水晶或者其他包含折射的透明对象。

12. “置换”贴图通道

该通道是按照图片的黑白灰色调的深浅值控制置换贴图的，通过改变原物体表面的凸凹程度控制物体的凸凹变化。类似于“凹凸”贴图通道，但它对物体表面进行真实的凹凸处理。如图 8-22 所示，在“漫反射颜色”和“置换”贴图通道上都使用一张白底黑字的图像，“置换”贴图通道的作用使黑字区域凹下去。

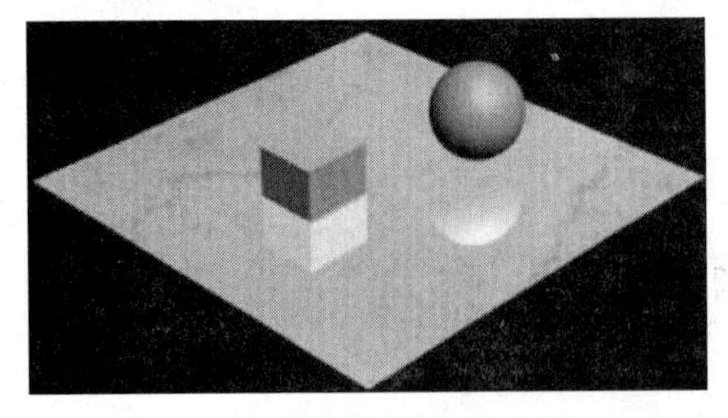

图 8-21 “光线跟踪”贴图效果

图 8-22 “置换”贴图通道效果

任务 8.4　贴图类型

贴图与材质是一种从属的关系，就好比树叶与树干。一种材质可以使用多种贴图。前面学习了各种贴图通道，实际上每种贴图通道是与各种不同的贴图类型结合使用的。例如，“凹凸”贴图通道与“噪波”贴图类型结合使用才能表现逼真效果，“漫反射颜色”贴图通道与位图结合使用表现表面纹理。

3ds Max 2012 中的贴图类型是非常多的，按照贴图的生成方式可分为位图、程序贴图和组合贴图。位图就是由 Photoshop 处理的图片或用数码相机拍摄的图片，由水平和垂直方向的像素组成，图像放大时可出现失真现象。而程序贴图是利用算法用计算机程序生成的贴图，贴图内提供了很多可以修改的参数，如“棋盘格”贴图，可以是黑白相间也可以改成红白相间等，当放大图像时不会失真。组合贴图是将位图和程序贴图组合在同一贴图里，如黑白相间的棋盘格贴图中，黑色和白色格子都可以重新指定一个位图图片代替原来的黑白色，如图 8-23 所示。

按贴图功能又可分为 2D 贴图、3D 贴图、合成贴图、颜色修正贴图和反射/折射贴图等类型。

3ds Max 2012 共提供了 36 种贴图类型，下面介绍几种常用的贴图类型。

1. 位图

使用一张位图图像作为贴图，支持多种位图格式，如.bmp、.gif、.jpg 等。位图是最常用的一种贴图类型。当选择位图文件返回材质编辑器时，注意当前层为 Bitmap（位图）层，如图 8-24 所示，显示当前的贴图名称为默认 Map #1，单击（回到父层级）按钮，可回到标准材质面板。要想删除位图，可再次单击位图位置，在弹出的“材质/贴图浏览器”窗口中选择 None 选项。

图 8-23　黑白棋盘格贴图

图 8-24　位图层级

在位图层级有 5 个卷展栏，虽然每种贴图类型都有各自的卷展栏，但有些卷展栏是共有的，包括“坐标”和“噪波”两部分。

（1）“坐标”卷展栏用来调整贴图的方向，控制贴图是否重叠、平铺和镜像等，如图 8-25 所示。

☑　纹理：默认选中该单选按钮，代表使用的是一般贴图。

☑　环境：把图片指定为场景中的背景时使用的选项。

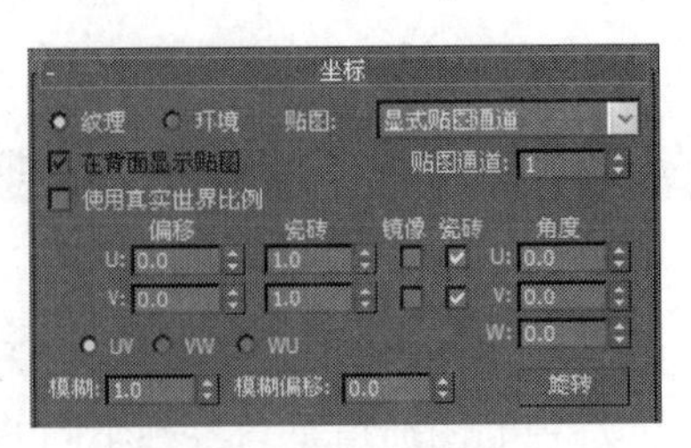

图 8-25 “坐标”卷展栏

☑ 贴图通道：可以选择 1～99 号贴图通道。

☑ UV/VW/WU：用来选择贴图的坐标平面，默认为 UV 平面。这时的 U、V、W 相当于 X、Y、Z。

☑ 偏移：指定贴图的偏移位移。

☑ 瓷砖：指定贴图沿着所选坐标方向在物体表面重复排列的次数。

☑ 瓷砖：把贴图平铺。默认平铺效果如图 8-26（a）所示。修改瓷砖列 U、V 值为 4，效果如图 8-26（b）所示。

☑ 镜像：把贴图对称。选择 U、V 两行对应的复选框，效果如图 8-26（c）所示。

☑ 角度：贴图的旋转角度。设置 U、V 的“角度”值为 45，效果如图 8-26（d）所示。

☑ 模糊：考虑距离的模糊效果。

☑ 模糊偏移：用来对贴图增加模糊效果。

☑ 旋转：打开旋转控制器窗口，用鼠标直接旋转贴图。

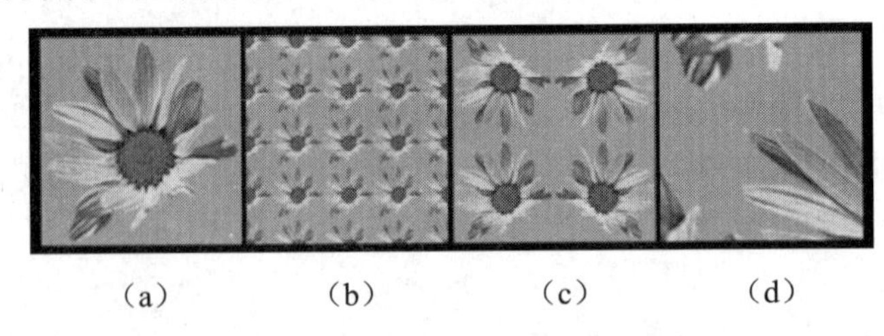

（a）　　（b）　　（c）　　（d）

图 8-26 调整“瓷砖”、“镜像”和“角度”效果

（2）“噪波”卷展栏用来给贴图添加噪波效果，如图 8-27 所示。

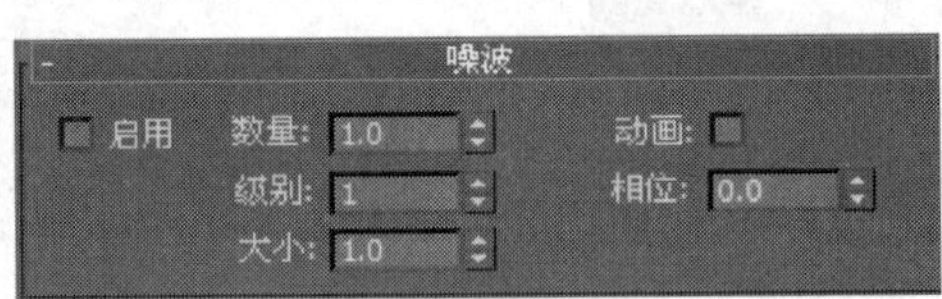

图 8-27 “噪波”卷展栏

☑ 启用：控制噪波的使用。

☑ 数量：控制噪声波的强度，在 0～100 间变化。如图 8-28 所示，选中“启用”复选框，设置“数量”为 10，渲染效果。

☑ 级别：控制噪声波的次数，取值范围是 1～10，默认值为 1。

☑ 动画：记录材质动画。

☑ 相位：控制噪声波相位的改变速度。

（3）使用位图后，在“位图参数”卷展栏中可以看到位图存储的磁盘路径。也可以在“裁剪/放置”选项组中对图像进行修剪等操作，如图 8-29 所示。

图 8-28　噪波效果

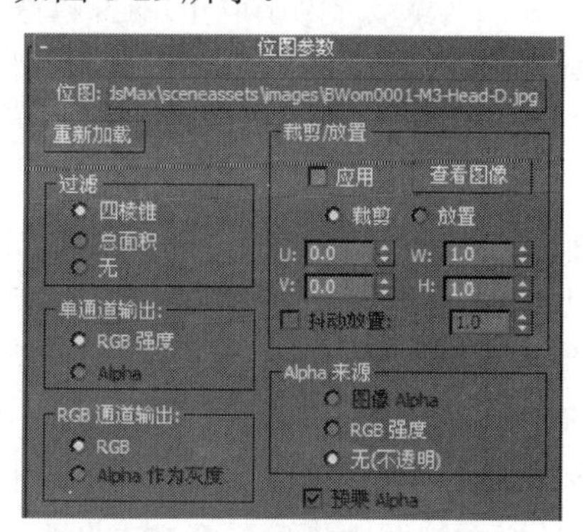

图 8-29　“位图参数”卷展栏

如图 8-30 所示为原图像与裁剪后、重放置后的贴图效果对比。选中“裁剪”单选按钮，单击“查看图像”按钮，在弹出的对话框中用鼠标直接拖动图片边缘的虚线，可直接选取需要的区域。最后选中“应用”复选框，应用裁剪图像效果，如图 8-30（b）。图 8-30（c）所示为选中“放置”单选按钮，调整整幅图像在物体表面放置位置后的效果。

2. 棋盘

包含两种颜色方格交错的图案，也可以用两个贴图来进行交错，常用于砖墙、地板砖等有序纹理。属于 2D 贴图，它没有深度只出现在物体的表面。如图 8-31 所示为“棋盘格参数”卷展栏，可修改“颜色#1”或“颜色#2”的颜色块或单击 None 按钮来选择贴图。

（a）　　（b）　　（c）

图 8-30　默认、裁剪与放置效果对比

如图 8-32 所示为红白交错的方格，U、V 平铺次数为 1 和为 5 的效果比较。

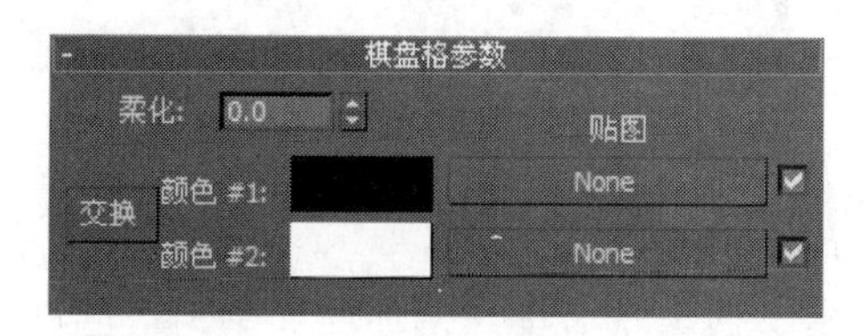

图 8-31　“棋盘格参数”卷展栏

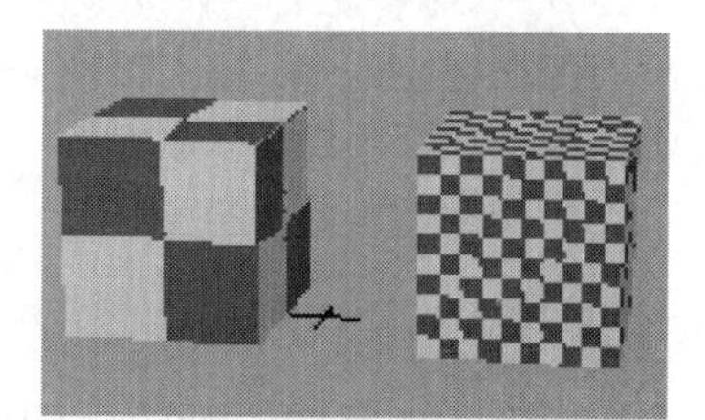

图 8-32　棋盘格贴图效果

3. 渐变色

产生三色（或 3 个贴图）的渐变过渡效果，有线性渐变和放射性渐变两种类型。通过控制“噪波”值大小、方式可以控制材料的杂波程度，还可制作物体表面颜色融合的动画。如图 8-33 所示为“渐变参数”卷展栏。

“颜色#1”、“颜色#2”和“颜色#3”的用法与“棋盘”贴图相同。

“颜色 2 位置”的大小改变 3 种颜色的分布情况。当值为 0.5 时，3 种颜色平均分配区域；值为 1 时，颜色 2 代替颜色 1，形成颜色 2 和颜色 3 的双色渐变；值为 0 时，颜色 2 代替颜色 3。

案例 8-6 用材质表现光线效果。

操作步骤如下：

（1）在前视图中创建一个文本图形“北京 2008”，字体为黑体。

（2）选择文本“Text01”，切换到“修改”命令面板，对其施加拉伸，设置“数量”为 2。选中“封顶”和“封底”复选框。

（3）按 W 键激活主工具栏中的移动按钮，按住 Shift 键，在对象上单击鼠标原地复制一个文本“Text02”，设置“数量”为 100。取消选中“封顶”和“封底”复选框。即拉伸为一个中空的单面对象。

（4）按 M 键打开“材质编辑器”窗口，选择第一个示例球，设置漫反射区的颜色为橙色，单击（为选中对象指定材质）按钮，将其赋给“Text01”。

（5）选择第二个示例球，设置漫反射区的颜色为橙色，打开“贴图”卷展栏，单击“不透明度”贴图通道右侧的 None 按钮，选择“渐变色”贴图类型，设置颜色 1 为纯黑色，颜色 2 的 RGB 值为（45,45,45），颜色 3 的 RGB 值为（131,131,131），设置“颜色 2 位置”为 0.6。单击（为选中对象指定材质）按钮，将其赋给“Text02”。这样渐变色中黑色部分完全透明，也就是位于“Text02”末端的光线较弱，表现出光线的渐变性。

（6）渲染透视图，观察效果，如图 8-34 所示。

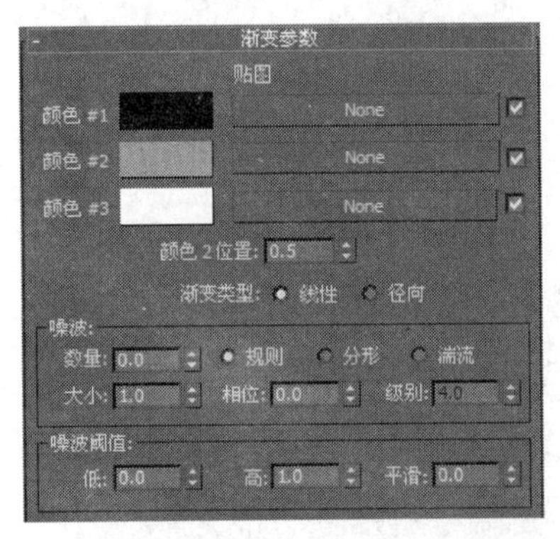

图 8-33 “渐变参数”卷展栏

图 8-34 用“渐变色”贴图模拟光线

4. 噪波

将两种颜色或者贴图进行随机混合，产生类似絮状效果。例如前面学习“凹凸”贴图通道时与噪波结合产生物体表面凹凸效果。

5. 粒子周期

要与粒子系统结合使用，控制粒子寿命。基于粒子的寿命更改粒子的颜色（或贴图）。可以设置 3 种不同的颜色或将贴图指定到粒子束上。常用于表现烟花效果。

6. 混合

既有“混合”贴图的贴图叠加功能，又具备“遮罩”贴图为贴图指定罩框的能力。

7. 平面镜

专用于反射的贴图类型，产生镜面反射效果。与“反射”贴图通道结合使用。

8. 光线追踪

创建精确的、全部光线跟踪的反射和折射。对反射物体、透明物体和自发光物体可以产生更加逼真的材质效果。

9. 反射/折射

能够基于周围的对象和环境，自动生成反射和折射。

任务 8.5　贴图坐标

在材质中使用贴图来表现物体的纹理特性是效果图制作过程中的重要内容，贴图在空间中是有位置、大小、角度及重复次数等特性的，当为对象指定一个 2D 贴图材质时，对象必须使用贴图坐标。贴图坐标的作用就是为了确定一个图形在材质表面上的大小和位置。

在 3ds Max 2012 中，贴图坐标可以分为以下 3 种类型。

（1）内建式贴图坐标。几乎在所有创建对象的操作界面上都出现了“生成贴图坐标”选项，默认为选中状态，也就是物体在创建时自动生成了贴图坐标。一旦给物体的材质表面贴上一张图片，该坐标就会自动激活发生作用。

如图 8-35 所示，在“漫反射颜色”贴图通道上指定一幅图片，将材质赋给立方体的默认效果。在“坐标”卷展栏中，默认选中 U、V 行对应的“瓷砖”复选框，所以图片平铺在每个平面上。又因为立方体的长宽高尺寸不同，所以在各个面上的图片大小不同。

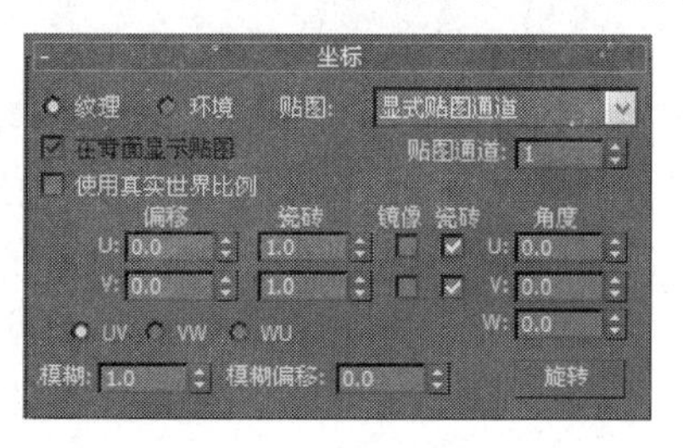

图 8-35　内建式贴图坐标及贴图效果

（2）贴图效果直接由图片大小定义。在 3ds Max 2012 物体创建面板上新增了“真实世界”选项，当选中该复选框时，并在“坐标”卷展栏中选中“使用真实世界比例”复选框，图片以实际尺寸贴在物体表面，如图 8-36 所示。这时“坐标”卷展栏中“大小”列显示出图片实际尺寸。

取消“坐标”卷展栏中 U、V 行对应的瓷砖选项，物体以实际尺寸单张贴在物体表面上，如图 8-37 所示。

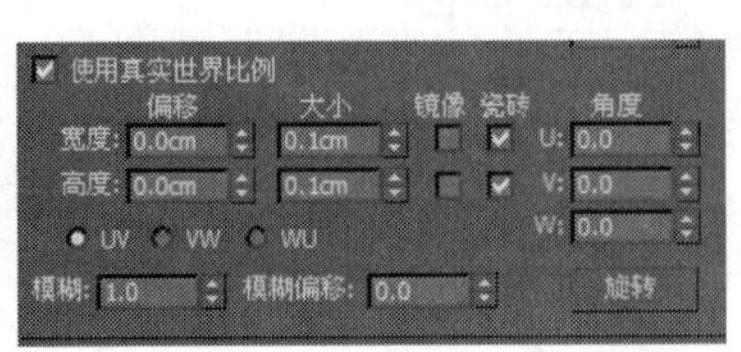

图 8-36　选中“使用真实世界比例”复选框

图 8-37　真实贴图大小

（3）使用贴图坐标修改器控制贴图坐标。常用于控制贴图坐标的修改器是 UVW Map 编辑修改器。

8.5.1　默认的贴图坐标

在创建对象时，几乎所有对象在创建面板上都有一个“生成贴图坐标”复选框，可以选中该复选框生成一个默认的贴图坐标。如果没有选中该复选框，而又赋予物体一个贴图，则系统将自动选中此复选框。

一些对象，例如将对象转换为可编辑网格或可编辑多边形时对象的内建式贴图坐标丢失，经布尔运算后的对象也会丢失内建式贴图坐标，这时如果把贴图赋予没有贴图坐标的物体，那么贴图将渲染不出来。渲染过程会显示一个“缺少外部文件”对话框，如图 8-38 所示，它列出了需要贴图坐标的对象，这时可以通过应用一个 UVW Map 编辑修改器来指定一个贴图坐标。

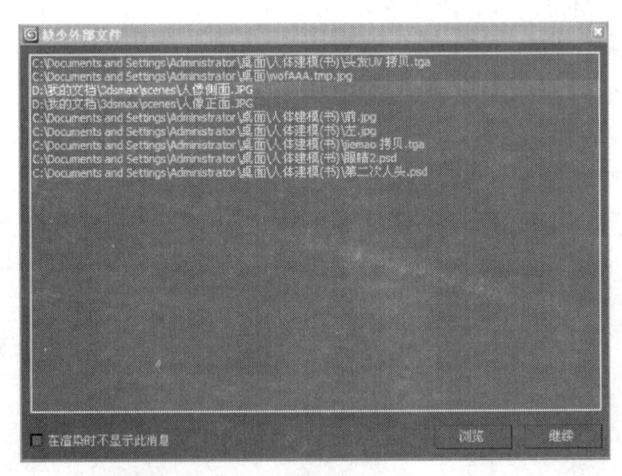

图 8-38　“缺少外部文件”对话框

8.5.2　UVW Map 贴图坐标

UVW Map 编辑修改器用来控制对象的 UVW 贴图坐标，UVW Map 中的 UVW 指的是 UVW 坐标系统，UVW 坐标系与 XYZ 坐标系相似。位图的 U 和 V 轴对应于 X 和 Y 轴。

对应于 Z 轴的 W 轴一般仅用于程序贴图。可在“材质编辑器”窗口中将位图坐标系切换到 VW 或 WU，在这些情况下，位图被旋转和投影，以使其与该曲面垂直。UVW Map 编辑修改器的“参数”卷展栏如图 8-39 所示，它提供了调整贴图坐标类型、贴图大小、贴图的重复次数、贴图通道设置和贴图的对齐设置等功能。

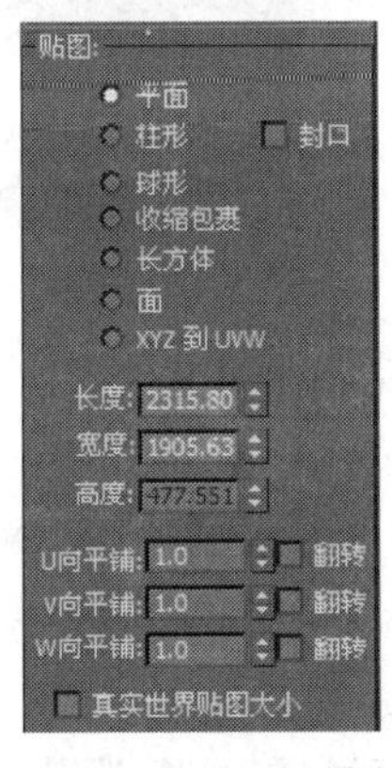

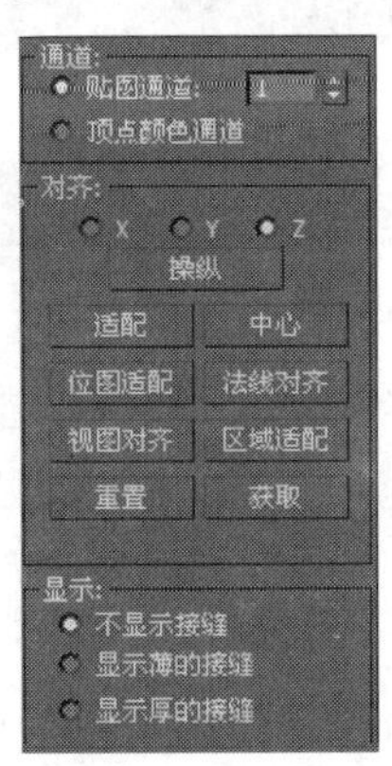

图 8-39　UVW Map 编辑修改器的“参数”卷展栏

（1）“贴图”选项组用于确定如何给对象应用 UVW 坐标，共有 8 个选项。

☑　平面：从对象上的一个平面投影贴图，在某种程度上类似于投影幻灯片。它适合于平面的表面，如纸和墙等。如图 8-40 所示是采用平面投影的结果。

☑　柱形：从柱体投影贴图，使用它包裹对象。如图 8-41 所示是采用圆柱投影的结果。若选中“封口”复选框，圆柱的顶面和底面放置的是平面贴图投影。

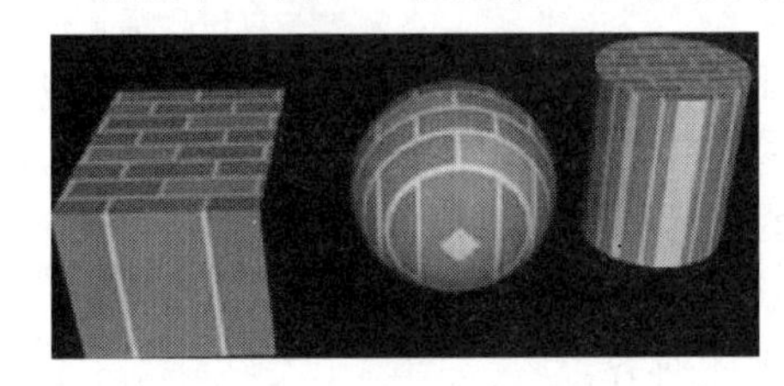

图 8-40　平面贴图效果

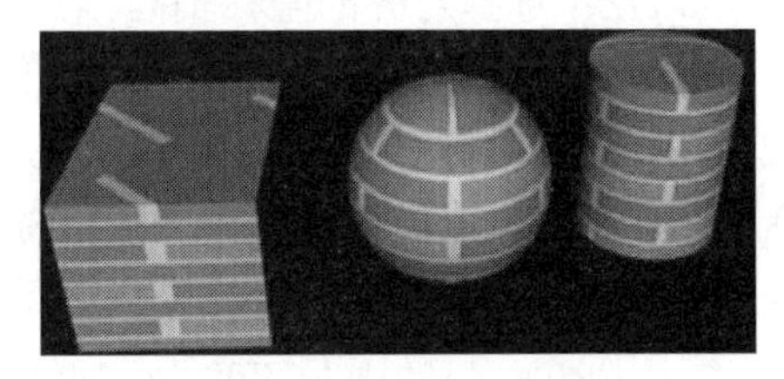

图 8-41　柱形贴图效果

☑　球形：通过从球体投影贴图来包围对象。球形投影用于基本形状为球形的对象。如图 8-42 所示是采用球形投影的结果。

☑　收缩包裹：使用球形贴图，但是它会截去贴图的各个角，然后在一个单独极点将它们全部结合在一起。如图 8-43 所示是采用收缩包裹投影的结果。

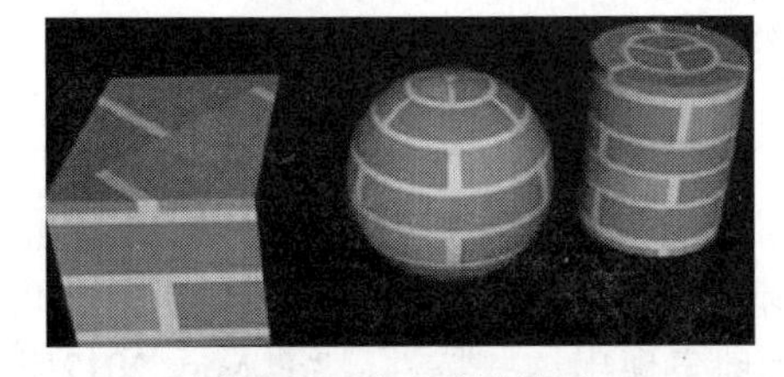

图 8-42　球形贴图效果

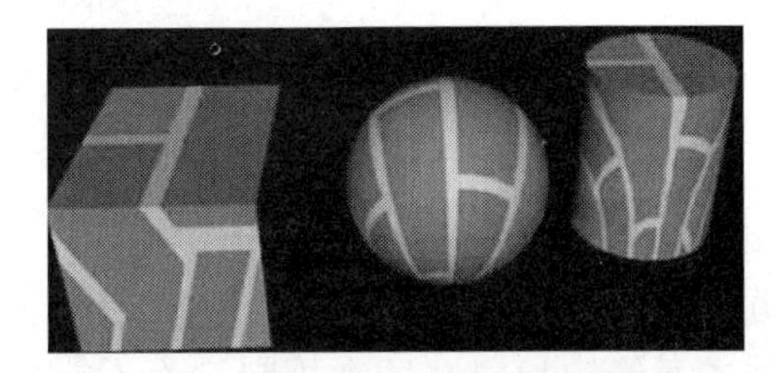

图 8-43　收缩包裹贴图效果

☑　长方体：从长方体的 6 个侧面投影贴图，每个侧面投影为一个平面贴图，且表面上的效果取决于曲面法线。如图 8-44 所示是采用长方体投影的结果。

☑ 面：对对象的每个面应用贴图副本。如图 8-45 所示是采用面贴图投影的结果。

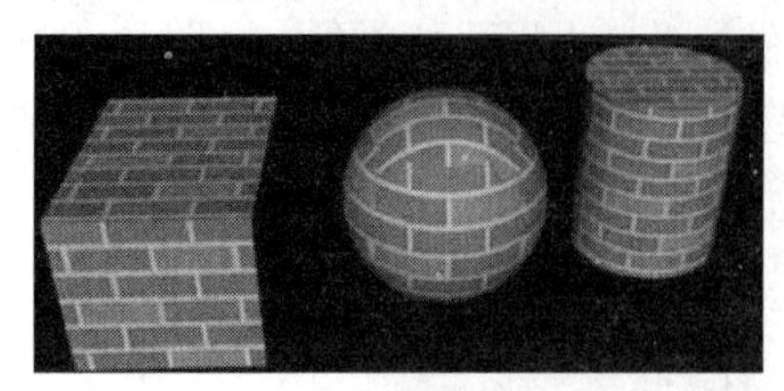

图 8-44　长方体贴图效果

图 8-45　面贴图效果

☑ XYZ 到 UVW：将 3D 程序坐标贴图到 UVW 坐标。

☑ 长度、宽度、高度：指定“UVW 贴图”Gizmo 的尺寸。

☑ U/V/W 方向平铺：分别设置 3 个方向上贴图的重复次数。

☑ 翻转：将贴图绕定轴翻转。

（2）“通道”选项组用于将贴图发送到通道中。

每个对象最多可拥有 99 个 UVW 贴图坐标通道。 默认贴图（通过“生成贴图坐标”切换）始终为通道 1。“UVW 贴图”修改器可向任何通道发送坐标，这样在同一个面上可同时存在多组坐标。

☑ 贴图通道：设置使用的贴图通道。

☑ 顶点颜色通道：指定点使用的通道。

（3）“对齐”选项组用于设置贴图坐标的对齐方法。

☑ X/Y/Z：选择对齐的坐标轴向。

☑ 适配：自动将 Gizmo 适配到对象的范围并使其居中，以使其锁定到对象的范围。

☑ 中心：自动将 Gizmo 物体中心对齐到物体中心上。

☑ 位图适配：选择一张图像文件，将贴图坐标与它的纵横比对齐。

☑ 法线对齐：单击此按钮，可将贴图图标定向至曲面的任何部分。

☑ 视图对齐：将贴图 Gizmo 与当前激活视图对齐。

☑ 区域适配：在视图上拖曳出一个范围，以定义贴图 Gizmo 的区域。

☑ 重置：将贴图坐标恢复为初始设置。

☑ 获取：通过选取另一个物体，从而将它的 UVW 贴图坐标设置作为当前物体的 UVW 贴图坐标。

任务 8.6　其他材质类型

3ds Max 2012 中的材质是一个由多种贴图组成的集合体，并通过自身的结构和贴图通道来调配这些贴图，从而形成一个完整的物体材质，使场景更加具有真实感。基于现实中的物体本身结构和属性各不相同，为了能够准确地表现出这些特性，3ds Max 2012 将材质分成了多种类型，每种材质都有自己的特点，以表现现实中各物体的不同属性。单击 Standard 按钮，可以打开“材质/贴图浏览器”对话框，从而选择不同的材质类型。

8.6.1　多维/子对象材质

多维/子对象材质是一种常用的复合材质，使用子对象层级，根据材质的 ID 值，将多种材质指定给单个对象，其设置界面如图 8-46 所示。

☑　数量：显示包含在多维/子对象材质中的子材质的数量。

☑　设置数量：设置构成材质的子材质的数量。在多维/子对象材质级别上，示例窗的示例对象显示子材质的拼凑。

☑　添加：单击此按钮会在列表后面增加一个子材质，它的材质号大于所有存在的材质号。

☑　删除：单击此按钮可从列表中移除当前选中的子材质。

☑　ID、名称、子材质：子材质的 ID 号、自定义名称及子材质参数设置。

案例 8-7　制作铺设红地毯的楼梯。

操作步骤如下：

（1）选择“文件”→“重置”命令，重置系统，设置单位为毫米。

（2）在前视图中创建一个矩形，设置“长度”为 150，“宽度”为 180。

（3）选择矩形，单击“阵列”按钮，在弹出对话框左上方的“移动”一行中，设置 X 值为 180，Y 值为 150，设置 1D 值为 19。单击“确定”按钮。

（4）激活主工具栏中的二维捕捉，设置捕捉对象为“端点”，沿着矩形绘制楼梯的截面，如图 8-47 所示。

图 8-46　多维/子对象材质设置界面

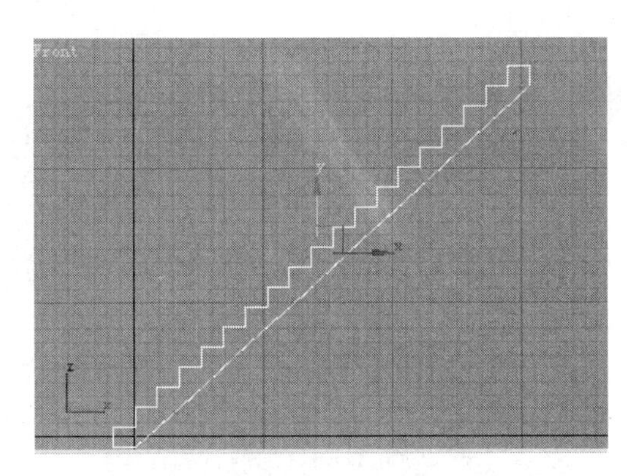

图 8-47　楼梯截面

（5）选择截面，对其施加“拉伸”修改器，设置“数量”为 500，“分段数”为 3。

（6）选择拉伸出的楼梯，选择“编辑网格”修改器，进入到网格物体修改命令面板。进入顶点次对象的编辑状态。在顶视图中，由上至下选择第二排点，在按钮上单击鼠标右键，在弹出的对话框中，设置“偏移”一栏中的 Y 值为 100，使第二排的点沿 Y 方向向上移动 100 个单位。同样，选择第三排的顶点，沿 Y 方向向下移动 100 个单位，如图 8-48 所示。

（7）进入多边形次对象编辑状态。

（8）按 Ctrl+A 组合键选择楼梯所有的面。

（9）在右侧命令面板的“表面参数”卷展栏中，设置 ID 为 1。（设置为 1 号材质。）

（10）用框选的方法选择楼梯中间的面，设置 ID 为 2。

（11）按 M 键打开“材质编辑器”窗口。确认左上方的第一个示例球被选中，在水平工具栏上单击“类型”旁的“标准”按钮，在弹出的对话框中选择“多维/次物体”材质类型，单击“确定”按钮。

（12）在多维/子对象材质类型的“多维/子对象基本参数”卷展栏下，单击下方的第一个“标准”长按钮。

（13）在弹出的下一级命令面板上找到“贴图”卷展栏，单击“漫反射颜色”右侧的 None 按钮，在弹出的对话框中双击“位图”贴图类型，选择一个大理石图案“DLS-03.jpg”的文件。

（14）单击“材质编辑器”窗口右上方的按钮两次，回到多维/子对象层级。

（15）单击第二个“标准”长条按钮右侧的色块。

（16）在弹出的调色板中设置 RGB 的值为（255,0,0）。

（17）单击按钮，将材质指定给楼梯。

（18）切换到“修改”命令面板，选择 UVW Map 修改器，为楼梯指定贴图坐标。

（19）为楼梯创建扶手。创建一个圆柱体作为栏杆，设置“半径”为 15，“高度”为 400。阵列形成其他栏杆，赋予一种金属材质，然后阵列复制其他栏杆。注意，先赋材质后阵列。用线工具绘制一条斜线与楼梯平行，创建一个圆作为截面，放样形成扶手。赋予与栏杆相同的金属材质，最后效果如图 8-49 所示。

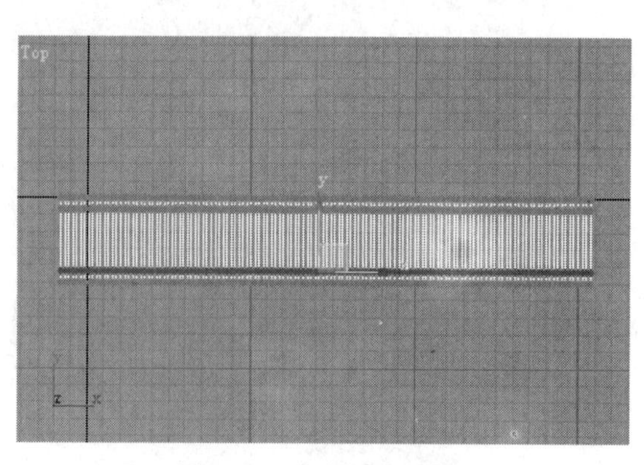

图 8-48　移动两排顶点

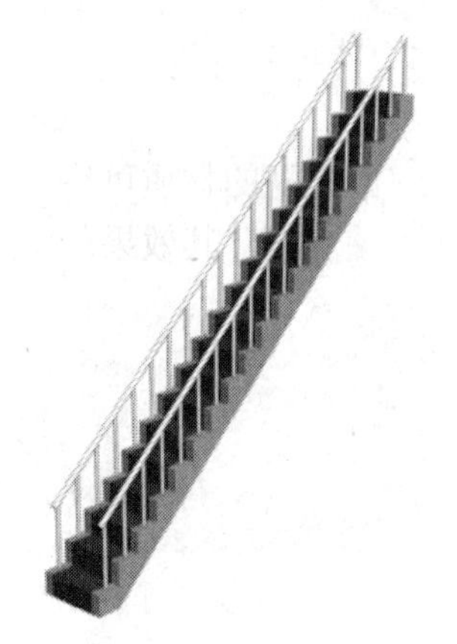

图 8-49　楼梯效果

8.6.2　混合材质

混合类型材质是复合材质的一种，它把两种单独的材质混合为一种材质，如图 8-50 所示，其设置界面如图 8-51 所示。

图 8-50　混合材质

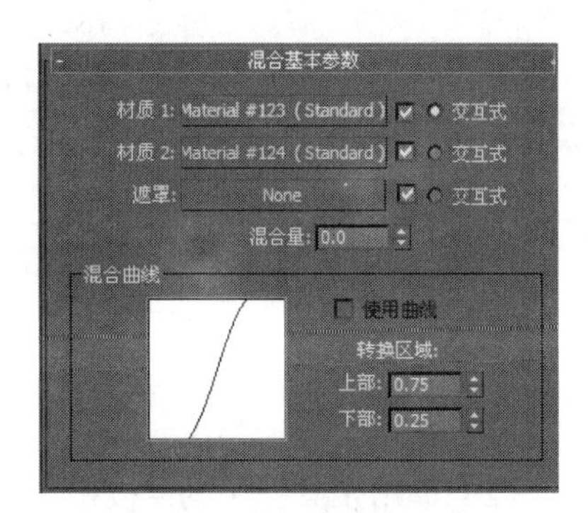

图 8-51　混合材质设置界面

☑　材质 1/材质 2：选择或创建两个用以混合的材质。使用复选框来启用或禁用该材质。

☑　遮罩：选择或创建用作遮罩的贴图。根据贴图的强度，两个材质会以更大或更小度数进行混合。较明亮（较白）区域显示“材质 1”，而较暗（较黑）区域则显示“材质 2”。使用复选框来启用或禁用遮罩贴图。

☑　交互式：在材质 1 和材质 2 中选择一种材质，以便将该材质显示在视图中的对象的表面。

☑　混合量：确定混合的比例（百分比）。0 表示只有“材质 1”在曲面上可见；100 表示只有“材质 2”可见。

“混合曲线”选项组：混合曲线影响进行混合的两种颜色之间的变换的渐变或尖锐程度。只有指定遮罩贴图后，才会影响混合。

☑　使用曲线：设置是否使用曲线来控制两种材质边缘的过渡。

☑　转换区域：通过更改“上部”和“下部”的数值以达到控制混合过渡曲线的目的。

8.6.3　双面材质

双面类型的材质可以为对象的前后两个面设置不同的材质，当需要看到对象背面的材质时可使用它，其效果如图 8-52 所示，其设置界面如图 8-53 所示。

图 8-52　双面材质

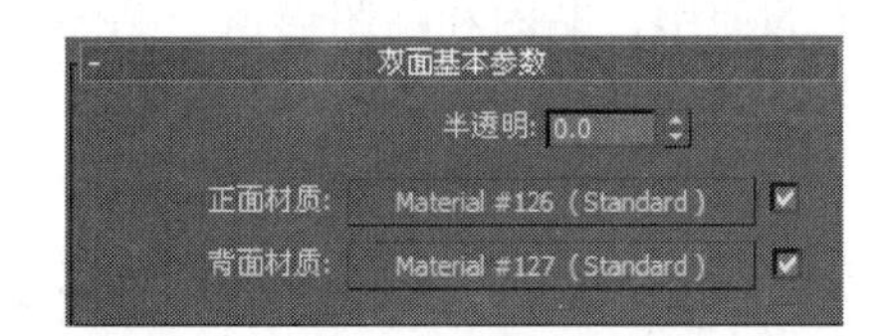

图 8-53　双面材质设置界面

☑　半透明：设置一个材质通过其他材质显示的数量。这是范围从 0.0 到 100.0 的百分比。设置为 100%时，可以在内部面上显示外部材质，并在外部面上显示内部材质。

设置为中间的值时，内部材质指定的百分比将下降，并显示在外部面上。默认设置为 0.0。

☑ 正面材质/背面材质：用来设置对象前、后面材质的参数，后面的复选框用来激活或禁用此材质。

案例 8-8 双面材质的使用。

操作步骤如下：

（1）绘制茶碗造型。

（2）单击工具栏中的按钮，打开“材质编辑器”窗口。

（3）确认左上方的第一个示例窗被选中，单击“类型”旁的“标准”按钮，在弹出的对话框中选择“双面”选项，单击“确定”按钮。

（4）单击“正面材质”右侧的长按钮打开前表面参数卷展栏，为前表面编辑一幅位图文件材质。

（5）单击“材质编辑器”窗口右上方的按钮，回到父级状态。

（6）单击“背面材质”右侧的长按钮打开后表面参数卷展栏，设置 RGB 的值为（220,220,220），“自发光”的值为 20。

（7）单击按钮，将材质指定给茶碗。渲染效果如图 8-54 所示。

图 8-54 茶碗效果

本章小结

通过本章的学习，让学生掌握 3ds Max 2012 的材质编辑器的界面，材质与贴图的编辑原理，以及贴图、材质创建与编辑方式之间的区别。了解如何将材质赋予给物体，掌握标准材质的使用，贴图和贴图通道、贴图类型、贴图坐标及其他材质类型，进一步为后续的学习奠定基础。

实训项目 8

【实训目的】

通过本实训项目使学生能较好地掌握材质和贴图的使用对物体外形的影响，理顺本章知识，达到综合运用，能提高学生分析问题、解决实际问题的能力，进一步为后续的学习奠定基础。

【实训情景设置】

卡通、场景完成建模以后，对其进行材质的赋予和贴图的添加就是一个必要的环节。本实训结合动漫、游戏行业比较正规的材质贴图的添加赋予流程，完成对卡通、场景的进一步美化。

【实训内容】

1. 制作动漫场景壁灯材质

如图 8-55 所示是一个动漫场景中壁灯的造型。在该造型上，大量使用了不锈钢和布料的材质。本实训要求观察图示材质，揣摩其制作方法，并使用 3ds Max 2012 制作它们。在制作过程中，可考虑使用反射贴图与漫反射贴图相结合的方式制作不锈钢材质，并建议直接使用基本材质参数制作布料的材质。

2. 制作动漫模型玉葫芦表皮材质

本实训要求参考苹果、西瓜等材质的制作方法，首先建模生成一个玉葫芦，然后利用上机实验时间，制作玉葫芦表皮材质，并做出最终效果如图 8-56 所示。

图 8-55　壁灯最终效果

图 8-56　玉葫芦最终效果

第9章 角色设计与制作

本章要点

- 角色设计的分类
- 角色设计的设定方式
- 角色建模的技巧

教学目标

- 了解角色设计的分类
- 认识角色的设定方法
- 掌握角色建模的技巧

教学情境设置

在3ds Max 2012建模过程中，角色的创建是一个非常重要的环节，动漫、游戏人物角色创建的好坏直接决定动漫和游戏的质量以及其他相关内容。本章就如何实现美观的角色设计，结合角色建模的方法，最终形成可欣赏性和可玩性较高的动漫和游戏作品。

任务9.1 3ds Max 2012角色的设计

角色设计在动漫、游戏造型中占非常重要的地位，也是动画制作前期工作最重要的一环。角色个性的鲜明特征尤为重要，温柔、豪迈、可爱、阴暗、冷酷等。在设计中，人物性格的构思比绘画效果更重要。游戏人物、漫画人物或是动画人物无一例外都要求具有鲜明的个性，往往富于个性的形象比大而全的性格更受观众喜爱。在外表塑造上，人物的外观、衣着、职业和配饰等是烘托人物性格的重要手段。

9.1.1 角色设计分类

进行角色设计，首先需要明确的是角色风格的设定，如写实风格的角色、超现实风格的角色或卡通风格的角色等，每一种风格都会体现出不同的设计思路，在制作中也会涉及不同的技术因素。

1. 写实风格的角色

写实风格的角色会给人以逼真的视觉震撼，但是显然需要制作更多的细节，这不仅表现在角色的外形，在制作动画时也需要有更多的投入，才能够使角色的动作真实可信，如图9-1所示。

图9-1 写实风格的角色

与卡通角色相比，写实风格的角色在夸张性上会有些限制。然而，还是可以通过一些手法，赋予它们超越生活的特性，如对它们的发型、衣着或者道具进行精心设计都可以使之更加醒目。另外，要表达角色与众不同的个性，还可以通过动作来呈现。

2. 卡通风格的角色

另一种角色设计属于卡通风格，这种风格的设计给予我们更大的创作自由度。卡通角色最具有吸引力的是面部特征的夸张处理。漫画手法的运用，使观者对其真实度自然不会像写实风格那样高，需要考虑的只是这个角色同整个故事、场景及其他角色的风格是否一致。以鲜明的个性吸引观众，往往富于个性的形象比大而全的个性更受观众喜爱。

艺术上的夸张手法在3D领域里同样适用，最明显的体现是卡通风格的角色设计上。人们能注意到的卡通角色往往具有夸张的眼睛、鼻子和嘴，头部和手也是这类角色最引人注意的地方。夸张的特征可以使角色富于表现力，在很多卡通角色中可以看到这种夸张的东西，如图9-2所示。

图 9-2　卡通风格的角色

3. 超现实风格的角色

介于写实风格和卡通风格之间的是超现实风格。这种风格的角色比卡通角色看起来要真实一些，但更偏向于艺术效果的呈现，给人的感觉往往是奇异的，有些梦幻般的色彩。无论选用哪种风格，我们都希望设计的角色对于观者来说更具吸引力。制作一个优秀的角色没有什么固定的模式，但还是可以通过一些技巧来增加角色的魅力，如图9-3和图9-4所示。

图 9-3　超现实风格的战士

图 9-4　超现实风格角色

9.1.2　角色制作前期设定

角色的前期工作包括角色设计图、动态设定、表情设定等，作为动画制作各个阶段的参照，它应该包含了有关这个角色的全部信息。首先需要进行的是设计图的绘制，即在平面上绘制出角色的前方、侧面、后面的造型。在角色设计的过程中，比例上必须保持一致，如果不懂得比例和解剖学原理，就不可能绘制出出色的角色。应将比例作为确定长度、宽度和人物特征的重要标识，这样在调入三维场景作为制作参照时才不会形成混乱。

设计图的造型通常采用角色默认的姿势，双脚分开与肩同宽，双臂伸向两侧，位置应该在手臂运动范围的一半处，目的是为了进行动画时，模型的肩部变形比较适中，以避免挤压或者拉伸得过大。角色的四肢和身体也需要保持一定的距离，因为在对模型进行骨骼的装配时，需要在角色的表面分配权重，如果这些部分过于靠近，在视图中会很难分清这些权重点，给这个环节的操作造成困难。

动态和表情设定体现的是角色的运动姿势，为动作和表情动画的制作提供参照，这也是最能表现角色个性的部分。动态设定应该针对角色的整个身体，选择动画中要用到的姿势，从多个角度刻画角色的动态特征及肢体语言。通过这些图我们会了解到角色在动画中怎样变形，使建模和动画的环节更加周密。另外一些前期设定是一些角色的面部表情，我们可以用完成的面部设定图作为参照，使它们比例一致，头部面向前方，绘制不同的表情，说明角色情绪的范围，然后依据这些设定做面部表情的动画。

最后，如果角色偏向于写实风格，最好还要绘制一些角色解剖组织的结构图，用已经完成的模型设计图为蓝本，将骨骼和肌肉组织覆盖在上面，这对比较复杂的角色建模较为适用。可以使得角色解剖的结构更加精确，也方便对角色进行骨骼的装配。

9.1.3　角色建模的方法

3ds Max 2012 提供了许多创建角色网格的方法，包括网格、多边形、面片、NURBS 曲面等，这些技术在前面已经学习过。具体在操作时使用哪种几何体类型要依赖诸多因素，特别是项目本身的要求。例如，绝大多数 3D 实时游戏的引擎只支持网格或多边形网格类型的角色，因此无论这些角色是以何种方法进行制作，最终都需要输出成网格和多边形网格的形式。

1. 角色的类型

角色类型一般分为两种，一种是分段角色，另一种是无缝角色，具体使用哪一种类型要取决于角色的前期设定。

（1）分段角色。分段角色是按照角色的各部分关节，将其分成若干个独立的分段，借助于层级结构将每个分段联结在一起，然后采用正向动力学（FK）或反向动力学（IK）的方法进行动画的制作。这种角色类型比较典型的例子如木偶、身披铠甲的武士、机器人等。

另外，也有一些角色，因为设计上的原因需要以分段方式制作，但是动画是以网格变形的方式进行的，例如着衣的角色，由于角色的身体表面穿着服装或被装饰等覆盖，在这种情况下其内部的网格结构是否采取无缝连接就不重要了。

（2）无缝角色。无缝角色通常是光滑和无缝的实体网格。这种角色可以由多边形和面片等表面组成，然后通过网格变形系统在它的子对象层产生动画，3ds Max 2012 提供的骨骼就是用来驱动网格变形的一种反向动力学工具。

无缝实体网格角色较分段角色的优势在于创建连续无缝的角色表面。这一点体现在制作比较真实的有机角色时，例如在角色的头部和胸部衔接部位，就需要用整个的连续表面来实现。很明显，制作这样的一个角色比制作分段角色模型难度要大得多。为了便于动画，制作无缝实体网格角色时要着重考虑网格是否能够实现正确的变形。容易出现问题的是运动幅度比较大的一些关节部位，如膝盖、肘部关节，特别是骨盆和腋窝区域，如果网格结构不合适，这些部位在动画时会产生不自然的变形，形成折痕基础被撕裂。这些部位往往也是需要更多细节的地方，只有保持足够的节点数，才能使各个关节部位的弯曲平滑、逼真。

3ds Max 2012 中的网格和多边形建模方式因其建模工具的全面，所以能够在建模过程中实现更多的控制。在多边形建模基础上发展起来的细分表面建模工具，能够在针对低精细度多边形模型操作的同时得到平滑和精细的结果，使复杂的角色建模过程变得简单、高效。这种建模方式的优点如下：

☑ 可以用较少的节点、边和面来控制复杂的形体。

☑ 操作过程直观，具有良好的交互性。

☑ 能够为视图显示和渲染分别设置精细度，即在优化视窗显示的同时又得到满意的渲染、精细度。这点对建模阶段和动画制作阶段同为重要。

面片建模也是制作有机角色模型的很好方法。面片模型同样能够以较少的节点控制表面，并且在一定的范围内保持平滑。善于利用曲面工具是进行面片建模的关键，在制作有比较复杂的曲面的角色时，曲面建模更能够显示出它的优势。

2. 人物面部建模

人物头部和面部是人体结构中最为复杂的区域，该部分的骨骼和肌肉比较集中，运动灵活，人类丰富的情感变化都是通过面部的表情来实现的，因此头部的建模也是角色建模中比较困难的部分。

首先来了解一下人的头部的内部结构。人的头部骨骼主要由头骨和下颌骨两大块形体构成。头骨由众多的小块骨骼嵌接在一起，可以被看作一个大的整体。下颌部分是第二块大的形体，它的运动影响着面部下半部的形状，例如人的张嘴动作，其实是由下颌骨的开合来控制的。这些结构从外部看不到，但是却关系到面部的外形和表情动作。

人的面部肌肉非常复杂，它们通过各种方式牵引和伸展，进而影响皮肤表面，形成各种各样的面部表情。对于这些肌肉的作用和运动方式的理解，有助于用户进行面部形体的塑造和动画制作。

依照面部的解剖结构建模，比单纯描摹外表要重要得多，否则再完美的模型外表也会被不完善的网格结构所破坏。在三维建模中，拓扑和几何体网格是两个紧密联系的概念，几何体定义节点的空间位置，而拓扑线则标示着模型的结构。节点之间的连接方式要比节点自身的空间位置更加重要。合理的拓扑线会使模型节点的分布经济、有效，即以相对较少的网格密度获得丰富的细节，同时也便于微妙的表情塑造。

人的面部肌肉走向，嘴部肌肉以环形分布，并呈放射状向四周伸展，两个眼睛区域也呈环形，与嘴部肌肉相呼应，这 3 个区域是人面部肌肉最集中，变化最丰富的地方。所以这里的网格线的分布也应该参照这些肌肉结构形状及其运动的方向，这样在进行制作表情动画时，网格变形才会贴近肌肉和皮肤的变化。

任务 9.2 人物头部建模

在本案例中，将制作一个简单的人体头部模型。

在制作人体模型时，由于人体通常具有对称性，通常是先制作出人体的半边身体，再通过镜像对称，完成建模。

（1）为更方便、精确地创建模型，在 3ds Max 2012 视图中导入参考图片，如图 9-5 所示。

（2）在创建面板中选择图形、样线条，选择线命令，创建一条闭合曲线，调整点，以形成眼皮部分的大体轮廓，效果如图 9-6 所示。

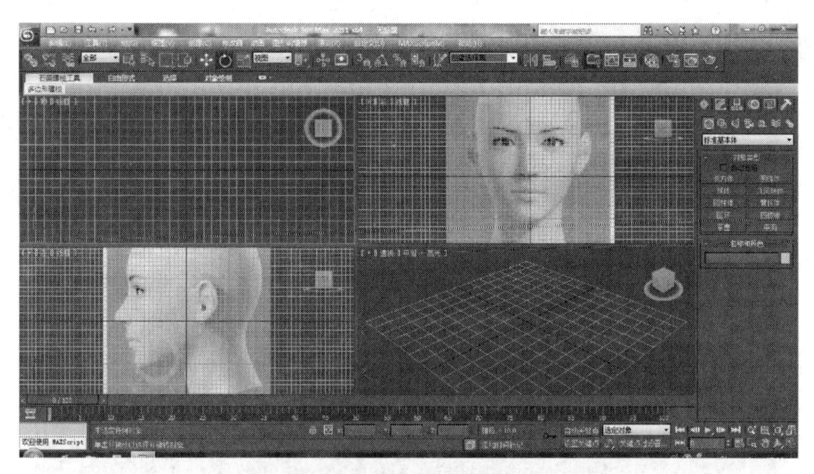

图 9-5　导入图片

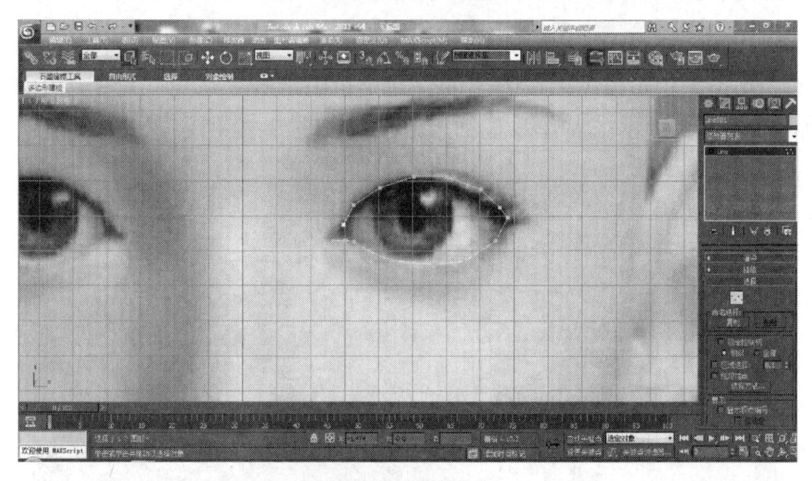

图 9-6　轮廓绘制

（3）将线转换为可编辑多边形，选择边线，按住 Shift 键的同时拖动复制，效果如图 9-7 所示。

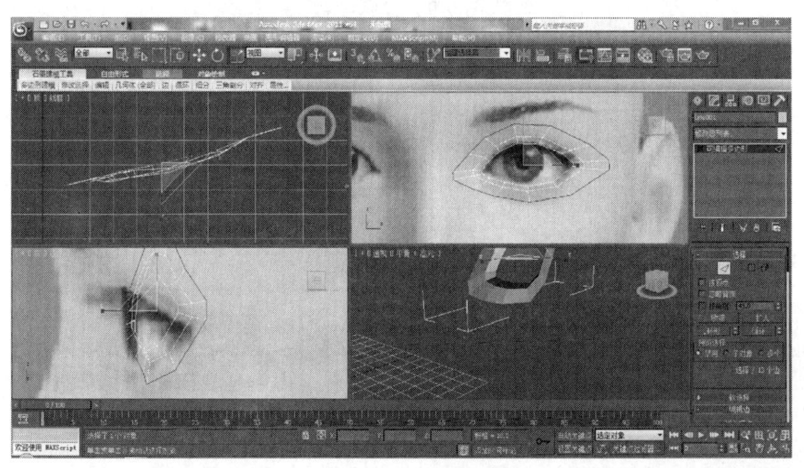

图 9-7　边线复制

（4）在点模式下继续调节模型，效果如图 9-8 所示。

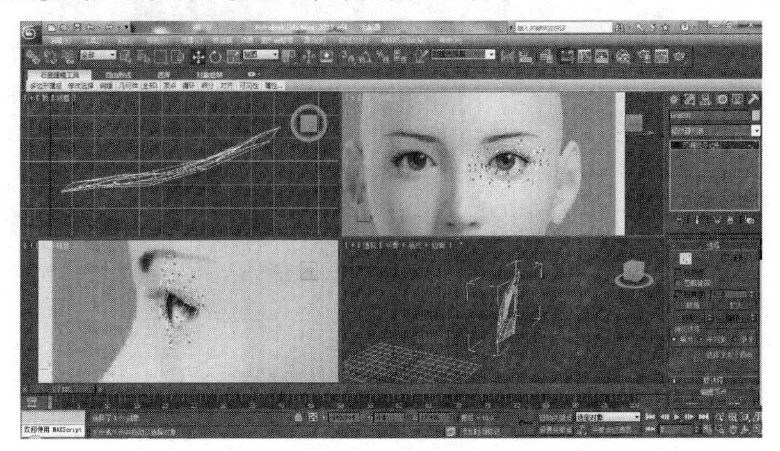

图 9-8　顶点调整

（5）在边模式下右击模型，在弹出的快捷菜单中选择“切角”命令，在弹出的对话框中设置参数，如图 9-9 所示；制作眼皮细节，效果如图 9-10 所示。

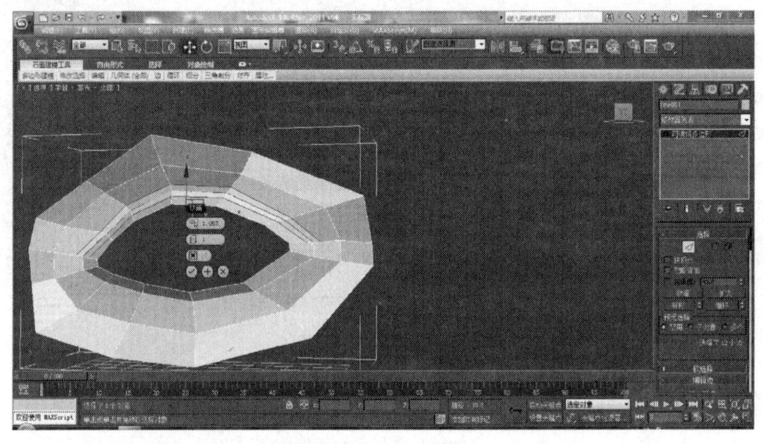

图 9-9　设置参数

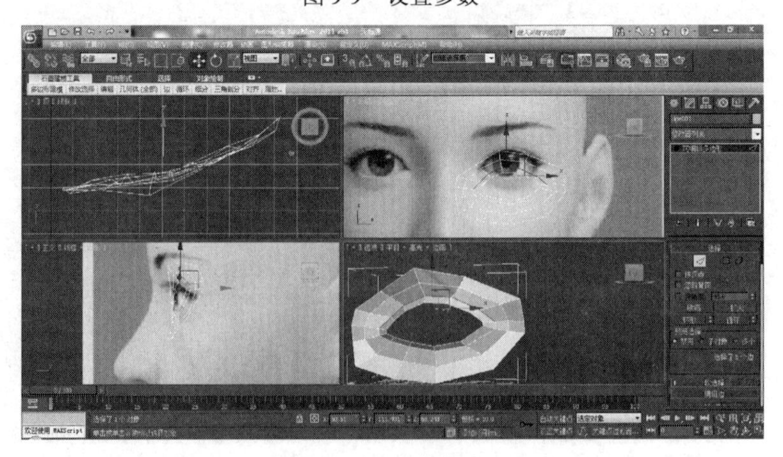

图 9-10　制作眼皮

（6）继续在边模式下复制拖动，效果如图 9-11 所示。

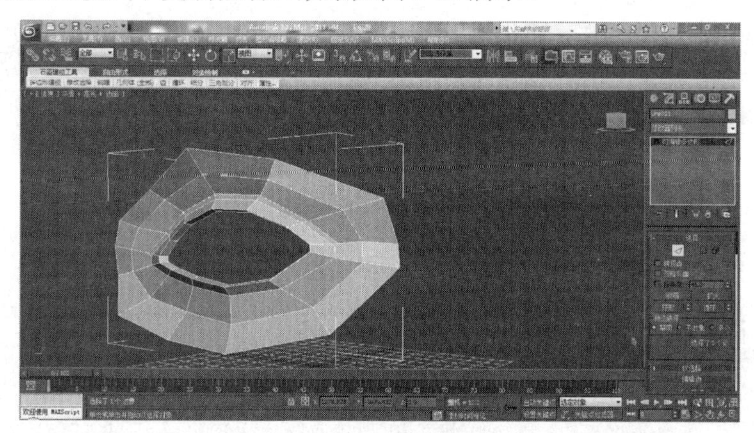

图 9-11　边线复制

（7）创建球体，调整位置，作为眼球，如图 9-12 所示。

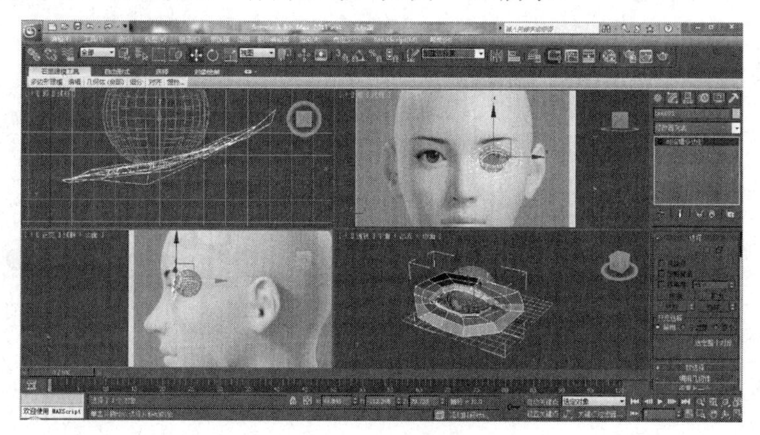

图 9-12　眼球绘制

（8）眼睛部分的建模基本完成，进入鼻子部分的建模。在视图中创建一个长方体，参数设置如图 9-13 所示。

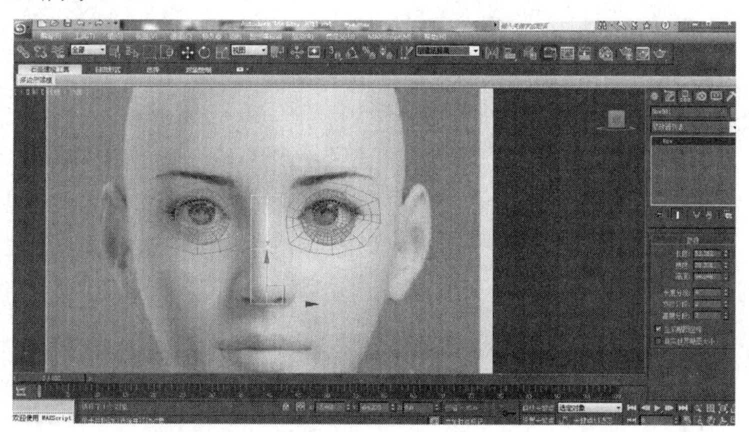

图 9-13　鼻子制作

（9）删去一半（之后镜像即可），调节顶点，效果如图 9-14～图 9-16 所示。

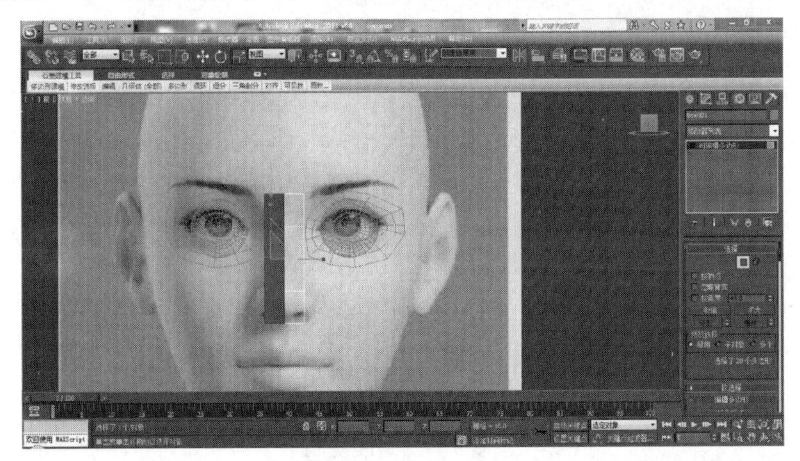

图 9-14　顶点调节

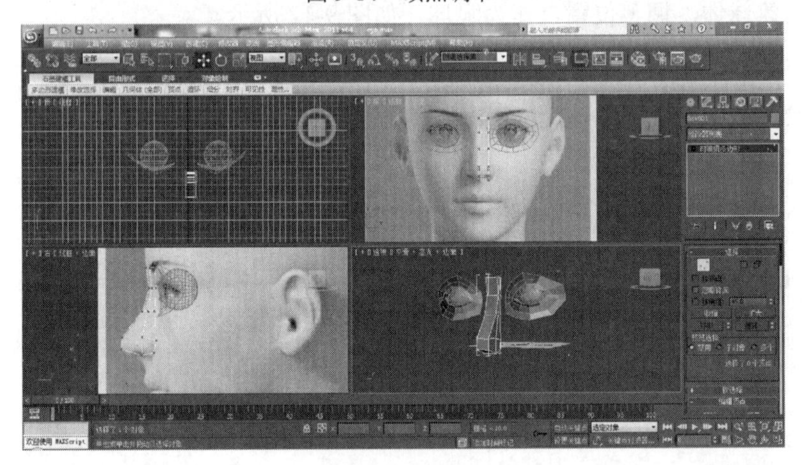

图 9-15　镜像

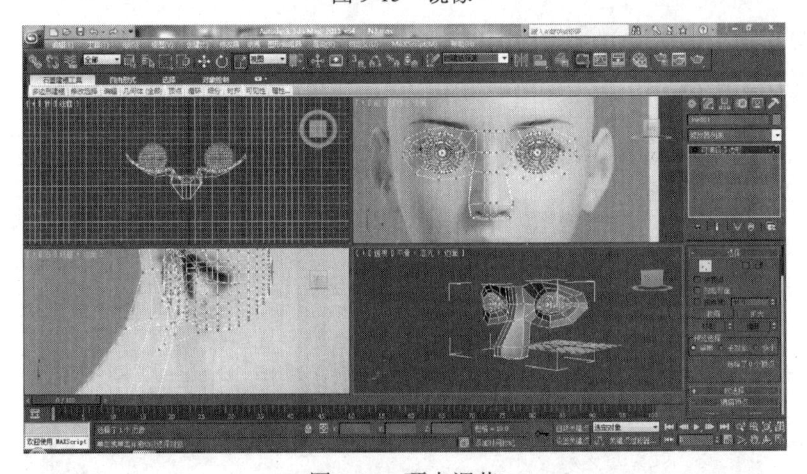

图 9-16　顶点调节

（10）进一步调节顶点，形成鼻翼部分，如图 9-17 和图 9-18 所示。

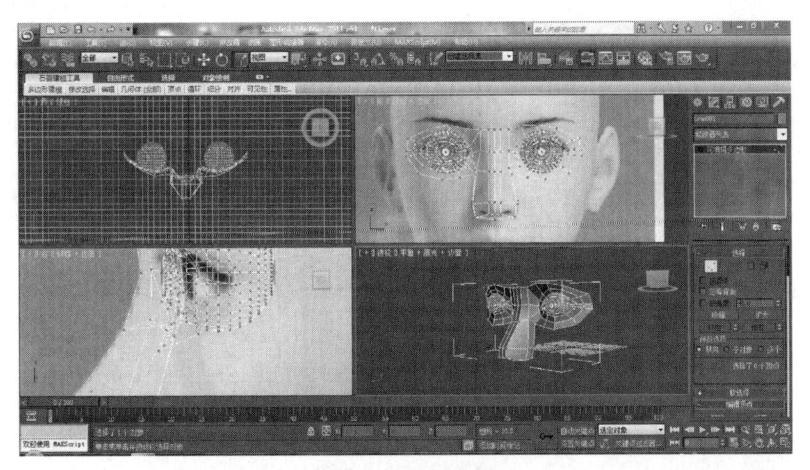

图 9-17　形成鼻翼

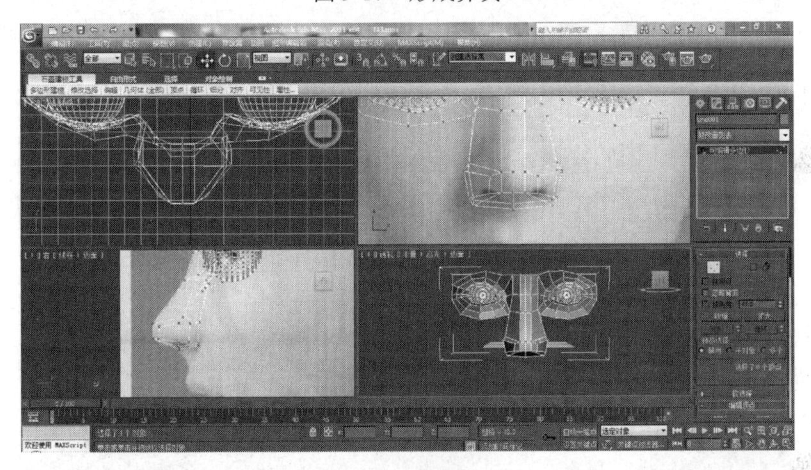

图 9-18　鼻翼修正

（11）选择面，选择“倒角”命令，参数设置如图 9-19 所示；调节面，形成鼻孔，参数设置及效果如图 9-20 所示。

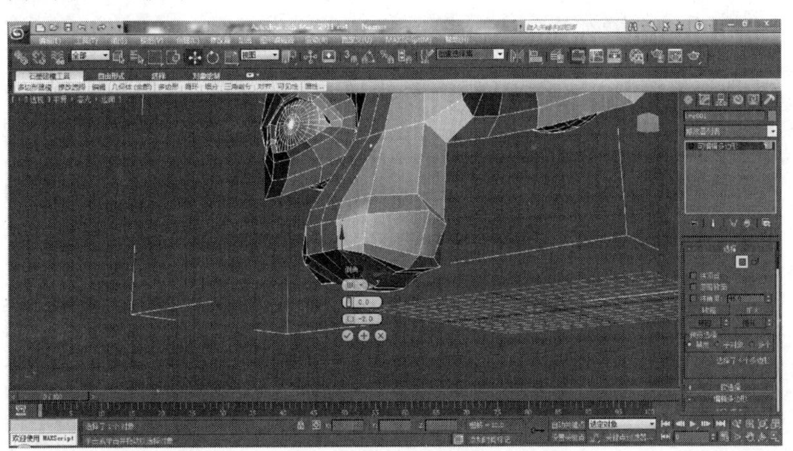

图 9-19　鼻孔绘制

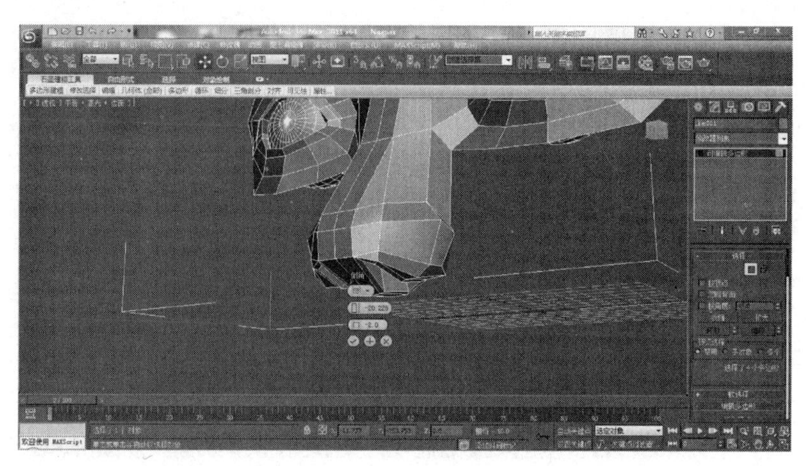

图 9-20　鼻孔调节

（12）嘴部的建模与之前眼睛、鼻子的建模类似，这里不再赘述，嘴部效果如图 9-21～图 9-25 所示。

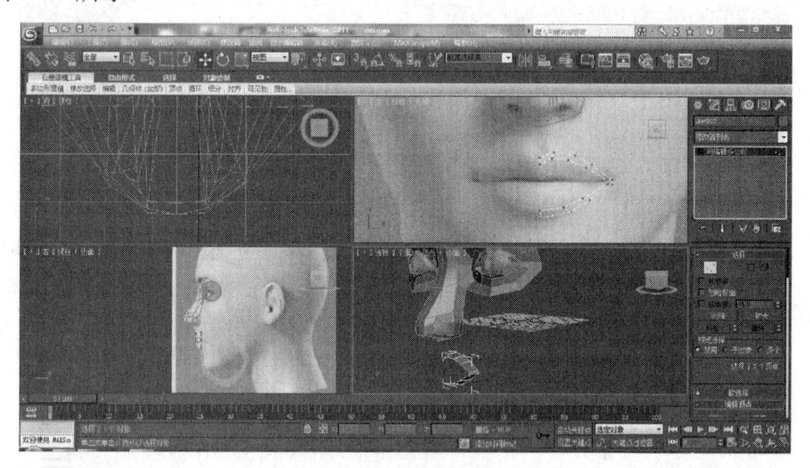

图 9-21　嘴部建模之一

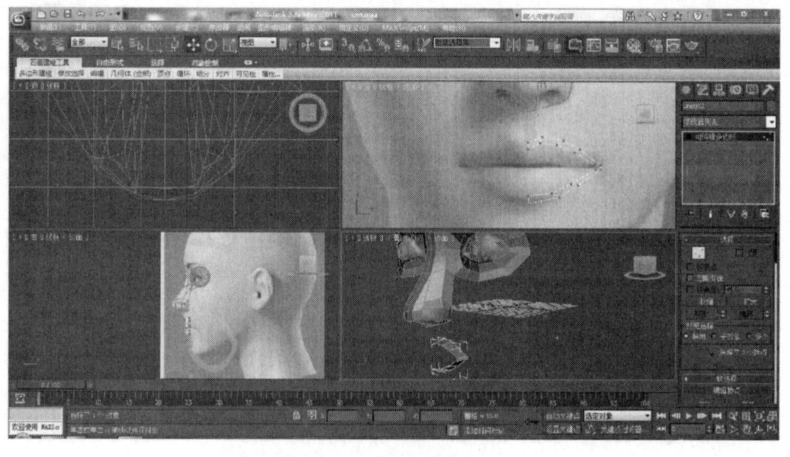

图 9-22　嘴部建模之二

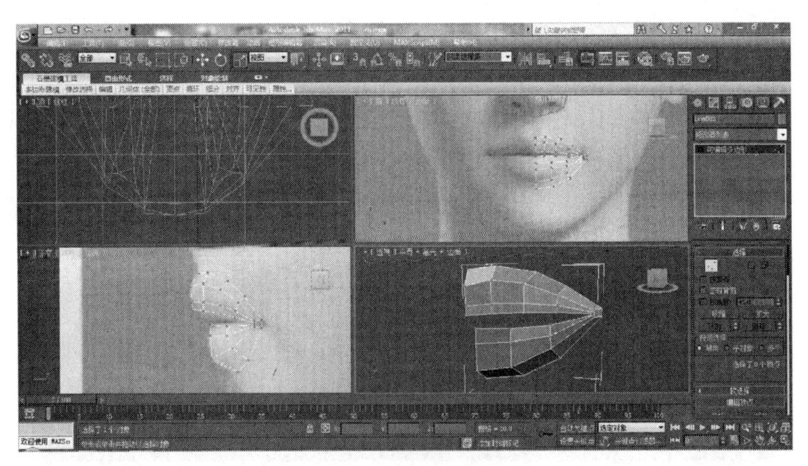

图 9-23　嘴部建模之三

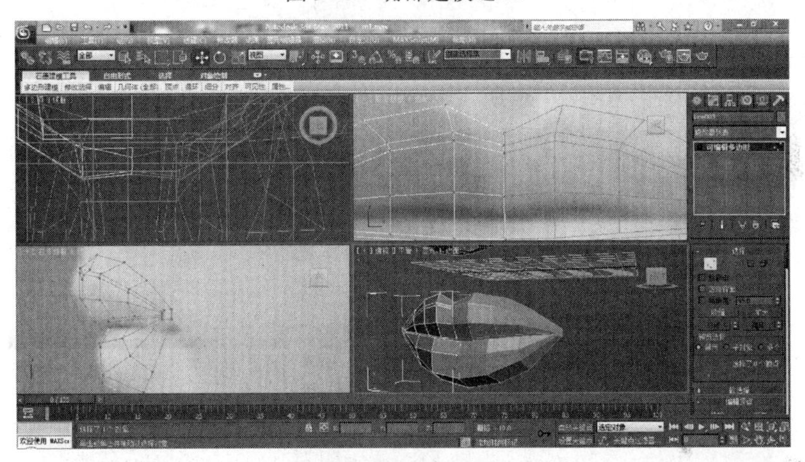

图 9-24　嘴部模型修改

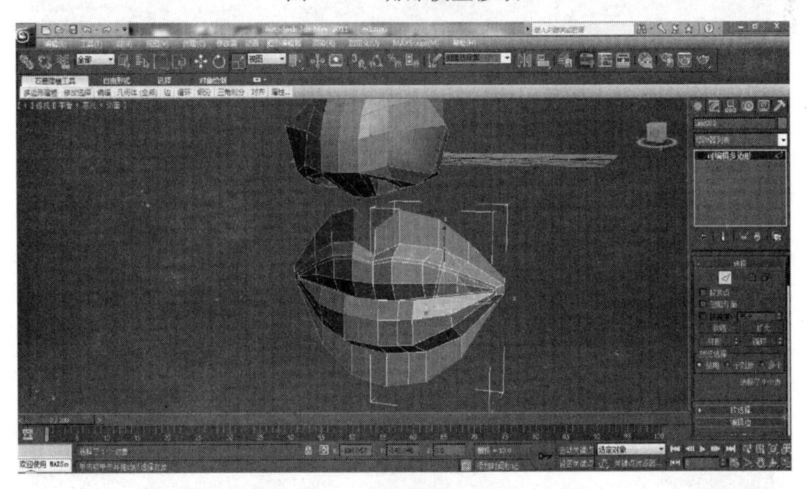

图 9-25　嘴部模型形成

（13）右击模型，在弹出的快捷菜单中选择“附加”命令，合并之前的模型，选择“焊接”命令对眼、鼻、嘴进行焊接，效果如图 9-26 所示。

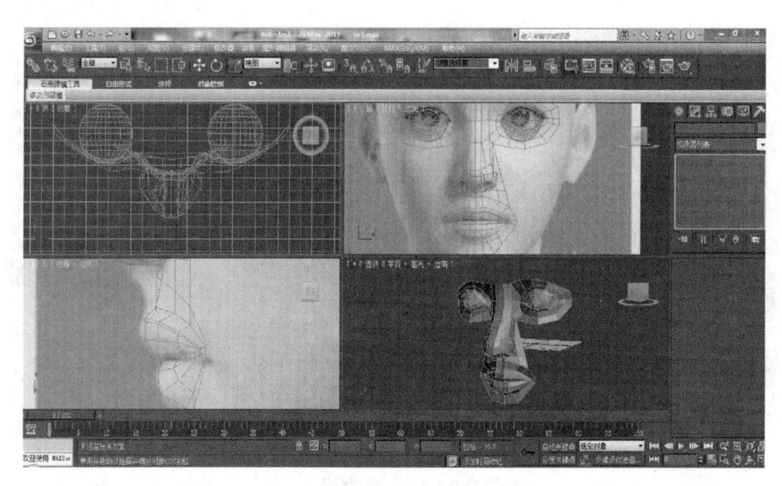

图 9-26　部位焊接

（14）在边模式下编辑模型，拉出其他的边面，形成面部的大体轮廓，之后在顶点模式下调整，效果如图 9-27 和图 9-28 所示。

（15）继续拉伸复制出其余的面，形成头部效果，如图 9-29 所示。

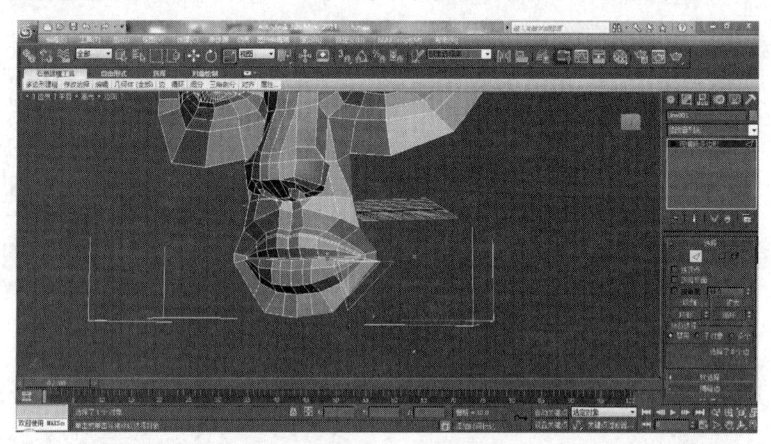

图 9-27　面部微调

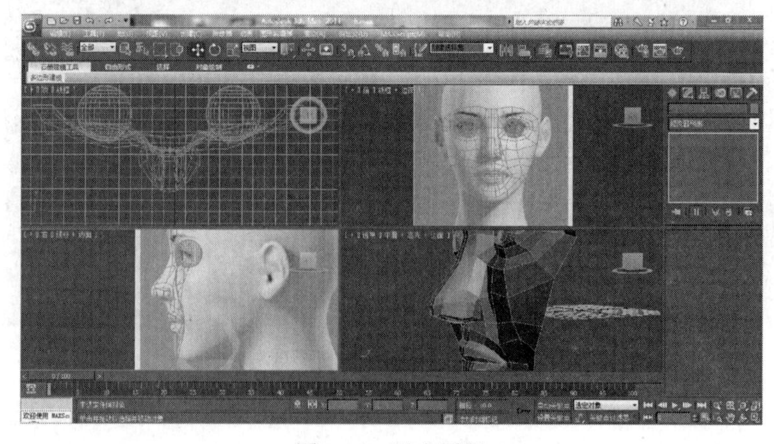

图 9-28　形成面部

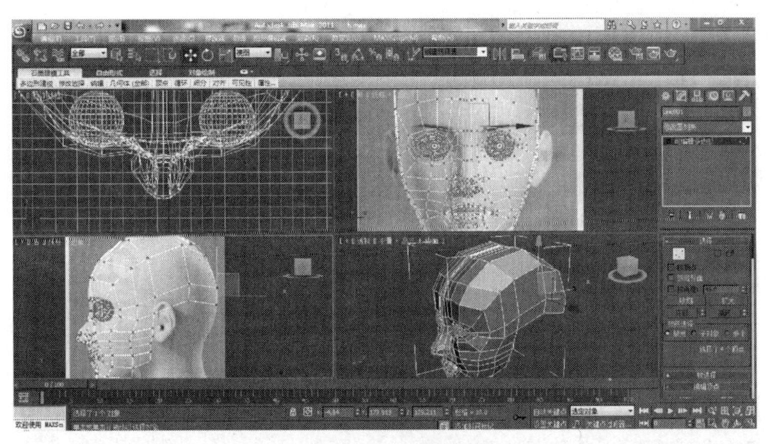

图 9-29　头部效果

（16）最后是耳朵部分的建模，首先创建片面，转换为可编辑多边形，调整顶点，如图 9-30 所示。

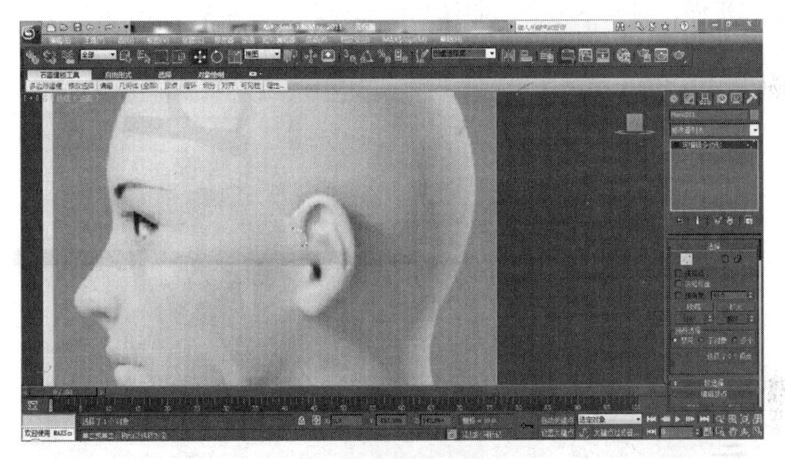

图 9-30　耳朵建模

（17）在边模式下复制面，调节顶点，效果如图 9-31 所示。

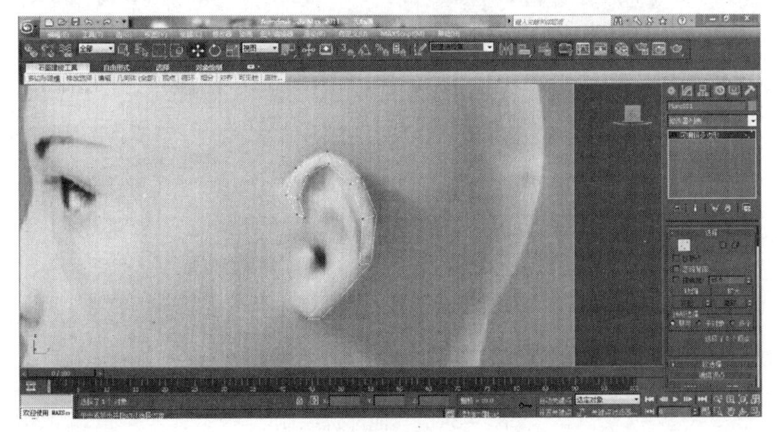

图 9-31　调节顶点

（18）选择面执行“挤出”命令，参数及效果如图 9-32 所示。

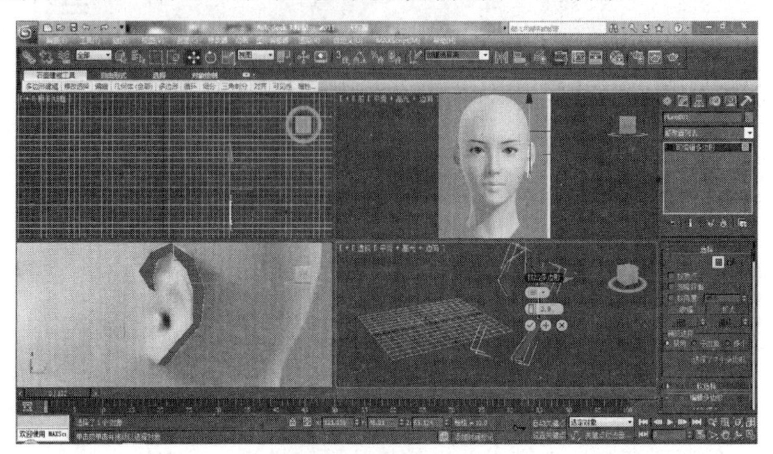

图 9-32　面部挤出

（19）创建平面，对照参考图，制作其他部分，如图 9-33 和图 9-34 所示。

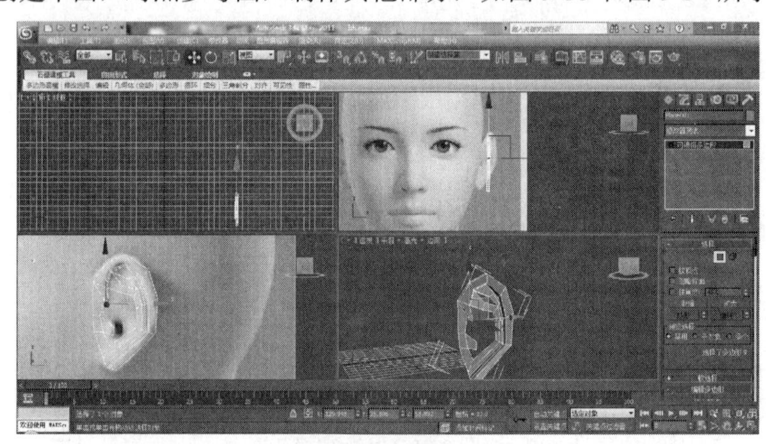

图 9-33　其他部位绘制

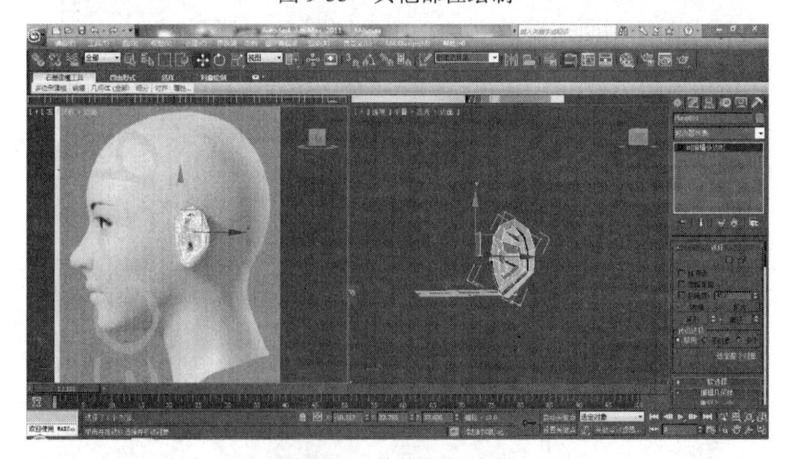

图 9-34　其他部位绘制

（20）合并对象，焊接顶点，效果如图 9-35 和图 9-36 所示。

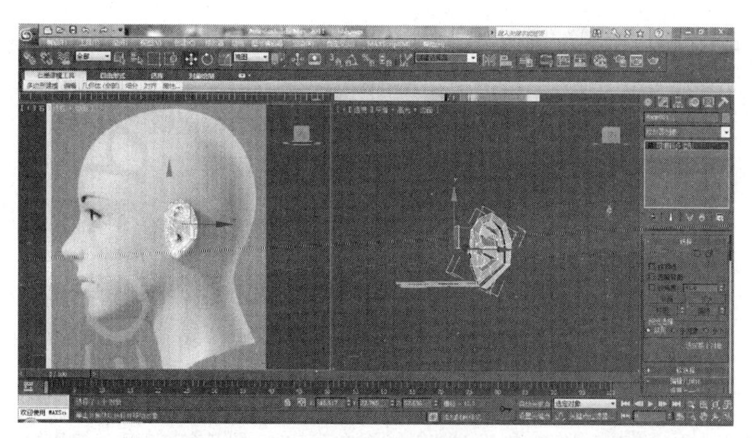

图 9-35　合并对象

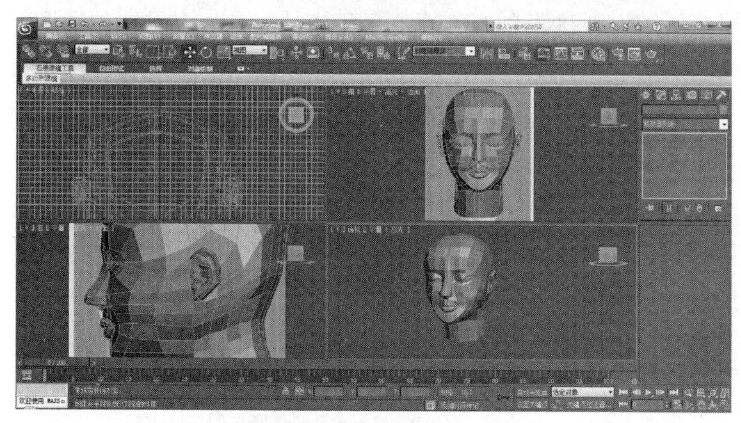

图 9-36　形成整体

（21）头部最终效果如图 9-37 所示。

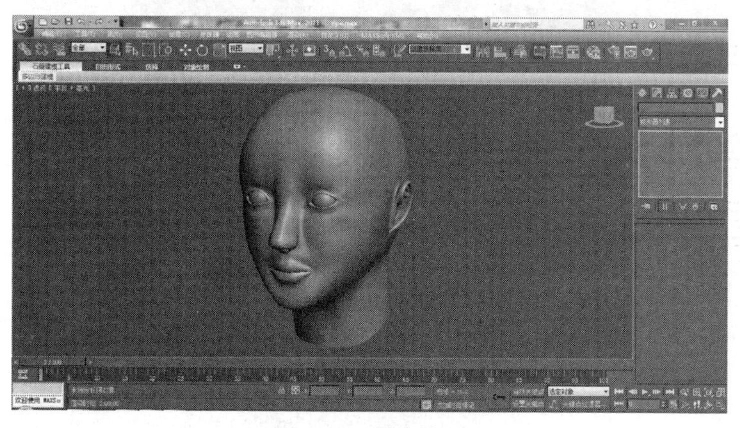

图 9-37　最终效果

本章小结

通过本章的学习，让学生掌握 3ds Max 2012 角色建模的制作方法和技巧，进一步为后续动漫、游戏角色设计奠定基础。

实训项目 9

【实训目的】

通过本实训项目使学生能较好地掌握角色制作的基本方法和技巧，以及利用相关方法制作角色模型，丰富学生的动手实践能力，并能提高学生分析问题、解决问题的能力。

【实训情景设置】

在动漫、游戏相关公司，角色设计是一个必不可少的重要环节，所以如何发挥学生的创新能力和利用本章知识创建美仑美奂的角色和作品，是一个重要的课题。本次实训就角色创建和制作提供框架，让学生自主发挥，利用多种建模方式实现优秀的角色模型创建。

【实训内容】

发挥自己的创意，完成动漫模型“功夫熊猫 ”造型的创建。

（1）通过熟悉的几何体，创建“功夫熊猫”的整体轮廓。

（2）利用修改器，对“功夫熊猫”形象进行整体修改。

（3）结合给定场景，添加灯光、摄像机。

（4）给卡通赋予材质和贴图，使其富有动漫效果。

（5）将作品以.jpg 格式渲染输出。最终效果如图 9-38 所示。

图 9-38　“功夫熊猫”最终效果

第10章 动画制作基础

本章要点

- 动画的基础知识
- 动画制作的基本思路和方法
- 动画在动漫游戏中的应用

教学目标

- 了解动画制作的基础知识
- 认识动画制作的思路及方法，以及在动漫游戏中的应用

教学情境设置

在 3ds Max 2012 动画制作的过程中，需要设计将学生以前所建立好的动漫、游戏模型用连贯、流畅的动画形式播放，这就需要动画制作的基本技术。本章将着重就动画制作技术的前沿内容作进一步的讲解，以期学生做出更好的原创性作品。

任务 10.1　3ds Max 2012 动画基础

3ds Max 2012 作为一个优秀的三维动画制作软件，动画当然也是很重要的一部分，特别在影视节目片头动画中被广泛应用。通过前面的学习，我们已经掌握了制作动画所需的建模、材质和灯光等知识，本章将深入学习三维动画制作的原理与步骤，以及各种动画技巧。

在 3ds Max 2012 中，可以用来制作动画的对象非常多，几乎所有场景中出现的元素都可以用来作为动画的制作对象，包括几何体造型、摄像机、灯光、材质、粒子系统和骨骼系统。3ds Max 2012 中动画的制作大致可以分为基本变换动画、摄像机动画、材质动画、参数动画、角色动画、粒子动画及动力学动画。其中基本变换动画就是对物体进行移动、旋转和缩放的动画变化，这也是最简单的动画；参数动画是指几乎所有通过调节参数数值形成的变化都可以记录成动画，如“扭转”修改编辑器对物体的扭转程度、灯光的强弱变化、材质的光泽变化等，这些都是动画制作的基本方法。

10.1.1　动画基础

计算机动画，实际上就是在一定的时间内，以足够快的速度连续播放一系列单独的、但在时间上存在逻辑联系的静态图像，从而产生动画感觉。

组成动画的每一幅完整的图像称为帧。动画就是由一帧帧连续变化的图像组成的。一般来说，动画的播放速度在 15 帧/秒以上就给人以连续的感觉，当播放速度在 24 帧/秒以上时，就可以产生连续不断的动画效果。在实际的动画制作中，动画速度的设计取决于记录动画的媒介。一般来说，卡通片为 15 帧/秒，而电影的速度标准为 24 帧/秒，欧洲 PAL 制式电视的视频标准为 25 帧/秒，而美国采用的 NTSC 制式电视的视频标准为 30 帧/秒。在制作动画时，一般将动画的播放速度设置为 30 帧/秒。

一个计算机动画是由很多帧组成的，而在利用计算机制作动画时，并不需要制作所有的帧。实际上，只需制作出一些关键位置或有特殊要求位置的图像，把这些特别制作的图像画面称为关键帧。当确定好关键帧以后，两个关键帧之间的画面（也称作中间帧），则由计算机经过计算自动生成。

动画设计中，关键帧的设置既不能太少，也不能太多。设置太少会使动画失真，设置太多又会浪费创作者太多时间，并增加其他各方面的开销。因此，如何设置关键帧也是动画设计中的一种技巧。

要设置正确的时间播放动画就必须了解和掌握 3ds Max 2012 的动画操作界面。动画操作界面在屏幕的右下方，从位置上区分可以分为时间滑块（如图 10-1 所示）和动画控制区（如图 10-2 所示）两个部分。

图 10-1　时间滑块

图 10-2　动画控制区

10.1.2 动画操作界面

☑ （播放动画）：用来在激活的视图中播放动画。

☑ （停止播放动画）：用来停止播放动画，单击该按钮后，动画被停在当前帧。

☑ （到开始）：单击该按钮后，将时间滑块移动到当前动画范围的开始帧。如果正在播放动画，那么单击该按钮后动画就停止播放。

☑ （到结束）：单击该按钮后，将时间滑块放置在动画范围的末端。

☑ （下一帧）：单击该按钮后，将时间滑块向前移动一帧。

☑ （前一帧）：单击该按钮后，将时间滑块向后移动一帧。

☑ （关键模式）：单击该按钮后，系统进入特殊的关键模式，用户可以在指定的关键帧处前进或后退一帧。

☑ （当前帧数信息）：在数值框中输入数值，可以令时间滑块直接移动到当前帧。

默认情况下，3ds Max 2012 显示时间的单位为帧，帧速率为 30 帧/秒。单击时间控制工具按钮或在按钮上单击鼠标右键，可以打开“时间配置”对话框，用于改变帧速率和动画时间等内容，如图 10-3 所示。

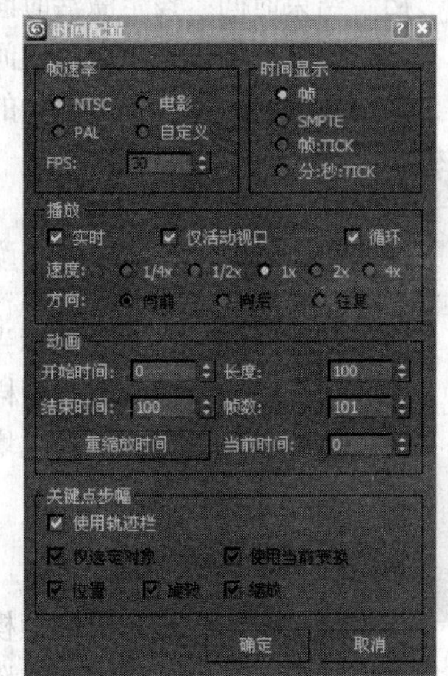

图 10-3 “时间配置”对话框

1. “帧速率”选项组

可以在预设置的 NTSC、电影或者 PAL 之间进行选择，也可以使用自定义设置。选中“自定义”单选按钮，在 FPS 数值框中输入帧速率的值。NTSC 的帧速率是 30fps（每秒 30 帧）；PAL 的帧速率是 25 fps；电影是 24 fps。

2. “时间显示”选项组

☑ 帧：默认的显示方式。

☑ SMPTE：显示方式为“分、秒和帧”。

☑ 帧:TICK：显示方式为“帧:点”。

☑ 分:秒:TICK：显示方式为“分:秒:点”。

3. “播放”选项组

这部分控制如何在视图中播放动画。可以使用实时播放，也可以指定帧速率。

☑ 实时：当选中该复选框时，如果播放速度跟不上，那么将丢掉某些帧以保持回放速度；取消选中时，将播放每一帧而不一定保持设定的播放速度。

☑ 仅活动视口：选中该复选框时只在激活的视图中播放动画；取消选择时会在 4 个视图中同时播放动画。

☑ 循环：用来设定是只播放一遍还是一直循环播放。只有在“实时”复选框处于未选中状态时才可以进行选择，当“实时”复选框处于选中状态时，总是循环播放。

☑ 速度：设定动画播放的速度，它只影响在视图中的动画播放。1x 是正常的播放速度；1/4x 与 1/2x 是慢动作播放，用来仔细观察动画运动；2x 和 4x 是快速播放。

☑ 方向：设定动画播放的方向。“向前”是顺序播放；“向后”是回放；“往复”是来回播放。此选项在“实时”复选框处于未选中状态时才可以使用，“实时”复选框处于选中状态时总是顺序播放的。

4. “动画”选项组

动画区域指定激活的时间段，激活的时间段是可以使用时间滑动块直接访问的帧数。

☑ 开始时间：设定激活时间段的开始帧。

☑ 结束时间：设定激活时间段的结束帧。

☑ 长度：用来设定激活时间段的长度。

☑ 帧数：用来设定可渲染的总帧数，它总是等于长度的值加 1。

注意

这 4 个值是相关的，例如，设置了开始时间和长度，结束时间和帧数也会自动改变。

☑ 当前时间：设定和显示当前所处的帧，还可以通过拖动滑块或在时间控制区的时间框中输入帧数达到同样的目的。

☑ 重缩放时间：用来通过增加或减少关键帧之间的中间帧数，使所有关键帧都处在激活的时间段内。

5. “关键点步幅”选项组

单击按钮，将进入关键帧模式，单击、按钮不是到上一帧或下一帧，而是到上一个关键帧或下一个关键帧。本选项组用来对在关键帧之间移动进行控制。

选中“使用轨迹栏”复选框进入关键帧模式后，只在轨迹栏上的关键帧之间切换。

任务 10.2 关键帧动画

关键帧就是用于描述场景中物体对象的位移变化、旋转方式、缩放比例、材质贴图情况和灯光摄像机状态等信息的关键画面图像。制作场景动画时，主要就是创建及设置场景的关键帧画面，确定好关键帧需要的画面后，中间帧通过插值计算自动生成。

在动画制作中，利用关键帧生成动画的方法称为关键帧方法。

1. 动画创建步骤

在建模中产生动画效果很简单，只要打开“自动关键点”按钮，并且在 0 帧以外的其他帧指定动画，即可产生动画效果。在播放动画时，系统会自动计算并插入中间画面。

案例 10-1　制作茶壶运动动画。

操作步骤如下：

（1）在顶视图中创建一个茶壶。

（2）单击“自动关键点”按钮，进入动画制作状态，当前视图以红框显示。

（3）单击视图下方的时间滑块，向右移动到 50 帧，或者在当前帧文本框中直接输入“50”。

（4）在顶视图中移动茶壶到另一个位置，这时在时间滑块下方的标尺上出现一个关键帧。

（5）再次单击“自动关键点”按钮，退出动画制作状态。

（6）单击▶按钮，可以看茶壶从原位置移动至目标位置。在 50 帧后茶壶原地不动，保持 50 帧的状态。

（7）单击右侧命令面板上的显示标签按钮，切换到“显示”命令面板。选择“轨迹”选项，在视图中显示出运动轨迹。其中关键帧位置以白色小方框显示，中间的插帧用红色小点显示，如图 10-4 所示。

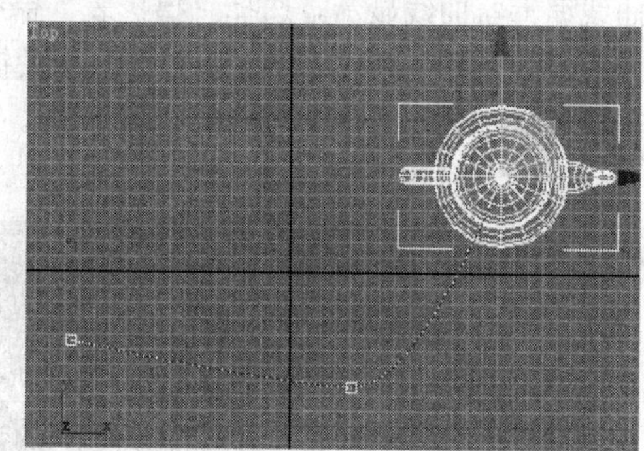

图 10-4　茶壶运动轨迹

（8）单击“自动关键点”按钮，进入动画制作状态。将当前帧移动到 100，在顶视图中移动茶壶的位置，创建第三个关键帧。

2. 改变关键帧位置

用关键帧方法制作动画时，0 帧保存了对象的初始状态，动画默认从 0 帧开始记录。如果希望动画不是从 0 帧开始，那么如何修改动画？也就是如何改变动画的发生时间？一般情况下，可以在时间滑块下方的标尺上，选择关键帧并移动。如果某个关键帧包含了多个动画状态，则需要打开轨迹视图进行调整。

案例 10-2　制作圆柱体旋转动画。

操作步骤如下：

（1）在顶视图中创建一个圆柱体。

（2）切换到“层级”命令面板，激活“仅影响轴”按钮，单击下方的“居中到对象”按钮，使物体的轴心点移动至圆柱体的中心。再次单击“仅影响轴”按钮退出轴心点编辑。

（3）单击“自动关键点”按钮进入动画制作状态，将当前帧设置为 20 帧。在前视图中选择圆柱体，右击主工具栏中的↻按钮，在弹出的对话框中设置 Z 轴的相对旋转角度为-360°。

（4）再次单击“自动关键点”按钮退出动画状态。播放动画，圆柱体的旋转从 0 帧开始到 20 帧结束。

（5）激活主工具栏中的✥按钮，单击并向右移动第 1 个关键帧到 10 帧。播放动画，观察动画发生的时间。

（6）按住 Ctrl 键，单击 10 帧与 20 帧的关键帧，将两者向右平移到 30 帧和 40 帧，播放动画。

任务 10.3　使用轨迹视图制作动画

轨迹视图是 3ds Max 2012 动画创作的重要工作窗口，可以实现对轨迹曲线和关键帧的调节。在轨迹视图中与关键帧相对应的点叫关键点。在轨迹视图中不仅可以编辑动画，还能直接创建关键帧，改变动画的发生时间、持续时间，运动状态也可以方便、快捷地在此进行调节。

单击主工具栏中的▣（曲线编辑）按钮，打开如图 10-5 所示的窗口。当前显示方式为曲线编辑器曲线显示。选择“摄影表”命令，单击工具栏中的▣按钮进入关键点方块显示方式，如图 10-6 所示，以方块形式显示关键点。单击工具栏中的▣按钮进入条棒显示模式，主要显示动画时间范围，如图 10-7 所示。

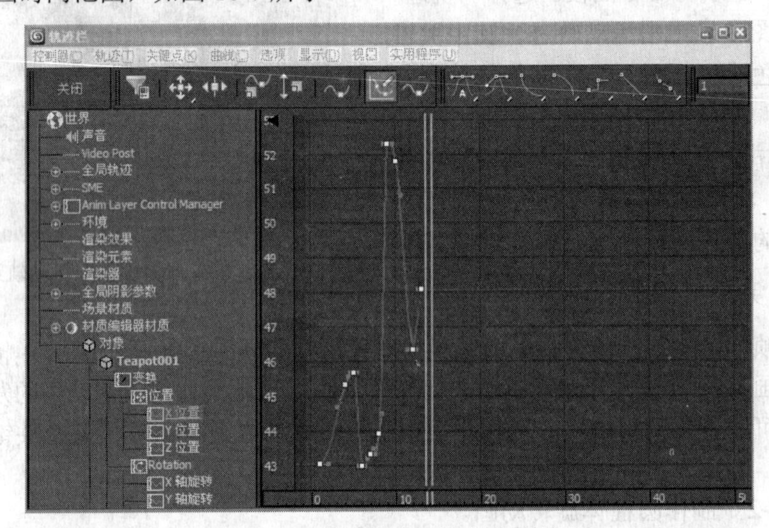

图 10-5　“曲线编辑”模式时间设置

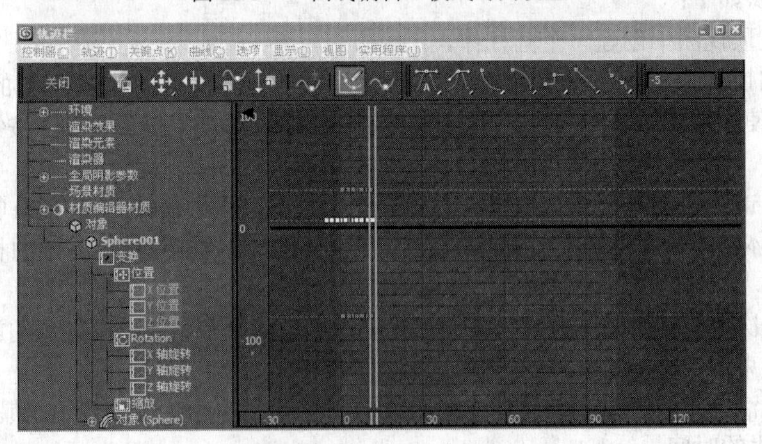

图 10-6　方块显示模式

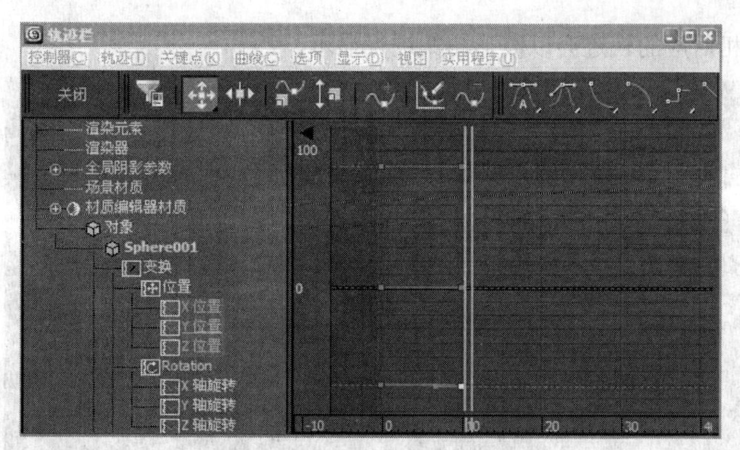

图 10-7 条棒显示模式时间设置

10.3.1 轨迹视图

轨迹视图窗口的布局大体分为 4 部分，即上部的工具栏、左边的控制器窗口、右边的编辑窗口和下部的状态行。

拖动右边的滚动条到顶部，使左边空白位置显示出所有的内容，前面带有加号的分支项都可继续扩展，它们包含动画的各个方面，用来对动画进行总体控制。轨迹视图的右半部分主要是显示和调整对象运动轨迹的编辑窗口。轨迹是动画中对象的变动路线，每一个对象的位移、缩放和旋转都对应一个运动轨迹；对于一个参数化的对象，它的半径值和分段数也可以设定动画轨迹，在 3ds Max 2012 中，参数化对象的任何变动都可以产生一个轨迹。

1. 控制器窗口

在轨迹视图窗口的左边提供了一个包含场景中所有对象、材质和其他可以动画参数的层次列表。单击列表中的加号“+”，可访问下一个层次中的对象。层次中的每个对象都在编辑窗口中有相应的轨迹。

轨迹视图层次列表中的图标都有特定的含义。例如，在图 10-7 中显示的 Sphere001 左边的立方体表明它是对象，变换左边的图标指明它是一个动画控制器。默认的变换控制器本身由 3 个控制器组成，即位置、旋转和缩放。

轨迹视图的层次列表中包括声音、通用轨迹、视频后期合成、环境、渲染效果、渲染元素、渲染器、通用阴影参数、场景对象材质、编辑器材质和对象共 11 项，其内容包括动画制作的方方面面。

- ☑ 世界：在整个层次树的根部，包含场景中所有的关键点设置，用于全局的快速编辑操作，如清除所有动画设置、对整个动画时间进行缩放等。
- ☑ 声音：在 3ds Max 2012 的轨迹视图中，可以将创建的动画场景与一个声音文件（如 Wave 文件）或计算机的节拍器进行同步，完成动画的配音工作。右击编辑窗口中与声音项目对应的轨迹，将弹出声音设置对话框；在声音项目上单击鼠标右键，在弹出的快捷菜单中选择“属性”命令也将弹出声音设置对话框，如图 10-8 所示。单击声音选项组中的“选择声音”按钮，选择一个声音文件以后，编辑窗口中与声音相对应的轨迹会以波形图案进行显示。

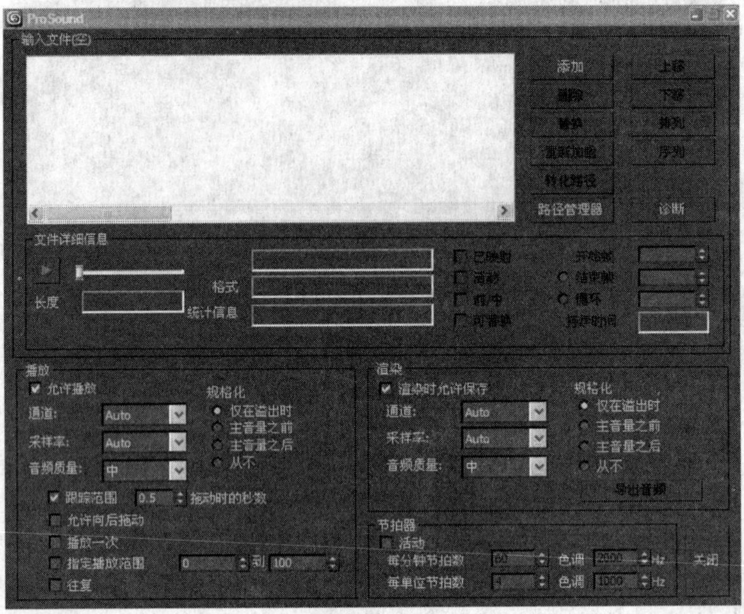

图 10-8 “声音设置”对话框

☑ 环境：将环境设置编辑器中的参数选择并设置为动画，包括背景贴图、环境光、雾、体积雾、体积光中的参数等。

☑ 渲染：用于设置渲染动态参数的。首先在渲染对话框中选择一种清晰图像格式，然后在轨迹窗口的渲染分支项中可以设置出多种不同的清晰图像格式。

☑ 场景材质：以场景中所有对象被指定的材质参数进行动画设置。当对象没有被指定的材质时，它是空白的。在轨迹视图中选择相应的材质，也会影响到场景中与之对应的对象。

☑ 对象：对场景中所有对象的动画参数进行设置，包括几何体、灯光、摄像机、辅助工具等，以及它们各自的建立参数、变动修改参数、材质参数、贴图参数、动画控制器参数等。对于不同类型的项目，它们左侧的标志符号也不相同。左侧加号正方形框代表其下层的对象，打开它可以显示被链接在其下的子对象。左侧加号圆形框代表其下层的参数项目。

2. 编辑窗口

轨迹视图的右半部是轨迹编辑窗口，其内容是动画的具体反映，对视图的编辑也就是对动画的调整。在曲线编辑模式和绘制曲线模式视图的显示是不同的。曲线编辑以运动轨迹的方式表示动画过程，可以很方便地调整对象的运动轨迹；而绘制曲线显示的是关键点信息，侧重于处理关键帧。

只要将对象进行了动画参数设置，就会在与该对象层次列表相对应的动画轨迹处出现一个动画关键点。如是在曲线编辑模式下，则在功能曲线上以小黑点表示，可以对其进行移动、变换和复制等操作。在绘制曲线模式下则是以红色矩形块表示。两种模式下在关键点上右击都将弹出如图 10-9 所示的编辑框，可以编辑关键点的动画值，以及在关键点处的切线类型。

在编辑窗口下部有一个显示时间坐标的标尺，可以将它上下拖动到任何位置，以便进行时间的精确测量。

在编辑窗口中有两条蓝色的同步移动的竖线，代表当前所在帧，拖动场景中的时间滑块时，它也会跟随移动到对应的时间坐标处。

3. 工具栏

轨迹视图的上方是工具栏。曲线编辑和绘制曲线中的工具栏因功能侧重不同，工具按钮的种类也有所不同。工具栏上的按钮又各分为几个组，可以通过鼠标将各组工具按钮拖至不同的位置，使其成为活动窗口模式。

☑ （移动关键点）：当打开此按钮时，在编辑窗口中拖动关键点将移动选择的关键点的位置。该按钮还有两个与之相似的按钮，即（水平移动关键点）和（垂直移动关键点）。这两个按钮分别可以在水平方向上和垂直方向上移动关键点。

☑ （增加关键点）：当此按钮打开时，在编辑窗口中的动画轨迹适当的位置单击鼠标就会增加一个关键点。如果是在轨迹上第一个关键点之前增加，则新的关键点和第一个关键点有相同的值；如果是在轨迹上最后一个关键点之后增加，则新的关键点和最后一个关键点有相同的值；若是在两个关键点之间增加，则新的关键点将接受控制器在这一帧插入的值。

☑ （范围类型之外的参数曲线）：设置关键点范围之外的运动重复方式，常用于循环和周期性动画的制作。单击该按钮，会弹出如图 10-10 所示的对话框，其中共有 6 种类型，4 种用于循环动画，两种用于线性动画。该对话框提供的 6 种不同的曲线模式用来复制当前区域中的轨迹曲线到整个区域。各种曲线模式的说明如下。

- ➢ 恒定模式：系统默认模式。使用这种模式时，在动画的前后范围内，画面保持与动画的开始帧和结束帧相同。

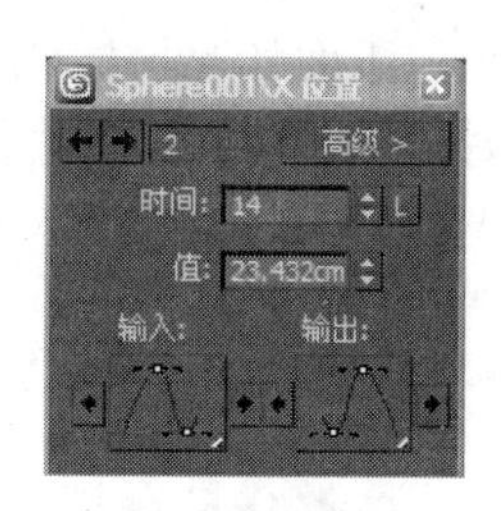

图 10-9　帧编辑窗口

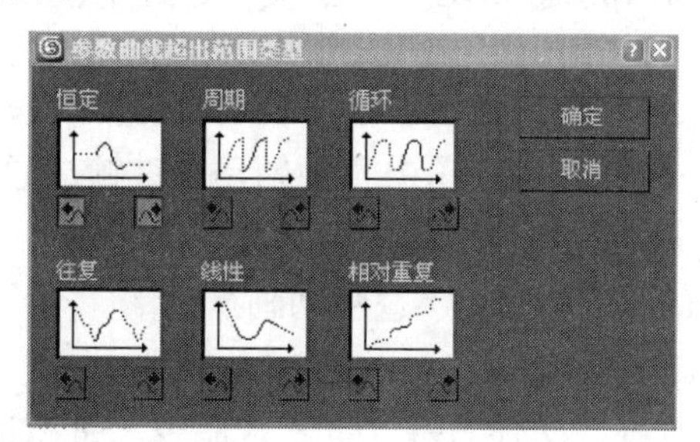

图 10-10　范围外曲线

- ➢ 周期模式：将当前范围内的轨迹曲线照原样复制到整个区域中。
- ➢ 循环模式：类似于周期模式，只是在每段曲线之间的连接部分修改局部形状以产生平滑的动画效果。
- ➢ 往复模式：将当前范围内的轨迹曲线以重复镜像的方式复制到整个区域中，产生物体往复运动的动画效果。

- 线性模式：将当前范围内的轨迹曲线沿曲线端点的切线方向作线性引出，形成物体以恒定速度进入或远离的动画效果。
- 相对重复模式：这种模式将当前范围的轨迹曲线以相似的方式复制到整个区域中，并赋予一个增量，以产生物体运动逐渐增强或减弱的动画效果。

在每一个类型下面的箭头符号皆有不同作用。当某种模式下面向左的箭头按钮被按下时，这种模式将影响当前区域以前的所有区域；当向右的箭头按钮被按下时，这种模式将影响当前区域以后的所有区域。在本例将使用周期模式。

案例 10-3 制作时钟动画。

通过本动画，制作时针和分针的运动效果，与现实生活中的运动规律和速度保持一致。使用默认动画播放速度 30fps。先分别制作时针旋转和分针旋转一周的动画，然后设置循环动画即可。时针旋转一周应是 12×60×60 秒，即 12×60×60×30 帧，分针旋转一周为 60×60 秒，即 60×60×30 帧。操作步骤如下：

（1）单击动画控制区下方的按钮，设置动画总帧数为 12×60×60×30 帧，或更大些。

（2）当前帧为 12×60×60×30 帧，单击“自动关键点”按钮进入动画制作状态。

（3）在前视图中选择时针，右击主工具栏中的按钮，在弹出的对话框中设置时针绕 Z 轴相对旋转-360°。

（4）单击主工具栏中的（曲线编辑）按钮，打开轨迹视图窗口，单击工具栏中的（范围类型之外的参数曲线）按钮，在打开的对话框中单击周期模式右下角的箭头按钮，使动画循环。

（5）同样的道理设置分针动画。改变当前帧为 60×60×30 帧，在前视图中选择分针，右击主工具栏中的按钮，在弹出的对话框中设置时针绕 Z 轴相对旋转-360°。同样打开“参数曲线超出范围类型”对话框，设置周期模式的循环方式。

（6）播放动画。

10.3.2 在轨迹视图中创建关键帧

前面学习了如何通过激活“自动关键点”按钮来记录动画，下面学习另外一种创建动画的方式——在轨迹视图中直接创建关键帧。通过一个案例看一下如何在轨迹视图中创建关键帧。

案例 10-4 制作文字替身动画。

操作步骤如下：

（1）选择“文件”→“重置”命令，重新设置系统。

（2）在前视图中创建文本“三维动画”，将字体修改为黑体。

（3）进入“修改”命令面板，为文本添加一个倒角修改器，参数设置如图 10-11 所示。

（4）在前视图中复制上面生成的字体，在弹出的对话框中选择复制方式。

（5）选中复制的文本，切换到“修改”命令面板，在修改器堆栈中单击文本位置，返回到文本状态，在文本输入框中将“三维动画”4 个字替换为英文的“3ds Max 2012”。

（6）返回修改器级别，选择“文本”命令，把文本“3ds Max 2012”的起始轮廓从默认值 0 改为 2，并将给字体改变为不同的颜色用以区分。

（7）要把旋转中心定义在文本的中间，分别选中两个文字，单击按钮，进入“层级”命令面板，单击“仅影响轴”按钮，然后单击“居中到对象（把轴心点放到物体的中心）”按钮，这样两个文本的旋转中心就调整好了。

（8）利用旋转工具在顶视图中把“3ds Max 2012”立体字顺时针旋转 90°，这样两个文本就以 90°角相互交叉了。如图 10-12 所示为两个文本的初始位置。

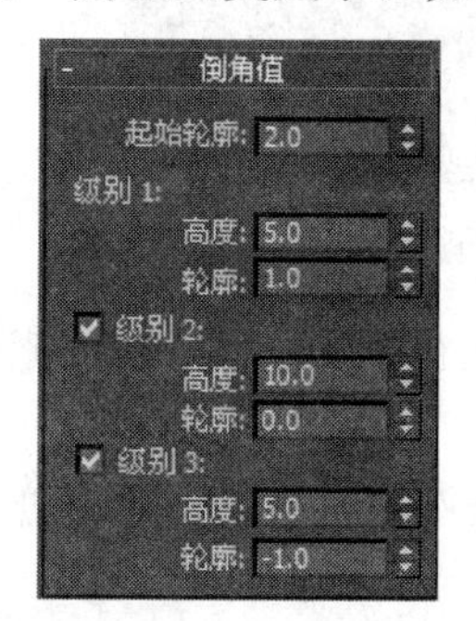

图 10-11　倒角参数设置

图 10-12　立体字效果

（9）选中“三维动画”4 个文字，单击“自动关键点”按钮，改变当前帧为 50 帧，把“三维动画”4 个文字顺时针旋转 90°。

（10）把时间滑块拖动到第 100 帧，把“3ds Max 2012”文字逆时针旋转 90°，渲染动画，观察效果。

（11）选中“3ds Max 2012”，把第 0 帧的关键点移动至第 51 帧处。再次播放动画。

（12）下面设置物体的显示和隐藏。选中文本“三维动画”，并在物体上单击鼠标右键，在弹出的快捷菜单中选择“曲线编辑”命令，打开 3ds Max 2012 的轨迹视窗。

（13）在左侧项目窗口中单击文本“文本 01”，在轨迹视窗中选择“轨迹”→“可见性”→“添加”命令，添加一个可视轨迹，如图 10-13 所示。

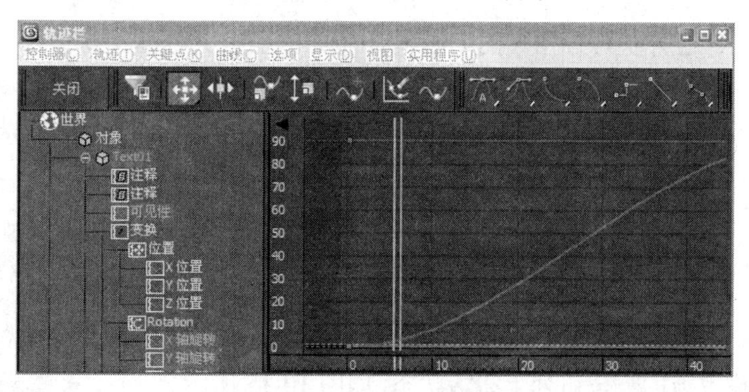

图 10-13　添加可视轨迹

（14）在轨迹视窗中选择“模式”→“绘制曲线”命令，进入编辑关键帧方式，选中可视性轨迹，单击按钮，在可视性轨迹上单击鼠标，在 50 处添加一个关键帧，将轨迹视窗下方文本框的数值改为 1，表示该对象可见；在 51 处添加一个关键帧，将轨迹视窗下方文本框的数值改为 0，表示该对象不可见，如图 10-14 所示。

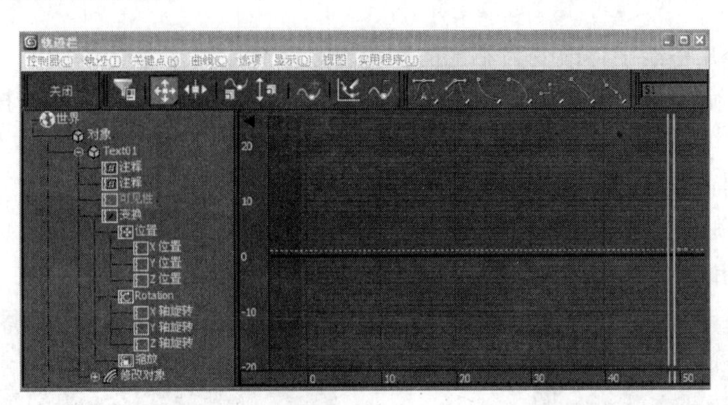

图 10-14 可视轨迹上添加帧时间设置

（15）选中文本“3ds Max 2012”，在物体上单击鼠标右键，在弹出的快捷菜单中选择“曲线编辑”命令，打开 3ds Max 2012 的轨迹视窗。

（16）在左侧项目窗口中单击文本“文本 02”，在轨迹视窗中选择“轨迹”→“可视性轨迹”→“添加”命令，添加一个可视轨迹。

（17）在轨迹视窗中选择“模式”→“绘制曲线”命令，进入编辑关键帧方式，选中可视性轨迹，单击按钮，在可视性轨迹上单击，在 50 处添加一个关键帧，将轨迹视窗下方文本框的数值改为 0，表示该对象不可见；在 51 处添加一个关键帧，将轨迹视窗下方文本框的数值改为 1，表示该对象可见。

（18）播放动画，观察物体的变化。

任务 10.4 动画控制器

10.4.1 动画控制

3ds Max 2012 之所以具有强大的动画设计能力，在很大程度上得力于动画控制器的约束功能。动画控制器是用来控制对象运动规律的功能模块，能够决定各项动画参数在动画各帧中的数值，以及在整个动画过程中这些参数的变化规律。例如，如果想快速地设置场景中的汽车沿着一个设定好的路径运动，可以对汽车使用路径约束，这样汽车将只沿着已有的样条线路径运动。

3ds Max 2012 提供了两种应用动画控制器的方法。一种是通过“运动”命令面板，单击按钮，打开“运动”命令面板，将“指定控制器”卷展栏展开，在窗口中选择任意一种类型的控制器，使卷展栏上方的按钮处于激活状态，如图 10-15 所示。

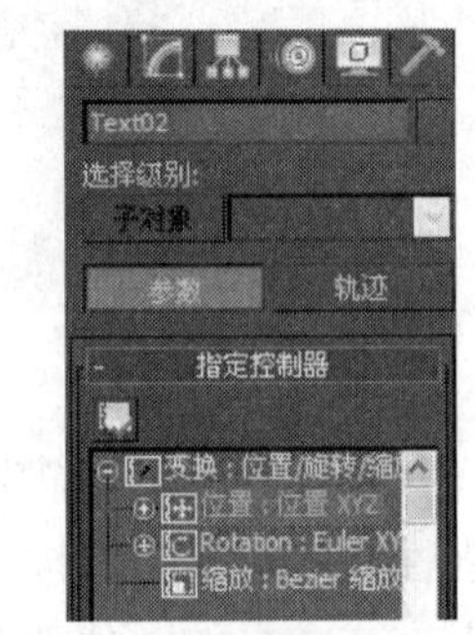

图 10-15 添加动画控制器

单击按钮即可弹出动画控制器设置对话框，从中可以选择所需的动画控制器。

另一种方法是在轨迹图中，选择项目窗口中的任意一个控制器，然后单击工具栏上的“指定控制器”按钮，会弹出同样的动画控制器设置对话框。与“运动”命令面板中的设置、操作方法完全一样。

下面学习最常用的动画控制器——路径约束控制器中的相关参数，其参数卷展栏如图 10-16 所示。

- ☑ 添加路径：单击此按钮，可以在视图中选取其他的样条线为约束路径。
- ☑ 删除路径：单击此按钮，将把目标中选定的作为约束路径的样条线去掉，使它不再对被约束对象产生影响，而不是从场景中删掉。
- ☑ %沿路径：用来定义被约束对象现在处在约束路径长度的百分比，值的范围为 0～100，常用来设定被约束对象沿路径的运动动画。
- ☑ 跟随：使对象的某个局部坐标系与运动的轨迹线相切。与轨迹线相切的默认轴是 X 轴，但是可以指定任何一个轴与对象运动的轨迹线相切。默认情况下，对象局部坐标系的 Z 轴与世界坐标系的 Z 轴平行。当不选中此复选框时，被约束对象保持自身的方向不变，只是在路径上移动；当选中此复选框时，被约束对象改变自身的方向以跟随路径运动。如果给摄像机应用了路径控制器，可以选中“跟随”复选框使摄像机的观察方向与运动方向一致。在图 10-17 中，左图的茶壶是在 100 帧时的情况（不选中“跟随”复选框），它在整个运动中保持自身的方向不变；右图中的茶壶也是在 100 帧时的情况（选中“跟随”复选框），它在整个运动中壶嘴总是和路径的切线保持一致。

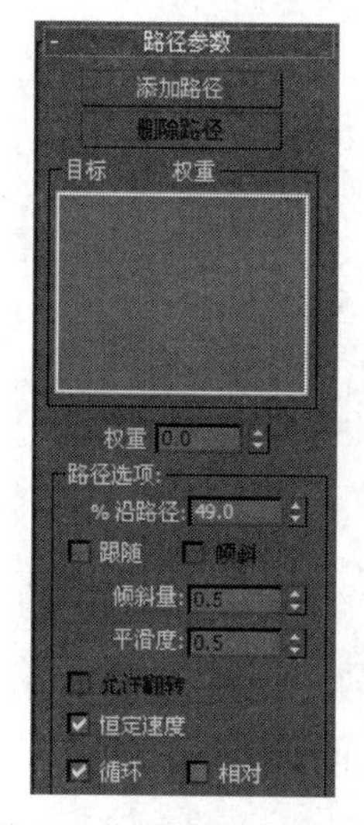

图 10-16　路径控制器参数

图 10-17　茶壶运动方向

- ☑ 倾斜：使对象局部坐标系的 Z 轴朝向曲线的中心。只有选中“跟随”复选框后才能使用该选项。倾斜的角度与“倾斜量”参数相关，该数值越大，倾斜得越厉害。倾斜角度也受路径曲线度的影响。曲线越弯曲，倾斜角度越大。该选项可以用来模拟飞机飞行的效果，使飞机在转弯时发生倾斜。
- ☑ 平滑度：只有当选中了“跟随”复选框，才能设置该参数。光滑参数沿着转弯处的路径均分倾斜角度。该数值越大，被约束对象在转弯处倾斜变换得就越缓慢、越平滑；值比较小时，被约束对象在转弯处倾斜变换比较快速、突然。一般值小于 2 时，倾斜变化比较快速和突然。

- ☑ 允许翻转：选中此复选框时，允许被约束对象在路径的特殊段上可以翻转着运动。
- ☑ 恒定速度：在通常情况下，样条线是由几个线段组成的。当第一次给被约束对象应用路径约束后，被约束对象在每段样条线上运动速度是不一样的。样条线越短，运动得越慢；样条线越长，运动得越快。选中该复选框后，就可以使被约束对象在样条线的所有线段上的运动速度一样。
- ☑ 循环：选中该复选框时，被约束对象的运动将被循环播放。
- ☑ 相对：由于场景中被约束对象和目标路径之间可能有一定的距离，默认情况是此复选框未被选中，表示应用路径约束时被约束对象会自动移动到目标路径上沿路径运动。选中此复选框后，被约束对象开始将保持在原位置，沿与目标路径相同的轨迹运动。
- ☑ Axis X/Y/Z：设定被约束对象哪个轴与路径轨迹对齐。
- ☑ 翻转：选中该复选框时，被约束对象将沿着自身和路径轨迹对齐的那个轴翻转。

10.4.2 路径动画

（1）单击“创建”按钮，然后单击按钮，进入创建二维线形命令面板。

（2）单击“样条线”按钮，在视图中创建一圆滑的曲线，并创建一小球。

（3）单击（运动）按钮，进入“运动”命令面板，在“指定控制器”卷展栏中选取“位置”选项，以激活左上角的（分配控制器）按钮。

（4）单击（分配控制器）按钮，打开“指定位置控制器”对话框。该对话框提供了多种动画控制器，选择“路径约束”选项，如图 10-18 所示。

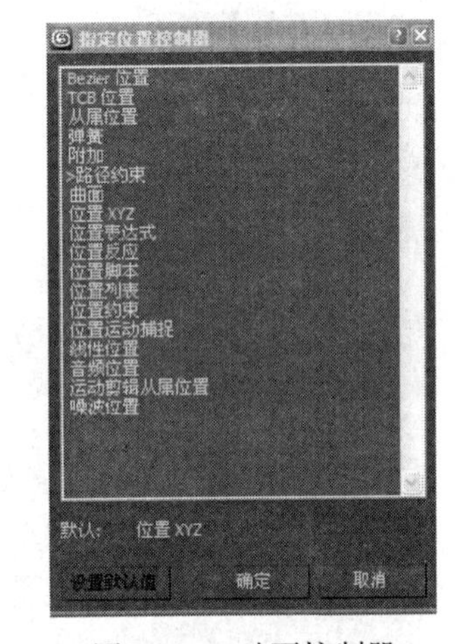

图 10-18 动画控制器

（5）现在时间轴上的第 0 帧和第 100 帧上会出现两个关键帧，这是系统自动创建的两个路径动画关键帧。单击“路径参数”卷展栏中的“添加路径”按钮，在视图中拾取曲线作为运动路径，结果小球被放置到曲线路径的起点上。

（6）移动时间滑块，发现小球在曲线上运动。渲染动画，保存文件。

任务 10.5 动画对象练习

在 3ds Max 2012 中，可用来制作对象的动画非常多，它们的大多数参数都可以用来生成动画。下面对几个重要的动画对象进行介绍。

（1）摄像机动画。摄像机在三维制作中占有非常重要的地位。3ds Max 2012 中的摄像机可以用来制作跟踪动画、浏览动画，而且可以用多个摄像机进行镜头交换，完成各种视觉特效。

（2）灯光动画。3ds Max 2012 中非常强大的灯光系统，可以用来模拟现实的灯光，并且这些灯光的参数都可以用来生成动画。

（3）材质动画。3ds Max 2012 中的材质支持多层次的嵌套。它的多项参数，例如，透明度、高光位置、贴图位置及数目等都可以用来制作动画，还可以用来模拟天空中的云层的运动、水面的波纹、闪电效果等。

（4）粒子系统动画。粒子系统本身就具有默认的动画效果。它可以用来模拟雨、雪、瀑布、流动的水、尘土、星光等效果，功能相当强大。

（5）骨骼系统动画。骨骼系统是 3ds Max 2012 中用来制作角色动画的。角色动画属于较高级的动画制作，动画制作过程也更复杂。

下面通过材质动画的学习来看一下动画对象的制作。

10.5.1　材质动画

利用材质参数制作动画效果在广告制作中应用的范围比较广，例如我们经常见的光芒四射效果，实际上不是“光”而是实体，它是在物体上指定一个渐变透明材质完成的。

案例 10-5　制作奥运光芒动画。

操作步骤如下：

（1）选择“文件”→“重置”命令，重置系统。当前视图为前视图，选择“视图”→“视图背景”命令，在打开的对话框中选择一幅奥运五环图片作为前视图的背景，如图 10-19 所示。

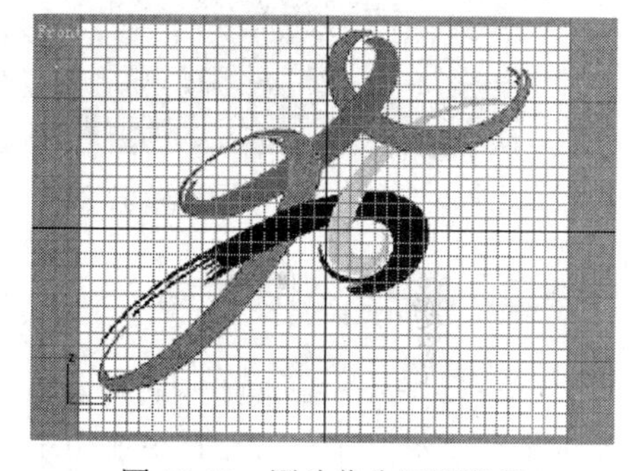

图 10-19　图片作为视图背景

（2）在前视图中用线工具绘制完成 5 个完整的笔画，并将 5 个部分合并为一个复合二维造型，并命名为“奥运”。

（3）选择当前场景的二维图形“奥运”，在“修改”命令面板中单击“倒角”按钮，并设置参数，起始轮廓：-2；级别 1 的高度：2，轮廓：2；级别 2 的高度：10，轮廓：0；级别 3 的高度：2，轮廓：-2。

（4）此时原地复制一个倒角后的物体，并命名为“光”。选择原对象将其隐藏。选择“光”，删除“倒角”命令，选择“编辑样条线”命令，进入线编辑状态；在光曲线中选择任意一根线曲线，激活“并运算”按钮，单击“布尔”按钮；依次单击与之相交的其他线曲线。

（5）选择光对象，选择“拉伸”命令，并设置“数量”为 287，取消选中“封顶”、“封底”复选框。

（6）按 M 键打开“材质编辑器”窗口，在第一个样本球设置，并将其指定给“奥运”物体，设置材质参数，并命名为“奥运”；明暗处理器为金属；漫反射颜色 RGB 为（213,50,0），“高光级别”为 102；“柔化”为 74。勾画的标识轮廓如图 10-20 所示。

（7）选择第二个样本球，设置光材质参数，并命名为“光”；明暗处理器为 Blinn；漫反射颜色为 RGB（248,166,22）；“高光级别”为 0；“柔化”为 0；设置透明度贴图通道为渐变贴图，渐变贴图的参数设置为颜色#1：0，0，0；颜色#2：45，45，45；颜色#3：131，131，131；颜色 2 位置：0.6。回到上一级材质，在“扩展参数”卷展栏中，设置“衰减”为“内”；“数量”为“20”；“类型”为“过滤”。

（8）此时选中光物体，选择“扭曲”修改器，设置关键帧动画。激活“自动关键点”按钮，当前帧为 0 帧，设置数量的值为 0；使当前帧位于第 25 帧，设置数量的值为-138；使当前帧位于第 65 帧，设置数量的值为 138；使当前帧位于第 80 帧，设置数量的值为 0。这样光物体从左向右扫描。

（9）在修改器堆栈中选择“拉伸”，设置关键帧动画。当前帧位于 0 帧，设置数量的值为 0；当前帧为 40 帧，设置数量的值为 287；当前帧为 80 帧，设置数量的值为 0；再次单击“自动关键点”按钮取消动画记录。光物体由短变长，然后由长变短。

（10）渲染输出为动画文件，播放动画。如图 10-21 所示为动画的一帧。

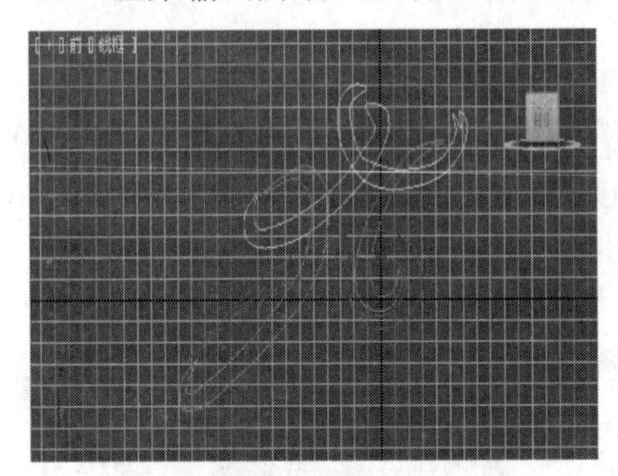

图 10-20　勾画的标识轮廓

图 10-21　奥运光芒动画

10.5.2　路径变形动画

3ds Max 2012 中的编辑修改命令主要可以分为以下几类：一类是物体的编辑命令，如“弯曲”命令，此修改工具主要用来对对象进行弯曲处理，可以调节物体弯曲的角度和方向，以及弯曲所依据的坐标轴向，并可以将弯曲修改限制在一定的区域之内；一类是物体选择命令，如网格选择，可以通过此命令来选择次对象集合，如一组顶点、一组边或一组面；还有一类是空间变形命令，如变形，这种空间变形命令主要用于动画的制作。下面就来学习一下这种空间变形命令。

☑ 路径变形：主要用来控制对象沿路径曲线变形。这是一个非常有用的动画工具，对象在指定的路径上不仅沿路径移动，同时还会发生变形，常用这个功能表现文字在空间滑行的动画效果。路径变形的修改参数如图 10-22 所示。

☑ 拾取路径：激活此按钮，在视图中单击作为路径的曲线，它将会复制一条关联曲线作为当前对象路径变形的轮廓对象，而对象的原始位置保持不变，被修改对象将以此曲线作为变形依据。它与路径的相对位置可通过其下方的“百分比”数值框调节。如果想移动路径，可进入其次对象级调节轮廓对象；如果要改变路径形态，直接对原始曲线编辑也可同时影响路径。

☑ 百分比：调节被修改对象在路径上的位置，可以记录为动画。

☑ 拉伸：调节被修改对象沿路径方向拉伸的比例。

☑ 旋转：调节被修改对象沿路径轴旋转的角度。

☑ 扭曲：设置被修改对象沿路径轴扭曲的角度。

☑ X/Y/Z：用来设置被修改对象在路径上的放置轴向。

☑ 翻转：选中该复选框，则将反转变形轴向。

案例 10-6 制作文字“3”的书写过程。

操作步骤如下：

（1）选择“文件”→“重置”命令，重新设置系统。

（2）在“创建”命令面板中单击按钮，选择其中的“文本”工具在前视图创建文字“3”。

（3）在“创建”命令面板中，单击按钮，选择其中的“圆柱体”工具，在顶视图中制作半径为 1、高度为 100 的圆柱体，并将高度分段数值设置为 200。

（4）选中圆柱体，进入“修改”命令面板，然后添加“路径变形（WSM）”修改器，单击“拾取路径”按钮，在视图中单击文字“3”，并将圆柱体放到路径上。

（5）这时圆柱体并没有覆盖到所有路径上，再回到“修改”命令面板中对圆柱体进行修改，将圆柱体的高度设置约为 303，这时圆柱体覆盖到所有的路径上，如图 10-23 所示。

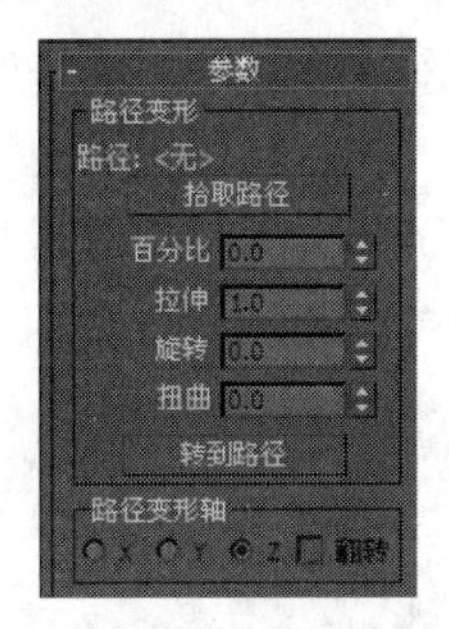

图 10-22　路径变形参数

图 10-23　圆柱体变形为 3

（6）单击“自动关键点”按钮进入动画制作状态。设置路径变形（WSM）修改器“拉伸”的值为 0，改变当前帧为 100 帧，设置“拉伸”的值为 100。播放动画。

10.5.3　摄像机动画

利用摄像机的运动来表现物体的运动是在电视、电影拍摄中经常用到的手法，例如，在电视剧中表现人物天旋地转的感觉时，一般用摄像机的移动和旋转来实现大树、蓝天的旋转。

案例 10-7 制作文字运动动画。

制作文字“北京奥运”从外向内向前推进显示在用户面前，然后竖立起来。操作步骤如下：

（1）在前视图中创建一个文本对象“北”。选择“拉伸”修改器，设置“数量”为 10。

（2）按住 Shift 键向下移动，设置“副本数”的值为 3。依次选择第二个“北”，修改文本内容为“京”；第三个“北”，修改文本内容为“奥”；第四个“北”，修改文本内容为“运”。

（3）在顶视图中创建一个目标摄像机，使摄像机在文字的上方，如图 10-24 所示，切换透视视图为摄像机视图。

（4）激活“自动关键点”按钮，进入动画记录状态。当前帧为 40 帧，将摄像机在顶视图中向下移动。在前视图中从上向下移动摄像机镜头。

（5）当前帧为 80 帧，在顶视图中向下移动摄像机，在前视图中继续向上移动摄像机镜头，在左视图中向上移动摄像机镜头。动画中的一帧如图 10-25 所示。

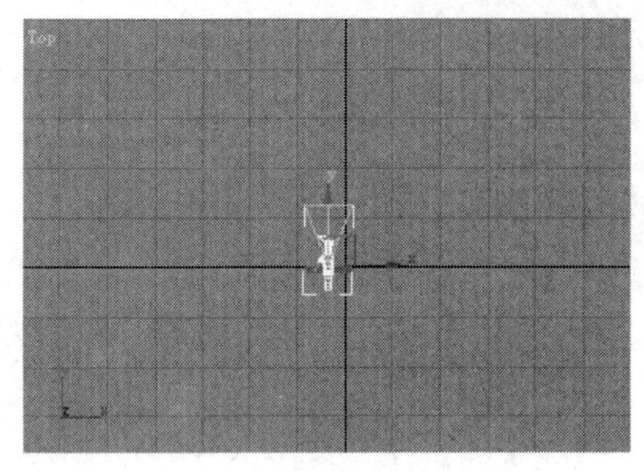

图 10-24　摄像机初始位置

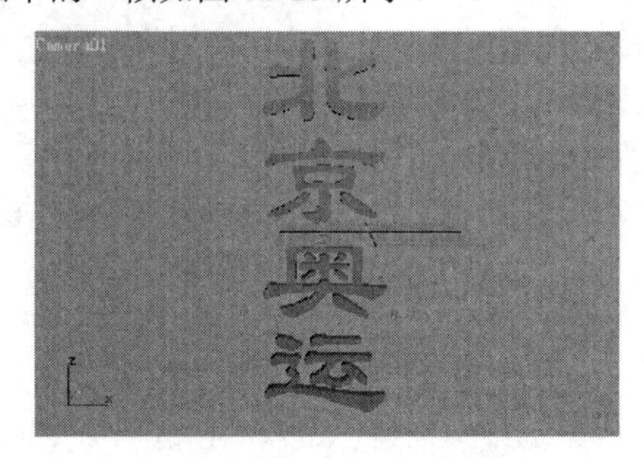

图 10-25　文字垂直放置

案例 10-8　制作翻书动画。

操作步骤如下：

（1）利用“线”工具绘制一个左框架并命名为“书框”。施加“编辑样条线”命令，进入顶点编辑状态，利用“倒圆角”工具对 4 个角进行倒圆角，如图 10-26 所示。

（2）单击“优化”工具，在书框的左上方添加相应节点。分别选择上排中间及下排中间的点稍微向下拖动，作为书本封面的翻折处，如图 10-27 所示。

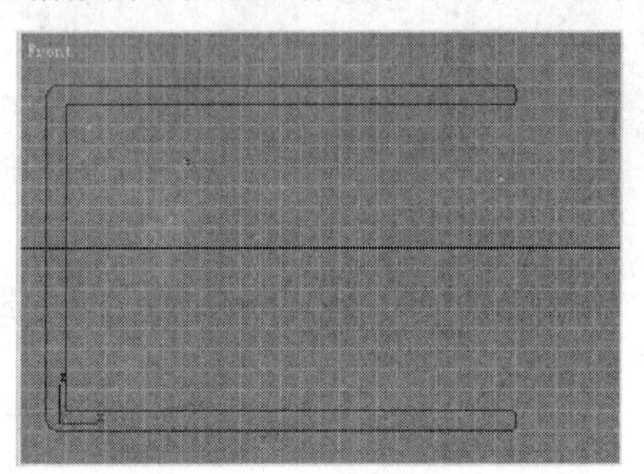

图 10-26　书框

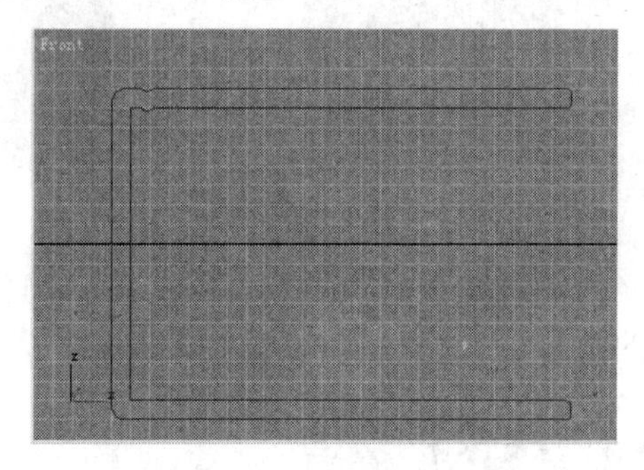

图 10-27　书面上的凹槽

（3）对书框施加“拉伸”修改器，设置“数量”为 250，“分段数”为 10。

（4）对书框施加“编辑网格”修改器，进入顶点节点次对象编辑状态，在前视图中选择书本的封面。对选择的次对象施加 Xform 命令，进入 Xform 的次对象 Center ，移动 Center 的位置到最左边。设置翻书时的中心。

（5）激活 Xform 命令的轮廓次对象，进入动画记录状态，当前帧为 50，绕 Z 轴旋转轮廓约 135，使用封面向上打开。

（6）在前视图中画出书的内页，并命名为“内页”，调整右侧中间节点类型为“贝塞尔”，调整如图 10-28 所示。

（7）在顶视图中创建一个与内页一样大小但高度为 1 的长方体，并命名为“首页”。设置长度分段及宽度分段的值为 30。调整首页位于内页的上方。

（8）对首页施加“弯曲”命令，进入中心次对象，移动到最左边。选中“限制”复选框，设置“上限”为 130，“弯曲轴向”为 X 轴。

（9）进入动画记录状态，当前帧为 100，设置“上限”为 70，“角度”为-150。

（10）设置材质。对书框赋予红色材质，对内页赋予黄色材质，设置漫反射颜色为 RGB（255,255,183）。

（11）对首页施加“编辑网格”修改器，进入多边形次物体编辑状态，框选所有的面，设置材质 ID 为 1。选中“选项”选项组中的“仅显示 Ignore”复选框，选择上方的一个矩形区域并设置材质 ID 为 2。

（12）设置材质。材质类型为“多维/次物体”，设置“数量”为 2，设置 1 号材质的颜色为 RGB（255,255,183）。设置 2 号材质漫反射贴图为一张任选图片如 Earthmap.jpg。

（13）渲染并保存动画。

案例 10-9　制作书写文字动画。

通过记录物体的变形过程来制作表现文字书写效果的动画。3ds Max 2012 不但可以通过记录物体的变化和变形过程来制作动画，还可以记录材质的编辑修改过程，这样通过记录材质的不透明度变化即可隐藏物体。

制作书写文字效果的步骤如下：

（1）选择“文件”→“重置”命令，重新设置系统。

（2）在“创建”命令面板中单击按钮，选择其中的“文本”工具在前视图中建立“3”文字。将字体修改为“Verdana Bold Italic”，其余参数保持默认值。

（3）在前视图复制文字“3”并修改为字母“D”，选中字母“D”，单击鼠标右键，在弹出的快捷菜单中选择“转化为可编辑样条线”命令将字母转换为样条曲线。

（4）进入“修改”命令面板，单击“可编辑样条线”命令前面的小加号，选中“线”子选项，选择字母里面的轮廓线，在“几何体”卷展栏中单击“分离”按钮，在弹出的窗口中单击“确定”按钮，将两个轮廓分离。

（5）返回到“创建”命令面板，单击按钮，选择其中的“圆柱体”工具，在顶视图中制作半径为 1、高度为 100 的圆柱体，并将高度分段数值设置为 200。

（6）再复制两个圆柱体，选中其中一个圆柱体进入“修改”命令面板，添加“路径变形”修改器，单击“拾取路径”按钮，在视图中单击“3”的文字，并将圆柱体放到路径上。

（7）这时圆柱体并没有覆盖到所有路径上，再回到“修改”命令面板中对圆柱体进行修改，并将圆柱体的高度设置为 303，这时圆柱体覆盖到所有的路径上，如图 10-29 所示。

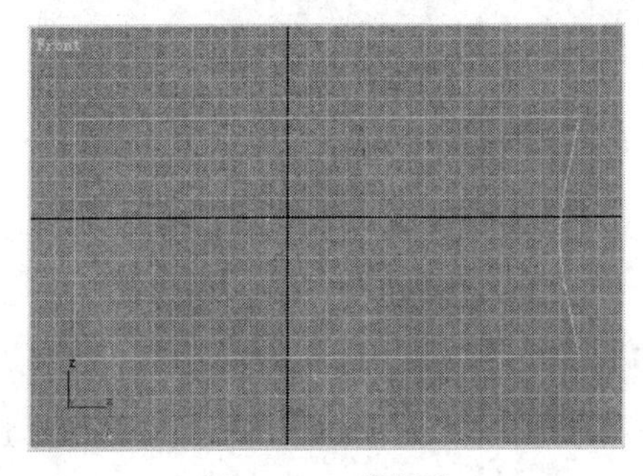

图 10-28　书内页

图 10-29　圆柱体变形效果

（8）按照同样的方法将刚才复制的两个圆柱体通过添加“路径变形”修改器分别放置到“D”字母的两个轮廓上，并修改圆柱体的高度使其完全覆盖路径。

（9）选择“3”上面的圆柱体，进入“参数”卷展栏，将“拉伸”设置为 0，并将“百分比”设置为 64，这样圆柱体被放置在文字“3”的书写起点上。

（10）单击界面下方动画控制区的按钮，在弹出的对话框中将结束时间设置为 200，单击“确定”按钮，退出对话框。激活界面下方的“自动关键点”按钮开始记录动画。

（11）将时间滑块拖到第 100 帧处，在“参数”卷展栏中设置“拉伸”为 1，关闭动画记录按钮，拖动时间滑块可以看到“3”的书写效果已完成了。

（12）同样，再选中“D”字母外面轮廓上的圆柱体，将时间滑块拖动到第 100 帧处，将“百分比”设置为 69.5，放置到书写起点上。将“拉伸”设置为 0，开始记录动画。将时间滑块拖到第 160 帧处，将拉伸的数值设置为 1。

（13）选中“D”字母里面轮廓上的圆柱体，将时间滑块拖动到第 160 帧处，将“百分比”设置为 60.5，放置到书写起点上。将“拉伸”设置为 0，开始记录动画。将时间滑块拖到第 200 帧处，将“拉伸”设置为 1。关闭动画记录按钮，这样书写效果基本完成了，播放动画可以看到效果。

（14）播放动画，不难发现字母“D”里外面的轮廓是从第 0 帧开始书写的，这显然是错误的。选中字母外面的轮廓，将界面下方第 0 帧处的关键帧拖动到第 100 帧。同样将字母里面轮廓的起始帧拖动至第 160 帧处。再次播放动画，观察效果。

（15）下面制作文字上面运动的铅笔。在前视图中创建半径为 2、高度为 20、段数为 5 的圆柱体。

（16）进入“修改”命令面板，添加“编辑网格”修改器，单击编辑网格前面的小加号，选中“点”子选项，在顶视图中选中圆柱体顶端的点，使用工具栏中的工具，将它们缩小为一个点，一支铅笔很简单地就完成了，如图 10-30 所示。

（17）进入到“层级”命令面板，单击“仅影响轴”按钮，检查轴心点是否在笔尖处。如果不是，可以借助移动工具将轴心点移动至笔尖位置。

（18）利用旋转工具将铅笔旋转到如图 10-31 所示位置。

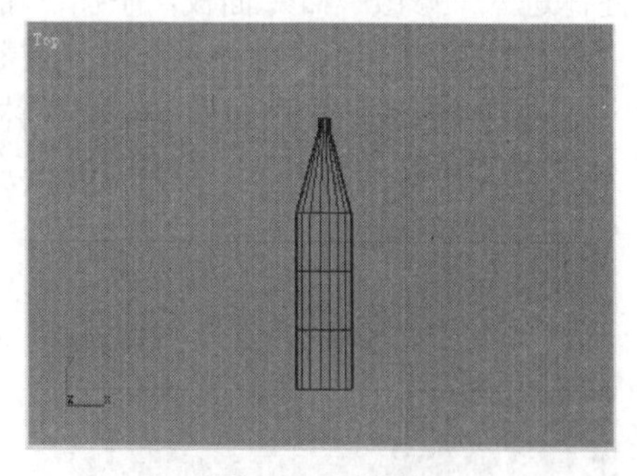

图 10-30　铅笔

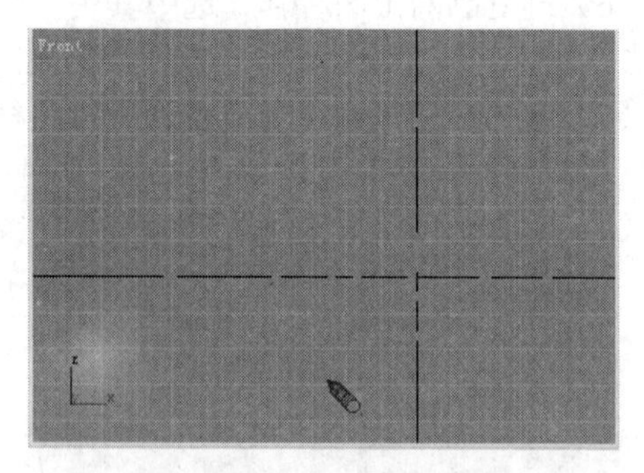

图 10-31　铅笔位置

（19）复制两支铅笔，选中一支铅笔进入“运动”命令面板，展开“指定控制器”卷展栏，选择其中“位置”选项，再单击按钮，在弹出的对话框中选择“路径约束”选项，单击“确定”按钮关闭对话框。

（20）在“路径参数”卷展栏中单击“添加路径”按钮，在视图中单击“3”的文字框。

（21）向下移动面板，选中“恒定速度”和“循环”复选框。在 0 帧处将“%沿路径”设置为 64，这时铅笔对准文字起点。将第 200 帧处的关键帧拖动至第 100 帧处，这样铅笔与圆柱体同步运动。

（22）选择第二支铅笔，把关键帧拖动至第 100 帧，将“%沿路径”设置为 69.5，再把关键帧拖动到第 160 帧。

（23）选择第三支铅笔，把关键帧拖动至第 160 帧，将“%沿路径”设置为 60.5。渲染动画，观察效果。

（24）下面设置材质。打开“材质编辑器”窗口，选中第一个材质球，将“高光级别”设置为 100，“柔化”为 60，漫反射颜色为 RGB（20,138,240），作为文字上面的材质。

（25）下面通过材质设置笔的显示和隐藏。选中第二个材质球，单击“标准”按钮，在出现的窗口中选择“混合”选项，单击“确定”按钮后，在弹出的对话框中单击“丢弃旧材质”按钮并单击“确定”按钮。

（26）单击材质 1 右边的 None 按钮，在出现的窗口中单击“标准”按钮，在出现的窗口中选择“多维/次物体”选项，单击“确定”按钮后，在出现的对话框中单击“丢弃旧材质”按钮并单击“确定”按钮。

（27）在出现的窗口中单击 2 设置数量 按钮，在弹出的对话框的数值框中输入“2”，然后单击“确定”按钮。

（28）单击 ID1 右边的长条按钮，在弹出的窗口中将“高光级别”设置为 60，“柔化”为 10，漫反射颜色为 RGB（255,5,5）。

（29）单击 ID2 右边的长条按钮，在弹出的窗口中将“高光级别”设置为 60，“柔化”为 10，漫反射颜色为 RGB（255,247,201）。

（30）返回到混合参数面板，单击材质 2 右边的按钮，在出现的窗口中将环境光和漫反射设置为白色，将“高光级别”、“柔化”、“透明度”都设置为 0。

（31）在视图中选中铅笔前面圆锥的面和后面的面，在“表面属性”卷展栏中 Set ID 右侧的数值框输入数值“2”。

（32）将第二个示例球上的材质复制两个，并修改材质的名字，分别作为第二支笔和第三支笔上的材质。

（33）激活“自动关键点”按钮，选中第一个铅笔材质将时间滑块拖到第 100 帧，将材质编辑器中的“混合数量”设置为 1，此时铅笔材质变为透明；将时间滑块拖到第 99 帧，将材质编辑器中的“混合数量”设置为 0，此时铅笔材质显示。

（34）选中第二个铅笔材质，首先将“混合数量”设置为 1。然后激活“自动关键点”按钮，在第 100 帧处将“混合数量”设置为 0，将时间滑块拖到第 99 帧，将“混合数量”设置为 1。在第 160 帧处将“混合数量”设置为 1，将时间滑块拖到 159 帧，将“混合数量”设置为 0。

（35）选中第三个铅笔材质，首先将“混合数量”设置为 1。然后激活“自动关键点”按钮，在第 160 帧处将“混合数量”设置为 0，将时间滑块拖到第 159 帧，将“混合数量”设置为 1。

（36）这样整个动画文件就制作完成了，将文件渲染输出为.avi 格式，保存文件。

本章小结

通过本章的学习，让学生掌握 3ds Max 2012 中的动画基础和动画的操作界面，掌握如何利用关键帧进行动画制作，了解轨迹视图的使用方法和关键帧的创作方式，了解动画控制器的构成和参数设置，以及如何使用 3ds Max 2012 软件进行完整的动画创作。

实训项目 10

【实训目的】

通过本实训项目使学生能较好地掌握动画制作技术、关键帧的使用和动画控制器的参数设置，理顺本章知识的综合运用，并能提高学生分析问题、解决问题的能力。

【实训情景设置】

学生进入动漫、游戏相关企业，都会面临一系列相关动漫、游戏制作流程中动画创作的相关内容和流程。本实训结合动漫、游戏行业比较正规的流程，完善简单动画的相关创作。

【实训内容】

结合流程，通过对本书整体的把握，完成一个完整动画“萝卜大战”的制作。

（1）通过综合建模，创建“萝卜大战”中各种卡通萝卜、坦克、健身器材的制作。

（2）利用修改器，对“萝卜大战”中的模型进行整体修改。

（3）结合给定场景，添加灯光、摄像机。

（4）给卡通赋予材质和贴图，使其更加富有动漫卡通效果。

（5）将作品以.avi 格式渲染输出。最终效果如图 10-32 所示。

图 10-32 “萝卜大战”截图

参 考 文 献

[1] 王玉梅、姜杰．3ds Max 2009 中文版效果图制作从入门到精通．北京：人民邮电出版社，2010

[2] 周剑．3ds Max 动画制作基础教程．上海：上海人民美术出版社，2012

[3] 沈大林等．3ds Max 9 角色设计案例教程．北京：电子工业出版社，2009